Sylvia Schroll-Machl

Die Deutschen – Wir Deutsche

Fremdwahrnehmung und Selbstsicht im Berufsleben

Mit 9 Abbildungen und einer Tabelle

3. Auflage

Vandenhoeck & Ruprecht

Die Drucklegung dieses Bandes wurde unterstützt von

Die Cartoons hat Jörg Plannerer gezeichnet.

Bibliografische Information der Deutschen Nationalbibliothek

Die Deutsche Nationalbibliothek verzeichnet diese Publikation in der Deutschen Nationalbibliografie; detaillierte bibliografische Daten sind im Internet über http://dnb.d-nb.de abrufbar.

ISBN 978-3-525-46164-8

3. Auflage

© 2007, 2002 Vandenhoeck & Ruprecht GmbH & Co. KG, Göttingen / www.v-r.de
Printed in Germany.
Satz: Satzspiegel, Nörten-Hardenberg
Druck und Bindung: ⊕Hubert & Co, Göttingen

Gedruckt auf alterungsbeständigem Papier.

■ Inhalt

■ Vorwort

Eine über 3000 Jahre alte chinesische Erkenntnis für Kontakte mit Fremden lautet – frei übersetzt:»Nur wer den anderen und sich selbst gut kennt, dem ist in 1000 Begegnungen Erfolg beschieden.« Die Zahl 1000 steht hier für unendlich viele und besagt somit, daß nur dann der Erfolg bei allen Begegnungen garantiert ist. Angewandt auf eine erfolgreiche internationale Zusammenarbeit, könnte eine moderne Version dieser alten chinesischen Weisheit lauten:»Nur wer den ausländischen Partner und sich selbst gut kennt, kann in der internationalen Zusammenarbeit erfolgreich sein.« Die hier formulierten Zusammenhänge leuchten zunächst einmal sofort ein, besonders was die erforderlichen guten Kenntnisse des Fremden, der Lebens- und Arbeitsweisen, der Sitten und Gebräuche sowie der Werte und Normen des Landes und der Menschen, die dort leben, wohin man zu reisen gedenkt, betrifft. Studenten, die ein mehrsemestriges Auslandsstudium planen, Teilnehmer am internationalen Schüler- und Jugendaustausch, gestandene Fach- und Führungskräfte, die an einem berufsbezogenen internationalen Austauschprogramm teilnehmen, aber auch viele Touristen, die fremde Länder zu bereisen gedenken, antworten auf die Frage nach ihren Auslandsstudien- und Reisemotiven spontan mit:»Land und Leute kennen lernen« und »meinen Horizont erweitern können«. Viele Ausbildungs- und Trainingsprogramme und noch mehr Bücher von Reiseführern bis hin zu landeskundlicher Spezialliteratur versuchen, das Bedürfnis nach präzisen und zutreffenden Kenntnissen über das fremde Land und der Sitten und Gebräuche seiner Menschen zu befriedigen.

Eine robuste Gesundheit, eine gute Portion »gesunder Menschenverstand«, Aufgeschlossenheit und Neugier für Fremdes, gepaart mit einem Schuß Toleranz und Weltaufgeschlossenheit, verbunden mit einer gehörigen Portion Landes- und Kulturkenntnissen, machen den Global Player fit für »walk and work around the globe«, so die vorherrschende Meinung.

Auslandserfahrene Praktiker aber, die nicht nur als Besucher und Zuschauer die Welt bereist haben, sondern zur Erkundung fremder Länder und zur Zusammenarbeit nach ausländischen Partnern Ausschau gehalten haben und mit ihnen gemeinsame Ziele zu verwirklichen suchten, berichten übereinstimmend, daß jeder Auslandsaufenthalt immer wieder eine neue, die ganze Persönlichkeit beanspruchende Herausforderung darstellt.

So findet sich schon im Vorwort zur deutschen Übersetzung des Buchs von Arthur H. Smith mit dem bezeichnenden Titel »Chinesische Charakterzüge«, das bereits 1900 in Leipzig publiziert wurde, folgende bezeichnende Erkenntnis des Generaldirektors des chinesischen Zolldienstes, des Engländers Sir Robert Hard, der mehr als vier Jahrzehnte in China gelebt und gearbeitet hat: »China ist wirklich ein schwer zu verstehendes Land. Vor ein paar Jahren glaubte ich, endlich so weit gekommen zu sein, etwas von seinen Angelegenheiten zu wissen, und ich suchte, meine Ansichten darüber zu Papier zu bringen. Heute komme ich mir wieder wie ein vollkommener Neuling vor. Wenn ich jetzt aufgefordert würde, drei oder vier Seiten über China zu schreiben, würde ich nicht recht wissen, wie ich dies anfangen sollte. Nur eins habe ich gelernt. In meinem Vaterlande heißt es gewöhnlich: ›Laß dich nicht biegen, und wenn es dabei auch zum Bruche kommt.‹ In China dagegen gerade umgekehrt: ›Laß dich biegen, aber laß es nicht zum Bruche kommen‹«.

Diese Aussage ist in mehrfacher Hinsicht bemerkenswert. Zum einen kann man ihr entnehmen, daß mit zunehmender Erfahrungssammlung in einer fremden Kultur und mit den Menschen, die dort leben, nicht ohne Weiteres die Kenntnisse und Einsichten über Land und Leute anwachsen, sondern, daß noch in viel stärkerem Maße das Bewußtsein dafür geschärft wird, wie wenig man eigentlich von dem doch vermeintlich so gut bekannten Land und seinen Bewohnern wirklich verstanden hat, um sensibel mit ihnen umzugehen. Darüber hinaus macht die Bemerkung von Sir Robert Hard deutlich, daß für ihn der Erkenntnisreichtum nicht nur aus dem besteht, was er nach einer so langen Zeit der Erfahrung im Umgang erfahren und bei seinen chinesischen Partnern beobachtet hat, sondern gleichzeitig auch, daß wichtig ist und reflektiert werden muß, was in seinem eigenen Land gilt.

Die meisten Menschen, die so wie Sir Robert Hard sich über ihre Erfahrungen im Umgang mit Menschen eines fremden Landes und einer fremden Kultur äußern, berichten ausschließlich von dem, was ihnen an Besonderheit, Unverständlichem, Widersprüchlichem, unverständlich Gebliebenem aufgefallen ist. Das Fremdkulturelle steht also im Vordergrund. Das Eigenkulturelle findet dabei allenfalls als Maßstab zur Beurteilung des Fremdkulturellen Erwähnung, wird aber nicht, wie bei Sir Robert Hard, als eigenständige »neuartige« Erfahrung dem Fremden gegenübergestellt. Der zweite Teil der chinesischen Erkenntnis zur erfolgreichen Begegnung, nämlich die Bedeutung der Selbsterkenntnis, wird meistens überlesen, nicht reflektiert und so auch nicht zur Kenntnis genommen.

In der internationalen Zusammenarbeit entstehen die belastenden Probleme aus der Sicht der Betroffenen dadurch, daß die ausländischen Partner in ihrem Verhalten der eigenen Erwartung nicht entsprechen. Zudem ist ihm der Grund für dieses erwartungswidrige Verhalten nicht einsichtig und nachvollziehbar. Dies ist aber eine nur sehr oberflächliche Ansicht von der tatsächlichen Problemlage. Die größten Probleme in der internationalen Zusammenarbeit entstehen nicht dadurch, daß die Partner zu wenig voneinander wissen, sondern daß sie zu wenig Kenntnisse und Einsichten über sich selbst und ihre eigenen Werte, Normen, Wahrnehmungs-, Denk-, Urteils- und Verhaltensregeln und Verhaltensgewohnheiten haben und sich ihrer Wirksamkeit aufeinander und füreinander nicht bewußt sind. Aber was ist der Grund dafür, daß das »Naheliegende«, das »Eigene« so fern und so wenig bekannt sein soll?

Menschen aus unterschiedlichen Nationen und Kulturen, die füreinander bedeutsam werden, miteinander kommunizieren und kooperieren, sind in ihrer jeweils eigenen Kultur aufgewachsen. Sie haben im Verlauf ihrer lebensgeschichtlichen Entwicklung durch Erziehung vermittelt die für ihre Gesellschaft und Kultur relevanten, passenden und wichtigen Normen, Werte und Verhaltensregeln kennen gelernt und verinnerlicht. Sie haben so ein sehr spezifisches, für ihre Kultur typisches Orientierungssystem teilweise übernommen und teilweise selbst aufgebaut. Die zentralen Merkmale dieses kulturspezifischen Orientierungssystems, das Wahrnehmen, Denken, Empfinden und Handeln beeinflußt und bestimmt, sind im Verlauf der vielfältigen Lernprozesse so zur Selbstverständlichkeit und so sehr im alltäglichen Verhalten zur Routine geworden, daß sie nicht mehr auffallen und auch nicht mehr bewußt wahrgenommen werden.

Die Alltagserfahrung hat uns außerdem gelehrt, daß, so wie wir uns verhalten, andere Menschen sich auch verhalten, und daß unser Verhalten im allgemeinen von anderen akzeptiert wird und damit richtig ist. Außerdem folgt daraus die Überzeugung, alle Menschen »guten Willens« verhalten sich so oder sollten sich so verhalten wie wir es gelernt, positiv erfahren und als zielführend erkannt haben. Begegnet uns jemand, der sich nicht so verhält wie wir es wie selbstverständlich erwarten, dann interpretieren wir dies als ein Verhalten, resultierend aus persönlicher Unkenntnis, persönlicher Unfähigkeit, aus Unwilligkeit oder aus hinterhältigem Kalkül.

Wir wissen zwar, daß Menschen anderer Nationen und Kulturen sich zum Teil anders verhalten, entsprechend dem Motto »andere Völker, andere Sitten«, wir sind deshalb auch bereit, gewisse Abweichungen zu tolerieren. Wenn das Verhalten des Partners aber zu stark abweicht und dies in einem für uns zudem sehr wichtigen Verhaltensbereich den eigenen Erwartungen geradezu widerspricht, dann hört die Toleranz oder die Begeisterung über diese exotisch anmutende Verhaltensauffälligkeit auf und schlägt um in Belehrung, Zurechtweisung, Richtigstellung und weiteren, noch massiveren Versuchen der Verhaltensänderung. Selbst Abweichungen zwischen Partnerverhalten und eigenen Erwartungen, die so gravierend sind, daß die von beiden Seiten gewünschte Zusammenarbeit bedroht ist, führen nicht automatisch zur Reflexion und zur Schärfung des Bewußtseins dafür, daß die Kulturbedingtheit des eigenen Verhaltens einen entscheidenden Beitrag am Zustandekommen der Erwartungsdiskrepanz leistet.

Die eigene Wahrnehmung und Interpretation einer interkulturellen Begegnungssituation resultiert aus dem eigenkulturellen Orientierungssystem, das auch wiederum nur eine mögliche Spielart der Lebensbewältigung unter vielen anderen darstellt. Dies ist die Ursache dafür, daß wahrgenommenes Partnerverhalten als fremdartig interpretiert wird und die gesamte Begegnungssituation mit dem Partner als eine interkulturelle und nicht einfach nur als fremdkulturelle Situation erfaßt und bewältigt werden muß. Interkulturelle Erfahrungen, auch wenn sie noch so dramatisch verlaufen, setzen noch keinen Lern- und Erkenntnisprozeß in bezug auf die spezifischen Merkmale des eigenkulturellen Orientierungssystems in Gang. Dazu bedarf es weiterer sehr spezifischer Informationen und Möglichkeiten der Erkenntnisgewinnung.

Dieses Buch liefert dazu die nötigen Informationen, Erkenntnis- und Lernbedingungen.

Wer in der deutschen Kultur aufgewachsen und von ihr geprägt ist und dann aus Notwendigkeit oder Interesse mit Menschen fremder Kulturen interagieren und kooperieren will und dabei erfolgreich sein möchte, lernt hier so viel über sich selbst, das heißt über seine eigene Kultur und sein eigenkulturelles Orientierungssystem, daß er all das, was er in der Begegnung mit Menschen aus anderen Kulturen erfährt, besser verstehen kann. Er erkennt, wie er aufgrund seines eigenen kulturspezifischen Verhaltens auf Menschen anderer Kulturen wirkt und lernt so, mit interkulturellen Begegnungs- und Kooperationssituationen für beide Partner verträglicher und produktiver umzugehen.

Die zu diesem Zweck in diesem Buch zusammengetragenen Erkenntnisse stammen nicht aus philosophischen, historischen oder psychologischen Forschungsarbeiten von Deutschen über sich selbst, ihre Besonderheiten im Denken und Verhalten und die sie prägenden Entwicklungsverläufe, sondern aus Beobachtungen und Erfahrungen von ausländischen Partnern, die an Deutschen immer wieder – und oft erstaunlich übereinstimmend – kulturspezifische Verhaltensauffälligkeiten beobachtet, darunter gelitten und mit Unverständnis über dieses absonderliche Verhalten der Deutschen reagiert haben. Das, was der deutsche Leser in diesem Buch über sich selbst erfährt, ist das Resultat systematischer Sammlung und Analyse dessen, was ausländischen Menschen im Umgang mit uns immer wieder und über verschiedene Kulturen hinweg übereinstimmend an uns besonders auffällt. Erst im Spiegelbild der anderen verstehen wir, wie unser eigenes kulturspezifisches Orientierungssystem beschaffen ist und welche Wirkungen es im Umgang mit ausländischen Partnern hervorruft.

Für den ausländischen Leser ist das Buch eine ausgezeichnete Informationsquelle über das für Deutsche typische Orientierungssystem, das in spezifischen deutschen Kulturstandards wie Sachorientierung, Wertschätzung von Strukturen und Regeln, regelorientierte, internalisierte Kontrolle, Zeitplanung, Trennung von Persönlichkeits- und Lebensbereich, »schwacher Kontext« als Kommunikationsstil und Individualismus verankert ist.

Neben einer ausführlichen Darstellung des dem Buch zugrundeliegenden Kulturbegriffs, der Definition von Kulturstandards sowie
der Grenzen und Möglichkeiten des Kulturstandardkonzepts werden einige Grundlinien der deutschen Geschichte und der historischen Entwicklung spezifisch deutscher Kulturstandards vorgelegt.
Der Hauptteil des Buches beschäftigt sich mit der Darstellung der
zentralen deutschen Kulturstandards, einer genauen Analyse und
Beschreibung ihrer Handlungswirksamkeit. Analysiert werden zudem der mit dem jeweiligen Kulturstandard verbundenen Vor- und
Nachteil für die Gestaltung zwischenmenschlicher Kommunika-
tions- und Kooperationssituationen sowie der Bewältigung dabei
entstehender Anforderungen und Probleme. Für Nichtdeutsche,
die mit Deutschen arbeiten, und für Deutsche, die mit Nichtdeutschen arbeiten, werden Empfehlungen gegeben in bezug auf den
Umgang mit den jeweiligen Kulturstandards.

Das vorliegende Buch zeichnet sich dadurch aus, daß es aus der
Praxis für die Praxis verfaßt wurde. Die Praxis, aus der heraus das
Buch konzipiert wurde, besteht allerdings nicht in einer mehr oder
weniger unverbundenen Ansammlung von Einzelerfahrungen der
Autorin. Der dem Buch zugrundeliegende Wissensfundus ist vielmehr eingebettet in ein wissenschaftlich abgesichertes Kulturkon-
zept, in dem Kultur als Orientierungssystem aufgefaßt wird, das
durch spezifische Kulturstandards definiert und determiniert ist.
Eine weitere Besonderheit des Buches besteht darin, daß es dem
deutschen Leser das nötige Werkzeug an die Hand gibt, um den
schwierigen Akt der Reflexion und Erkenntnis des eigenkulturellen
Orientierungssystems vollziehen zu können, was eine Grundvoraus-
setzung dafür ist, ein Verständnis für das Verhalten seiner fremdkulturellen Partner zu gewinnen und zu lernen, damit umzugehen. Für
den nichtdeutschen Leser liefert das Buch einen Fundus an Erkenntnissen, die es ihm ermöglichen, vieles von dem, was ihm am Verhalten der Deutschen unverständlich ist und was seine Zusammenarbeit
mit deutschen Partnern immer wieder massiv belastet hat, besser
nachvollziehen und verstehen zu können. So gerüstet können beide
Partner mit mehr Freude und Wohlbefinden und zugleich effektiver
miteinander kooperieren.

Unter dem Gesichtspunkt der Bewältigung interkultureller Be-
gegnungs- und Kooperationssituationen auf qualitativ hohem Niveau liefert das Buch in vielfacher Hinsicht hochqualifiziertes Lern-

material, das es beiden Partnern ermöglicht, die in eine interkulturelle Kooperation einfließenden kulturspezifischen Ressourcen optimal zur Entfaltung zu bringen und zu nutzen. Dabei kann das vorgelegte Informationsmaterial einerseits zum Selbststudium genutzt werden und andererseits zur Begleitung interkultureller Orientierungstrainings und Ausbildungsprogramme dienen.

Entwickelt und gefördert wird so eine der zukunftsrelevantesten Schlüsselqualifikationen: Interkulturelle Handlungskompetenz.

Alexander Thomas

◼ Einleitung

◼ Warum ein Deutschland-Buch?

Die Globalisierung ist in vollem Gang, das ist nicht zu übersehen. Diese Tatsache stellt alle vor eine neue Situation: Kulturunterschiede sind nicht mehr nur etwas, was den Touristen fasziniert oder einen Wissenschaftler zu interessanten Betrachtungen der Fremde reizt, sondern sie sind weitgehend Alltag geworden für viele, die ihren Arbeitsplatz in internationalen Zusammenhängen haben:

- Da gibt es sogenannte Expatriates, die für einige Zeit in ein anderes Land versetzt werden, und ihre Familien;
- da arbeitet jemand eigentlich in einer Firma seines Landes, aber die Kunden sind inzwischen international und er ist fast so oft auf Geschäftsreisen im Ausland wie am Standort;
- da sind bei dem anderen die Kollegen zusammengewürfelt oder in seinem »virtuellen Team« gar über den Globus verstreut;
- da gibt es Tochterfirmen im Ausland, und zwischen den Kollegen der Zentrale und den Auslandsgesellschaften besteht eine rege Zusammenarbeit;
- da mühen sich viele nach einer Fusion um die Post-Merger-Integration mit ihren fremdnationalen Kollegen;
- da werden Firmen ge- und verkauft, und die Mitarbeiter haben sich auf einen neuen, fremdkulturell geprägten Managementstil einzustellen;
- da ziehen etliche einem attraktiven Arbeitsplatz hinterher und finden sich als (brain-drain-) Migranten in einem fremden Land wieder;
- und so weiter.

Sie alle sind, ob sie es wollen oder nicht, vor die Herausforderung gestellt, mit ihren jeweiligen Kontaktpersonen aus anderen Ländern und Kulturen zurechtzukommen.

Davon ist in diesem Buch die Rede. Und zwar unter einer ganz bestimmten Perspektive: Deutschland spielt im internationalen Business die Rolle einer wichtigen Industrienation. Daher gibt es zum einen viele Nicht-Deutsche, die sich mit uns Deutschen auseinandersetzen müssen – als Gast in Deutschland oder von ihrem Heimatland aus. Zum anderen sind wir Deutsche mit Nicht-Deutschen aus aller Welt im Geschäftskontakt – vis-à-vis oder via Kommunikationsmedien.

Für die erste Gruppe ist es wichtig, Informationen über Deutsche zu erhalten, um sich angemessen auf uns einstellen zu können. Für uns Deutsche ist es höchst interessant zu erfahren, wie unsere nichtdeutschen Partner uns eigentlich erleben, und uns selbst im Spiegel der anderen zu sehen. Nur so können wir uns besser auf sie einstellen – und wenn wir unser Verhalten manchmal nur »dosierter« oder manchmal bewußt zeigen.

Deshalb trägt dieses Buch auch den Titel: »Die Deutschen – Wir Deutsche. Fremdwahrnehmung und Selbstsicht im Berufsleben«. Es geht mir darum, bei der Fremdwahrnehmung anzusetzen, damit wir Deutsche erfahren, was anderen an uns auffällt, *und* es geht mir darum, diese Erlebnisse und Erfahrungen aus deutscher Sicht zu beleuchten, damit die nicht-deutschen Partner entdecken, wie wir eigentlich das meinen, was wir sagen und tun. Beide Seiten sind wichtig für das, was man *interkulturelle Kompetenz* nennt: Das Wissen um die eigenkulturelle Prägung – das betrifft in diesem Fall uns Deutsche – und das Wissen um die *kulturelle Logik* der anderen – das betrifft in diesem Fall unsere nicht-deutschen Partner. Beiden Gruppen möchte dieses Buch Reflexionsanstoß und Handlungshilfe sein.

▪ Was Sie in diesem Buch finden

Ich arbeite als Interkulturelle Trainerin und habe mehrere Jahre lang berufsbegleitend an der Universität Regensburg zu Interkultureller Psychologie geforscht. Was ich deshalb anbieten kann, ist die Kombination aus meinen Erfahrungen aus interkulturellen Trainings zu Deutschland und psychologischen, wissenschaftlich fundierten Forschungsergebnissen zur deutschen Kultur, wie sie am Psychologischen Institut in Regensburg entstanden sind.

17

Die hier zitierten Fallgeschichten und Beispiele entstammen entweder dem Berufsleben in und mit der deutschen Industrie, oder es sind Alltagserfahrungen nicht-deutscher Expatriates in Deutschland. Sie wurden mir so oder ähnlich in meinen Seminaren und Coachings erzählt, dort in Rollenspielen inszeniert oder in Forschungsinterviews erhoben. Diese Beispiele charakterisieren die Fremdwahrnehmung von uns Deutschen, also das, was anderen im Kontrast zu ihrer Kultur eben als typisch an uns auffällt.

Weil Verhalten Regeln folgt, ist häufig von Motiven die Rede, die Deutsche so und nicht anders haben handeln lassen. Ziel war es, die Gründe und Absichten zu erforschen, die hinter dem Verhalten standen und es steuerten. Es ging also um den mühseligen Weg der Selbstreflexion, um der eigenen kulturellen Logik auf die Spur zu kommen und sie anderen, die uns verstehen möchten, nahebringen zu können.

Darüber hinaus wird der Versuch unternommen, das geschichtliche Werden der deutschen Charakteristika zu skizzieren und ansatzweise nachvollziehbar zu machen.

■ Für wen gilt das Geschriebene?

Wenn ich über die Charakteristika von Deutschen vor einem deutschen Publikum referiere, dann erlebe ich typischerweise von verschiedenen Teilnehmern folgende Reaktion: »Ich muß Ihnen widersprechen. Ich bin ein Bayer/Kölner/Hamburger (oder ähnlich). Das stimmt für uns nicht ganz. Da muß man differenzieren, das gilt mehr für die Norddeutschen/Schwaben (oder andere).« Oder: »Ja, ja das war mal so. Aber jetzt hat sich die Situation verändert ...« (und gemeint ist stets »verbessert«). Genau mit diesen Reaktionen sind wir beim ersten und meiner Erfahrung nach zutiefst deutschen Charakteristikum angelangt: Keiner will typisch deutsch sein, deutsch sind vor allem die anderen – die andere Landsmannschaft, die andere Branche, die andere Schicht, nur Männer oder die andere Generation (»Aber *ich* bin doch nicht (ganz) so.«). Historisch gesehen ist das verständlich, denn der einheitliche deutsche Staat besteht erst seit 1871 beziehungsweise 1990, und wie sollte so eine einheitliche Identität entstanden sein? Trotzdem möchte ich – vor allem deutschen Lesern – zusätzlich folgendes sagen:

1. Sobald es um deutsche Eigenschaften geht, scheinen wir Deutsche sofort Übles zu wittern. Daher der prophylaktische Reflex, sich selbst auszunehmen. Es ist immer dasselbe: Steht irgendeine Aufzählung »deutscher Eigenschaften« im Raum, wird sie von der Mehrheit der anwesenden Deutschen in der ersten Reaktion unter negativem Vorzeichen gesehen (zugegeben, das Wort »sympathisch« steht nie auf der Liste, »freundlich« allerdings schon häufiger.) Die zweite Reaktion besteht dann bereits in einer Art Selbstverteidigungshaltung: »Ja, da ist aber was Gutes dran. Denn so stellen wir sicher, daß (etwa) wirtschaftliche Effektivität gewährleistet ist« – so lautet die Begründung in 90 % der Fälle. Nur selten wird die Beschreibung tendenziell neutral aufgefaßt. So wird es auch Ihnen gehen, verehrter deutscher Leser, wenn Sie dieses Buch lesen. Halten Sie dann kurz inne: Ist das wirklich schlecht, was da über uns steht? Will uns hier jemand kritisieren? Ist es nicht immer so, daß ein bestimmtes Verhalten gewisse Vorteile und gewisse Nachteile mit sich bringt?

2. Und natürlich haben Sie auch zu einem guten Teil recht: Es ist bei jeder Art von Forschung an »Lebendigem« – wie das einmal ein Pharmaforscher ausdrückte, der mein Dilemma, alle Aussagen stets relativieren zu müssen, gut verstand – unumgänglich, daß die Ergebnisse auf Wahrscheinlichkeiten beruhen. Eine Aussage ist ein generalisiertes, empirisch gewonnenes Ergebnis, das für viele Fälle zutrifft, das aber auch Abweichungen zuläßt und, korrekt formuliert, lediglich Tendenzen beschreibt. Prüfen Sie selbst: Bei jedem Kapitel werden Ihnen Personen einfallen, die genauso sind, die genauso beschrieben werden können. Und immer wieder werden Sie sagen, daß dies oder das für den oder die aus Ihrem Kollegen- und Bekanntenkreis nicht zutrifft. Und ehrlicherweise werden Sie sich selbst so und so oft treffend geschildert, so und so oft nicht charakterisiert sehen. Das liegt an der Fülle von Einflüssen auf das Verhalten: Denn Kultur ist keinesfalls die einzige Determinante, vielfach sind die Situationszwänge bestimmend. Und das liegt an unserer Individualität – jede Person ist anders und hat ihre eigene Persönlichkeit. Und es liegt an unserer Handlungsfreiheit – wir haben einen gewissen Verhaltensspielraum. Dennoch sind die Aussagen auf einer generalisierten, kollektiven Ebene stimmig, wenn auch vereinfacht.

3. Ich muß Ihnen, verehrter Landsmann, verehrte Landsfrau, aber

zugleich sagen: Von außen wird die regionale oder geschlechtsspe-
zifische oder sonstige Binnendifferenzierung, die wir als Deutsche
in Deutschland vornehmen, entweder überhaupt nicht oder als so
minimal wahrgenommen, daß das am Gesamtbild nichts ändert.
– Wenn differenziert wird, dann übrigens auch nur von denjenigen, die sehr lang bei uns leben. Dasselbe gilt für eine zeitge-
schichtliche Differenzierung: Wir Deutsche nehmen an uns eine
interne Entwicklung unserer Werte und unseres Verhaltens wahr.
Das tun andere nicht oder kaum. Sie haben nämlich nicht unseren
(deutschen) Bezugsmaßstab, sondern ihren. Und im Kontrast dazu sind »Aufweichungen« einer spezifischen Eigenart, wie beispielsweise der Regelorientierung, noch immer im deutlich er-
kennbaren Kontrast zu dem ihnen in ihrer Kultur Vertrauten und
Gewohnten, und insofern werden sie uns nach wie vor als sehr
regelorientiert erleben.

Ihnen, verehrter nicht-deutscher Leser, möchte ich vorweg noch folgendes sagen:

1. Wie deutlich Sie das, was ich beschreibe, wahrnehmen, hängt in
   bedeutsamem Ausmaß von Ihrem kulturellen Hintergrund ab!
   Manches mag Ihnen fast vertraut erscheinen, manches erleben Sie
   extrem deutlich, manches mag in Ihrer Kultur sogar stärker ausgeprägt sein als in Deutschland. Das ist so, weil sich manche Kulturen in manchen Bereichen ähnlich sind und sich Ihre und unsere Kultur vielleicht in einem Punkt bis auf Facetten (fast) nicht
   unterscheiden, während es an einem anderen Punkt massive Unterschiede gibt, die Sie dann auch als deutliche Andersartigkeit
   wahrnehmen. Weil das Buch aber über uns Deutsche Aussagen
   machen will an Punkten, die vielen Mitgliedern anderer Kulturen
   ins Auge stechen, und weil das Buch so verstanden »generell« bleiben muß, läßt sich dieses Dilemma nicht lösen. Ich kann Sie nur
   um Geduld bitten, bis wieder Dinge beschrieben werden, die auch
   für Sie relevant sind.

2. Mein Ziel ist es überhaupt nicht, über uns Deutsche Negatives zu
   sagen oder einen Graben zwischen uns und Ihnen aufzutun. Ich
   gebe hier vielmehr Erfahrungen wieder, die mir Kolleginnen und
   Kollegen von Ihnen spiegelten – und sie taten das mit viel Humor
   oder großem Erstaunen, manchmal auch mit tiefsitzender Enttäuschung und Kränkung. Ich möchte Ihnen eigentlich manches an

uns nachvollziehbarer machen und dadurch zu mehr Verständnis zwischen Ihnen und uns beitragen. Negative Erlebnisse, also Enttäuschung, Frustration, Ärger, merkt man sich gerade zuerst. Sie aber führen leicht zu falschen Urteilen und tragen zu einer Verhärtung der Fronten bei. Gelingt eine kulturadäquate Interpretation, kann sich der Frust verringern und die Beziehung zum deutschen Partner kann angenehmer werden.

3. Das, was ich in diesem Buch schildere, ist die Normalität, wie sie aus deutscher Sicht angemessen, korrekt, anständig ist. Ich bemühe mich dabei, die dem Verhalten zugrundeliegenden Gedanken darzulegen, um die Irritationen und Kränkungen zu verringern, die dieses Verhalten bei Ihnen auslösen kann. Das, was geschildert wird, sollten Sie wissen, um einschätzen zu können, womit Sie zu rechnen haben und worauf Sie sich einlassen. Und mit dieser Erwartung geht die Eingewöhnung in Deutschland oder das Sich-Arrangieren mit Deutschen dann tatsächlich ein Stückchen leichter. *Aber*: Es ist nicht im entferntesten meine Absicht, eine Rechtfertigung oder eine Entschuldigung zu liefern für – auch in deutschen Augen – unangemessenes Verhalten und schlechtes Benehmen. Leider gibt es auch solche Beispiele; aus welchen konkreten Gründen immer. Mit der Orientierung über die deutsche Kultur, die Ihnen das Buch gibt, sollten Sie leichter in der Lage sein, derartige Unarten auch als solche zu identifizieren, sie weniger ernst zu nehmen und sie nicht pauschal zu generalisieren, denn das würde Freude und Mut nehmen.

Die Auskunftspersonen, die in diesem Buch zu Wort kommen, kommen aus vielen Ländern und Kontinenten, allerdings vor allem aus Ländern, mit denen meine Auftraggeber aus der Industrie Geschäftskontakte unterhalten. Das sind vor allem die West-, Mittel- und Osteuropas, den USA, Brasilien, Australien, Indien, Japan und China. Menschen anderer Nationen und Kulturen mögen ähnliche Einschätzungen oder Wahrnehmungen haben, sie waren einfach nicht Teilnehmer meiner Seminare. Auch erhebt die jedem Kapitel vorangestellte Liste »So sehen andere die Deutschen ...« nicht den Anspruch auf Vollständigkeit oder Repräsentativität: Es handelt sich hier um freie und spontane Eindrucksschilderungen auf die Frage, was an Deutschen besonders auffällt. Mag sein, daß mancher der jeweiligen Begriffe noch bei vielen weiteren Kulturen, die dort nicht verzeichnet sind, auf Zustimmung, bei anderen auf Ablehnung stie-ße. Wie dem auch sei: Der Druck des Faktischen, von wie vielen Seiten sehr ähnliches verlautet, ist dennoch eindrucksvoll. Die von den verschiedenen Seiten berichteten Facetten fügen sich zu deutlich zu einem Bild des Typischen. Das können wir Deutsche als Feedback nicht ignorieren. Und daß die Auffälligkeiten an uns nur als liebenswerte Marotten verstanden werden, dazu ist das Berufsleben, das uns zusammenführt, zu wenig eine Spielwiese.

Zu sagen, die Typisierungen gleiten zu leicht ins Negative ab, provozieren fast automatisch feindselige Haltungen, und deshalb sollte man sie tunlichst unterlassen, ist zwar gut gemeint, aber naiv. Typisierungen sind immer ein wichtiges Instrument der Erkenntnis und der Orientierung, und das paradoxerweise um so mehr, je komplexer die Wirklichkeit ist, was für unsere multikulturelle Arbeitswelt nun tatsächlich zutrifft.

■ Dank

Wissend um die Schritte, auf die das Entstehen dieses Buches zurückzuführen ist, möchte ich allen Beteiligten herzlichst danken: Ich durfte in Interkulturellen Trainings zu Deutschland mannigfaltig Erzählungen, Eindrucksschilderungen, fragende Gesichter, verärgerte und enttäuschte Mienen, Rollenspiele mit kathartischem Effekt und eine Menge Irritation zum Thema »Die Deutschen!« erleben. Und ich durfte versuchen, nachdem der Rauch abgezogen war, zu erläutern, was aus deutscher Sicht hier passiert war, wieso sich der Deutsche vermutlich so verhielt, wie er das höchstwahrscheinlich gemeint hatte. Dabei konnte ich häufig Verständnis und einen gewissen Aha-Effekt erreichen; und es gelang mir auch, vorhandene Sympathie zu erweitern, weil die Beobachtungen treffsicherer verortet werden konnten. Die Deutschen, die solches miterlebten, fanden das höchst interessant und äußerst aufschlußreich für ihr eigenes Verhalten, so daß ich mich ermuntert sah, diese Erkenntnisse und Erfahrungen komprimiert niederzuschreiben. Mein Dank gebührt den vielen Seminarteilnehmern für ihre Offenheit und den Personalverantwortlichen, die diese Trainings ins Leben riefen und dauerhaft durchsetzten und die mich bei der Erstellung des Buches tatkräftig unterstützen.

Mein Dank auf der wissenschaftlichen Seite gilt aber auch den Interviewpartnern in den vielen Forschungsinterviews, für ihre Zeit und ihr Engagement sowie Professor Thomas und den Kolleginnen und Kollegen seines Lehrstuhls für ihre Bereitschaft, mir das gesammelte Material zur Verfügung zu stellen.

■ Was sind Kulturstandards?

■ Die Ausgangssituation

Wenn zwei Menschen aus unterschiedlichen Kulturen miteinander zu tun haben, dann verhält sich jeder zunächst einmal »ganz normal«, so wie ein Chinese, Brasilianer, Amerikaner, Russe oder eben ein Deutscher sich in einer bestimmten Situation üblicherweise verhält. Weil beide aber darauf angewiesen sind, durch Interaktion miteinander ihre Ziele zu erreichen, entstehen Probleme an den Stellen, an denen die chinesisch, brasilianisch, amerikanisch oder russisch definierte Normalität von der deutsch definierten Normalität abweicht – Fremdheit und Irritation wird erlebt, weil die Handlungsweisen nicht kompatibel sind.

Wenn die handelnden Personen keine oder nur unzulängliche Kenntnisse über die Typiken und Charakteristika der anderen Kultur haben, dann werden sie ihre interkulturellen Begegnungen nicht nur nach den in der eigenen Kultur erlernten Orientierungsmustern regulieren, sondern auch gemäß ihrer Erwartungen von Normalität bewerten. Sie denken nicht daran, daß es verschiedene Varianten zur Gestaltung von Lebens- und Arbeitssituationen gibt, sondern halten die eigene, vertraute für die einzige, die einzig mögliche, die eigentlich vernünftige.

Bei Fortsetzung der Zusammenarbeit kommt es gehäuft zu derartigen kritischen, zum Teil konflikthaft verlaufenden und als belastend erlebten Interaktionssituationen. Beide Partner werden versuchen, ihr eigenes Verhalten und das des Gegenübers aufgrund des ihnen vertrauten eigenkulturellen Orientierungssystems zu regulieren, zu kontrollieren und so zu bewerten, daß es für sie sinnvoll erscheint. Das eigene kulturelle Orientierungssystem, durch den Prozeß der individuellen Sozialisation erworben, versagt jedoch weithin. Das Verhalten der fremdkulturell geprägten Interaktionspartner kann nicht zuverlässig antizipiert werden. Es kommt zu Fehlreaktionen und -aktionen, Mißverständnissen, mehrdeutigen Situationsgestaltungen, Verunsicherungen und im Extremfall zur Handlungsunfähigkeit.

Die Palette ist weit:

1. Als erstes wird man sich die andersartige, störende Handlungsweise des anderen zu erklären versuchen. Dazu greift man auf die Interpretationen zurück, die analogem Verhalten in der eigenen Kultur in solchen Fällen häufig zugrunde liegen. Dazu wird aber auch das Wissen herangezogen, das man bislang über die Kultur des anderen hat. Und dieses Wissen besteht zu einem nicht unerheblichen Teil aus Vorurteilen und Stereotypen.

2. Anschließend greifen Regulationen. Man will die erwartungswidrigen Effekte des eigenen Handelns auf den Interaktionspartner korrigieren. Beide Seiten richten jetzt ihre Aufmerksamkeit auf die Störung und setzen weitere mehr oder weniger zutreffende Reflexionsprozesse in Gang. Im ungünstigsten Fall werden die erprobten, im eigenen Feld bewährten Strategien verstärkt und die Fronten verhärten sich. Im günstigeren Fall werden andere Regulationen erprobt, die die Absichten und Handlungsweise des anderen zumindest teilweise einbeziehen und wieder zu einer Deeskalation führen können.

Dieser Prozeß ist anstrengend, weil das Handeln an Barrieren stößt und behindert wird, weil es aufwendig ist, so viel zu reflektieren und weil die Regulationsprozesse viel Energie brauchen. Das alles ist zudem mit affektiven Spannungen verbunden, da alles Handeln plötzlich mit mehr Unsicherheit über den Effekt verbunden ist und man nicht einfach loslegen kann.

Die Lösung für das Dilemma liegt einerseits darin, sich Kenntnisse über die andere Kultur anzueignen, damit (1) die Erklärungen zutreffender werden und man (2) eine angemessenere Auswahl der Regulationsstrategien treffen kann. Das eigenkulturelle Orientierungssystem muß erweitert werden in Richtung auf das fremdkulturelle. Beide Orientierungssysteme müssen eingesetzt werden können. Deshalb, verehrter nicht-deutscher Leser, versuche ich Ihnen einen Einblick in die »deutsche Seele« zu gewähren. Die Lösung liegt aber auch, werter deutscher Leser, darin, sich gleichzeitig der eigenkulturellen Muster bewußt zu sein, um zu wissen, womit ein neur-

algischer Punkt beim anderen getroffen wird und sich selbst rechtzeitig, also vor Erreichen der Schmerzgrenze des anderen, Einhalt zu
gebieten. Daher spiegele ich Ihnen unsere deutschen Denk- und Verhaltensweisen so detailliert.

Die geschilderten Probleme können leider der wirtschaftlichen
Zusammenarbeit erheblichen Schaden zufügen, weil sie zeitaufwendige Rückschläge und Pannen verursachen. Und die Gefahren dazu
lauern im verborgenen: Deutsche und Nicht-Deutsche sind zunächst
einmal die gleichen Menschen. Sie sehen, hören, lieben, hassen,
kämpfen; sie wollen etwas von ihrem Leben haben; sie wollen arbeiten und es zu etwas bringen; sie wollen das Beste für ihre Familien.
Sie sprechen zwar verschiedenen Sprachen, doch das kann über-
brückt werden. Aber wir sehen, hören, genießen, hassen, kämpfen,
arbeiten und sorgen für die unseren in verschiedener Weise. Die Ziele im Leben sind vermutlich dieselben, aber die Wege sind verschieden und genau an diesen Stellen tauchen dann die Schwierigkeiten
auf. Dabei liegen die Probleme zunächst einmal in nicht sichtbaren
Kulturunterschieden, das heißt Grundhaltungen, Grundeinstellun-
gen, Werten und Haltungen, die Respekt verlangen und verdienen.
Gelingt diese gegenseitige Wertschätzung, gelingen die Beziehungen.

■ Der Kulturbegriff

Inwiefern kann man in diesen Zusammenhängen von Kulturunterschieden sprechen? Zugegeben – das klingt etwas hochtrabend, aber
wissenschaftlich korrekt, denn der Kulturbegriff ist schillernd und
sehr vielfältig. Auch ich benutze ihn in einer bestimmten Weise und
gehe im Anschluß an die von Kroeber und Kluckhohn (1952) vor-
genommene Analyse verschiedener Kulturdefinitionen sowie aufgrund der theoretischen Arbeiten von Boesch (1980) von folgendem
Kulturbegriff aus:

– Kultur vermittelt Bedeutungen. Durch die Kultur bekommen die
  Gegenstände und Ereignisse der Umwelt für das Individuum, für
  Gruppen, Organisationen oder Nationen eine Ordnung, einen
  Sinn, eine Funktion, einen Bedeutungsgehalt und werden erst so
  greifbar.
– Kultur bietet dem Menschen im materiellen und immateriellen

geistigen Bereich Handlungsmöglichkeiten, setzt aber auch Handlungsgrenzen.

– Im Verlauf der Menschheitsentwicklung und der Geschichte eines Volkes sind verschiedenartige Systeme von Sinn, Bedeutungen, Funktionen, Begriffen und damit Orientierungen herausgebildet worden. Kulturen sind das Resultat dieser schöpferischen Leistungen der Menschheit.

– Zu jeder Zeit haben verschiedene Kulturen existiert, und in geschichtlichen Zeitabläufen unterliegen Kulturen Wandlungen, bedingt durch äußere und innere Einflüsse.

– Die Kultur dient der Orientierung in der Überfülle an Gegenständen und im Fluß der Ereignisse.

Kulturelle Orientierungen sind keinesfalls statisch, sondern entstehen als sinnvolle Antwort und aktive Verarbeitung lokaler, aber auch grundsätzlicher Anforderungen an die Organisation des Lebens. Anforderungen, die selbst wieder mitgeprägt sind von den Ergebnissen vorhergehender Auseinandersetzungen mit den Lebensbedingungen. Kulturen haben eine historische Perspektive.

Kultur kann somit als »ein universelles, für eine Gesellschaft, Organisation und Gruppe aber sehr typisches Orientierungssystem« bezeichnet werden. »Dieses Orientierungssystem wird aus spezifischen Symbolen gebildet, in der jeweiligen Gesellschaft usw. tradiert. Es beeinflußt das Wahrnehmen, Denken, Werten und Handeln aller ihrer Mitglieder und definiert somit deren Zugehörigkeit zur Gesellschaft. Kultur als Orientierungssystem strukturiert ein für die sich der Gesellschaft zugehörig fühlenden Individuen spezifisches Handlungsfeld und schafft damit die Voraussetzung zur Entwicklung eigenständiger Formen der Umweltbewältigung« (Thomas 1996a, S. 112).

■ Definition von Kulturstandards

Von zentraler Bedeutung für den in diesem Buch benutzten Ansatz ist die Auffassung von Kultur als spezifischem Orientierungs*system*. Das heißt, daß es einzelne kulturelle Elemente gibt, die in einer systemstrukturierenden Weise aufeinander bezogen sind. Diese sind aus der Interaktion ihrer Mitglieder untereinander und mit ihrer Umwelt entstanden, wurden über Generationen hinweg in mehr oder weniger veränderter Form weitergegeben und entfalten ganz offensichtlich in sämtlichen Lebensbereichen ihre Wirkung. Diese kulturellen Elemente wirken komplexitätsreduzierend und handlungsleitend. Sie ermöglichen den Mitgliedern der Kultur, sich gegenseitig als Interaktionspartner berechenbar zu machen, sie geben den Antizipationen und Erwartungen Gehalt. Diese kulturellen Elemente werden als Kulturstandards bezeichnet und folgendermaßen definiert:

»Kulturstandards können aufgefaßt werden als die von den in einer Kultur lebenden Menschen untereinander geteilten und für verbindlich angesehenen Normen und Maßstäbe zur Ausführung und Beurteilung von Verhaltensweisen. Kulturstandards wirken als Maßstäbe, Gradmesser, Bezugssysteme und Orientierungsmerkmale. Kulturstandards sind die zentralen Kennzeichen einer Kultur, die als Orientierungssystem des Wahrnehmens, Denkens und Handelns dienen. Kulturstandards bieten den Mitgliedern einer Kultur Orientierung für das eigene Verhalten und ermöglichen zu entscheiden, welches Verhalten als normal, typisch, noch akzeptabel anzusehen bzw. welches Verhalten abzulehnen ist. Kulturstandards wirken wie implizite Theorien und sind über den Prozeß der Sozialisation internalisiert. Kulturstandards bestehen aus einer zentralen Norm und einem Toleranzbereich. Die Norm gibt den Idealwert an, der Toleranzbereich umfaßt die noch akzeptierbaren Abweichungen vom Normwert« (Thomas 1999, S. 114f.).

Wesentlich sind zunächst einmal folgende Punkte:
— Im Kontakt zwischen Deutschen und Nicht-Deutschen wird von jeder Seite primär einmal das wahrgenommen, was dem, woran man gewöhnt ist, widerspricht. Das kann etwas Attraktives sein, das kann aber auch etwas sein, das man irritierend, hinderlich oder ärgerlich findet. Das nehmen wir wahr, vieles andere nicht. Denn das eigene kulturelle Orientierungssystem steuert unsere *Wahrnehmung*.
— Das kulturelle Orientierungssystem reguliert unser *Werten*: Die Menschen, die beruflich miteinander zu tun, sind üblicherweise in dieser Situation, weil sie in der eigenen Kultur dazu ausgewählt wurden. Sie sind in ihrer Kultur angesehene Profis. Die Ergebnisse und Leistungen, die sie bislang erbrachten, lassen sie nunmehr als die geeigneten Personen für die anstehende deutsch-nicht-deutsche Kooperation erscheinen. Damit ist die deutsche wie die nicht-deutsche Seite davon überzeugt, mit gutem Grund die eigene Vorgehensweise für effektiv zu halten und der anderen Seite

unterstellen zu können, sich kontraproduktiv zu benehmen. Der andere ist seltsam, wundersam, unmöglich! So kann man es doch nicht machen! So geht es nicht! So wie wir es machen, ist es sinnvoll, menschengerecht und richtig. – Kulturstandards sind uns eine Orientierung in der Entscheidung, welches Verhalten als normal, typisch, noch akzeptabel anzusehen ist und welches Verhalten abzulehnen ist.

– Kulturstandards beschreiben Charakteristika auf einem abstrahierten und generalisierten Niveau. Sie beziehen sich auf die einer Nation gemeinsamen Elemente. Sie erheben aber nicht den Anspruch, Individuen zu beschreiben. Ein konkreter Deutscher, Sie selbst (so Sie Deutsche/r sind), Ihr konkreter Kollege, Mitarbeiter, Partner oder Chef kann von etlichen dieser Standards zum Teil erheblich abweichen! Unter Umständen treffen auf ihn nur Facetten dessen zu, was ich darstelle. Vielleicht lebt er manchen Kulturstandard nicht, einen anderen dagegen extrem. Kulturstandards haben einen *Toleranzbereich.* Individuelle und gruppenspezifische Ausprägungen der Kulturstandards werden innerhalb des Toleranzbereichs akzeptiert, liegen sie außerhalb, werden sie sanktioniert. Darstellbar ist dieser Sachverhalt mit einer Normalverteilung (s. Abb. 1).

Ein Kulturstandard ist nicht bei jedem Mitglied einer Kultur in gleicher Ausprägung vorhanden. Die zentrale Norm entspricht dem Erwartungswert und die tatsächliche Schwankungsbreite oder die vorhandene Variation den statistischen Standardabweichungen. Für den Kulturvergleich bedeutet das: Die Individuen einer Kultur zeigen gehäuft Verhaltensweisen, die in der anderen Kultur in dieser Häufigkeit nicht beobachtet werden können. Die beobachteten Merkmale sind unterschiedlich stark ausgeprägt.

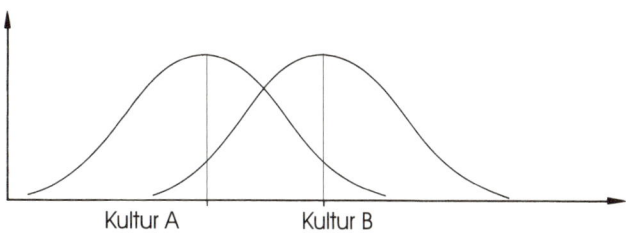

Kultur A   Kultur B

Abb. 1: Kulturunterschiede als Erwartungsunterschiede

Mit den Kulturstandards beschreibe ich somit Typisches, sozusagen den durchschnittlichen Deutschen. Und der Unterschied im Typischen ist ein quantitativer. Weil wir aber zunächst einmal aneinander die Unterschiede wahrnehmen, erscheinen die Kulturunterschiede oft größer und unüberbrückbarer als sie es sind. Wir fokussieren nicht nur auf die Bereiche, in denen wir uns unterscheiden, ohne die Gemeinsamkeiten zu sehen, sondern wir überbetonen auch zudem das Ausmaß des Unterschieds im Erwartungswert.

— Aus diesem Spannungsfeld zwischen Anpassung und Individualität bezieht jede Kultur ihre *Dynamik*, denn ein zu starres Festhalten an Normen würde die Weiterentwicklung und Adaptationsfähigkeit einer Gesellschaft hemmen. Kulturen sind somit stets im Fluß und unterliegen zeitlichen Veränderungen. Diese Wandlungsprozesse gehen zwar relativ langsam, weil zunächst Teilgruppen auf Neuerungen reagieren, während große Bereiche noch hinterherhinken, aber sie finden statt. Eine Kultur paßt sich neuen Anforderungen an. Und von manchen Personen, Gruppen und Subgruppen werden Abweichungen sogar erwartet. Sie sollen beispielsweise Motor der Entwicklung sein. Aber: So groß die Varianz der Kulturstandards innerhalb einer Gesellschaft auch sein mag, verglichen mit den Kulturstandards einer anderen Gesellschaft, wird nicht die mögliche Varianz für Minderheiten innerhalb einer Kultur das sein, was ins Auge sticht, sondern eben die Kraft der faktischen Mehrheit. Und das Typische tritt somit wieder sichtbar hervor.

Dennoch: Aufgrund der Dynamik der Kulturstandards werde ich bei jedem deutschen Kulturstandard auch immer beschreiben, wann das Gegenteil des Gesagten zutrifft. Und ich werde versuchen die Entstehung deutscher Kulturstandards zu schildern.

— Grundsätzlich wird auch ein *Ausländer, ein Nicht-Deutscher,* und sein Verhalten auf der Basis der zentralen Kulturstandards beurteilt. Entspricht er den Standards, wird er eher anerkannt. Vielfach werden an Nicht-Deutsche sogar strengere Maßstäbe angelegt als an Einheimische, ihnen werden also geringere Abweichungen vom vorgegebenen Standard eingeräumt. Die Befolgung der Standards ist sozusagen die Aufnahmeprüfung zur Akzeptanz in der Fremde. – Davon können nicht-deutsche Gäste so manches Lied singen.

■ Grenzen des Kulturstandard-Konzepts

Das Kulturstandardkonzept, dem ich folge, ist nicht unumstritten. Es unterliegt Kritik, der ich mich zum Teil durchaus anschließen kann. Der größte Nachteil wird in der starken Reduktion komplexer Wirklichkeit gesehen. Kulturstandards würden damit der Stereotypisierung sogar noch Vorschub leisten. Demgegenüber kann ich nicht genug betonen – und ich mache das, wo ich kann –, daß Verallgemeinerungen über »die Deutschen« Aussagen über vorherrschende Tendenzen in einer nationalen Gruppe sind, aber keine Aussagen über die Einstellungen und Verhaltensweisen einzelner Angehöriger einer nationalen Gruppe. Die wirkliche Person begegnet nicht »dem Deutschen«, sondern einem ganz konkreten Individuum. Sie kennt daher sympathische, offene, humorvolle, ausgeglichene, fachkompetente Deutsche genauso wie unsympathische, verbissene, cholerische, fachlich zweitklassige. Zudem wechselt die Stimmung einer Person, und auch diese ihre ureigensten Charakterzüge sind nicht durchgängig zu beobachten. Es gibt eben kein Individuum, das in seinem Denken, Fühlen und Handeln jederzeit exakt den Kulturstandards seiner Kultur entspricht. Die kulturelle Identität ist zwar Bestandteil des Selbstkonzepts und prägt daher die Identität eines Individuums entscheidend mit, doch sie wird wesentlich ergänzt durch die persönliche Identität. Und das ist auch gut so, denn genau in diesem Spannungsfeld liegt die Dynamik für Anpassungs- und Wandlungsprozesse einer Kultur sowie die Voraussetzung für eine konstruktive Zusammenarbeit mit Überbrückung der Kulturunterschiede.

Daneben gibt es eine Menge situativer und struktureller Variablen, die ebenfalls ihren Einfluß auf das Verhalten haben:
– die Bedingungen des Kontakts (Dauer, Intensität, Freiwilligkeit),
– die Zugehörigkeit zu Subgruppen innerhalb der jeweiligen Kultur (Berufsgruppen, Unternehmensbereich, Organisationskultur, Bildungsstand, Sozialstatus),
– die Zielvorstellungen der Beteiligten und ihre Kompatibilität,
– die Machtverhältnisse und Machtstrukturen,
– der Status der beteiligten Gruppen und Individuen,
– das Tätigkeitsfeld der beteiligten Personen,
– der möglicherweise stattfindende Wettbewerb zwischen ihnen,
– die aktuellen und konkreten Interessen,

– das dominante soziale Klima, in dem die Begegnung stattfindet (z. B. Unternehmenskultur des Konzerns).

Diese Vielfalt und Vielschichtigkeit der Realität ist mir als Autorin voll bewußt und sie muß als Gegengewicht zum vereinheitlichenden, generalisierenden Text zur Beschreibung der Kulturstandards im Auge behalten werden.

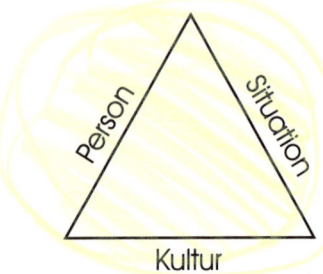

Abb. 2: Das Wirkdreieck Person – Situation – Kultur

Ich verweise darauf, daß zur Analyse und zur Gestaltung einer konkreten Situation Kulturstandards eben nur *ein* Vehikel darstellen, das die kulturellen Faktoren benennt, die in der deutsch – nicht-deutschen Kooperation wirksam sind. Die persönlich-individuellen und situativ-strukturellen Faktoren sind ebenso wirksam! Gleichzeitig! Weil aber die Übung im Heranziehen individueller und struktureller Erklärungen größer ist als in der Berücksichtigung der kulturellen Faktoren, ist es legitim, wie in diesem Buch dargelegt, diese Ebene deutlich und klar herauszuarbeiten, um sie auch als Werkzeug zur Verfügung zu stellen. Vereinfacht gesprochen wird sich mit dieser Ebene in der Regel ein Drittel des Problems verstehen und beheben lassen. Nicht mehr, aber auch nicht weniger.

■ Die Generierung von Kulturstandards

Zur Generierung der Kulturstandards bedient sich die Interkulturelle Psychologe der bewährten Methode der Erhebung und Analyse von sogenannten Kritischen Ereignissen (Thomas 1988), denn besonders in problematisch verlaufenden »kritischen« Interaktionssituationen wird die handlungsregulierende Wirkung der Kulturstandards deutlich erlebbar, weil sich jeder der Beteiligten gemäß seinen, in seiner Sozialisation erworbenen Kulturstandards verhält. Da für jede Kultur ihre Kulturstandards unreflektierte Selbstverständlichkeiten sind, müssen sie aus der Normalität herausgehoben werden, um greifbar zu sein. Dazu bedarf es der Konfrontation der Selbstverständlichkeiten der einen Kultur mit den Selbstverständlichkeiten der anderen Kultur. Ein Kontrast muß hergestellt werden, der die kulturellen Orientierungen heraushebt, in denen sich die betrachteten Kulturen auffällig unterscheiden. Dies passiert in alltäglichen beruflichen Interaktionen, in denen Deutsche und Nicht-Deutsche miteinander interagieren und zwar in den Feldern, in denen die kulturellen Orientierungssysteme der Beteiligten genügend stark differieren. Methodisch ist somit nach denjenigen Verhaltensweisen zu fragen, die aus der einen kulturellen Perspektive mit Mitgliedern der anderen Kultur nicht zu erwarten gewesen wären, und die deshalb nicht verstanden werden können, und ärgerlich oder beängstigend wirken. Warum?

Weil Kulturstandards Handlungsorientierungen sind, die Ziel- und Verlaufserwartungen ausrichten. »Erwartungswidriges Handeln des fremdkulturellen Partners ist damit ein entscheidendes Kriterium für den Kontrast von Kulturstandards. Extreme Abweichungen von den Handlungserwartungen erlauben somit einen wesentlich leichteren Zugriff auf die zugrundeliegenden Orientierungen als normale, den Erwartungen entsprechende Interaktionsverläufe« (Molz 1994, S. 80). Diese Kritischen Ereignisse werden in Forschungsinterviews berichtet oder auch in Trainings erzählt und inszeniert. Die Betroffenen schildern Vorfälle, die ihnen an Deutschen auffallen, also kritische Erfahrungen und Beobachtungen, die sie sich aufgrund ihres eigenen Kulturverständnisses nicht erklären konnten oder als fremd und ungewöhnlich erlebt haben. Diese kritischen Erfahrungen werden im nächsten Schritt von Deutschen erklärt: Warum verhielt sich der deutsche Akteur vermutlich so? Die Erklärungen Deutscher für die beobachteten Verhaltensweisen erlauben den Nicht-Deutschen eine basale Orientierung auf ihre Fragen. Und Deutsche können sie als Anlaß zur Selbstreflexion ihres eigenen Denkens und Handelns nehmen. Warum sind wir Deutsche so, wie wir sind? Was meinen wir eigentlich, wenn wir das oder das sagen? Was beabsichtigen wir eigentlich, wenn wir uns so oder so benehmen? Welche Ursache (Kausalattributionen), welches Ziel (Finalattributionen), welche anderen

Komponenten liegen dem beschriebenen Verhalten wahrscheinlich zugrunde?

Kulturstandards stellen nun die Summation und Abstraktion von Erklärungen für eine Menge derartiger Kritischer Ereignisse dar. Sie unterscheiden sich auch deutlich von Stereotypen und Vorurteilen, weil sie nicht einfach aus kulturdivergenten Bemerkungen, Meinungen und Einstellungen *anderer* über die deutsche Kultur herausgearbeitet werden, die gewissen Wahrnehmungsverzerrungen unterliegen und oft nur allgemeine und abstrakte Eindrücke wiedergeben, sondern aus real und alltäglich erlebten Handlungs*situationen* die von *Deutschen* erklärt werden.

■ Zentrale deutsche Kulturstandards

Die Forschung erbrachte in den letzten Jahren eine Fülle von deutschen Kulturstandards, die in Kritischen Ereignissen handlungswirksam sind. Die Ergebnisse einiger Studien, die im amerikanisch-deutschen Kontrast (Markowski et al. 1995), französisch-deutschen Kontrast (Molz 1994), tschechisch-deutschen Kontrast (Schroll-Machl 2001) und chinesisch-deutschen Kontrast (Thomas et al. 1996) gefunden wurden, sind in Tabelle 1 gegenübergestellt.

Offensichtlich gibt es eine Anzahl deutscher Kulturstandards, die aus ganz verschiedenen Blickwinkeln wichtig sind. Sie werden in diesem Buch dargestellt und mit einer Fülle von Kritischen Ereignissen illustriert. Es handelt sich um:
– Sachorientierung,
– Wertschätzung von Strukturen und Regeln,
– regelorientierte, internalisierte Kontrolle,
– Zeitplanung,
– Trennung von Persönlichkeits- und Lebensbereichen,
– Direktheit der Kommunikation.

Zudem werde ich für Leserinnen und Leser, die nicht aus westlichen Kulturen kommen, etwa aus einem der Länder Süd- oder Ostasiens oder auch aus Rußland, einen weiteren »westlichen« Kulturstandard schildern, den »Individualismus«, und ihn in seinen deutschen Facetten darstellen.

Tab. 1: Deutsche Kulturstandards aus der Sicht verschiedener Nationen

Im Kontrast zu USA	Im Kontrast zu Frankreich	Im Kontrast zu Tschechien	Im Kontrast zu China
Persönliches Eigentum	Sachorientierung	Sachbezug	Sachorientierung
Regelorientierung Organisations-bedürfnis	Regel- und Stabili-tätsorientierung	Aufwertung von Strukturen	Regelorientierung
	Systematische Auf-gabenerledigung	Konsekutivität	Zeitplanung
Pflichtbewußtsein	Selbststeuerung	Regelorientierte Kontrolle	Vertragsbindung
Abgegrenzter Privatbereich Interpersonale Di-stanzdifferenzierung Geschlechtsrollen-differenzierung	Abgrenzung von Lebensbereichen	Trennung von Persönlichkeits- und Lebensbereichen	Trennung von Arbeits- und Privatbereich
Direktheit inter-personaler Kom-munikation	Explizite, direkte Kommunikation	Schwacher Kontext Konfliktkonfronta-tion	Direktheit/ Wahrhaftigkeit
	Gemeinsinn		Individualismus
Autoritätsdenken	Gleichheitsstreben		
		Stabile Selbstsi-cherheit	
Körperliche Nähe			

◾ Relativierungen

Bevor ich meine Ergebnisse aus Training und Forschung darstelle, möchte ich noch folgende Hinweise zur Relativierung geben:

1. Mit den Kulturstandards erhebe ich nicht den Anspruch, die deutsche Kultur überhaupt charakterisieren oder das typisch Deutsche, nicht einmal das Typische am beruflichen Verhalten Deutscher vollständig beleuchten zu wollen. Ich beschränke mich auf die wichtigsten Inhalte, die praktisch in jedem Interkulturellen Training zu Deutschland Gegenstand der Verwunderung und der

35

Diskussion sind – mit wechselnden Schwerpunkten, je nach kulturellem Hintergrund der Trainees. Es gäbe also noch jede Menge weiterer Aspekte und Zusammenhänge zu berichten, die freilich den Rahmen eines lesbaren Buches sprengen würden.

2. Ich bleibe somit bei den Inhalten, die ungewohnterweise und als Kontrastprogramm zu vielen anderen Kulturen rasch auffallen. Das sind die Punkte, die in *inter*kulturellen Begegnungen überwiegend als »deutsch« apostrophiert werden. Das bedeutet:

– Kulturstandards entstehen auf der Basis von außen wahrgenommener Indizien und schildern daher nicht feine individuelle, gruppen- oder branchenspezifische Abstufungen und Ausprägungen, schon gar nicht Erscheinungsformen reaktiver, oppositioneller, gesellschaftskritischer Verhaltensweisen, sondern erfassen nahezu ausschließlich Tendenzen auf kollektiver Ebene, die nach wie vor als mehrheitlich getragen betrachtet werden müssen.

– Viele Verhaltensaspekte, die Deutsche selbstverständlich auch zeigen, fallen unter den Tisch, weil sie entweder ubiquitär und für Menschen vieler Kulturen typisch sind und deshalb eben nicht als typisch deutsch bemerkt werden. Beispielsweise sind wir Deutsche selbstverständlich nicht nur sachorientiert, sondern haben sowohl Emotionen, wie wir auch um die erleichternde Wirkung einer guten Beziehungsebene für die Zusammenarbeit wissen. Aber das Auffällige an uns ist nicht diese Tatsache, sondern das Phänomen, daß wir trotzdem häufiger, länger, nachhaltiger sachorientiert sind als andere. Und darauf bezieht sich der Kulturstandard.

– Es kann sich durch den Ansatz zur Generierung von Kulturstandards, bei dem nach Erklärungen gefragt wird, die sich auf Werthaltungen beziehen, da und dort ein positiver Verzerrungseffekt einschleichen: Die Kulturstandards wären dann etwas schöngefärbt, enthielten auch projektive Anteile, wie die (deutschen) Auskunftspersonen ihre Kultur wahrnehmen *wollen,* was aufgrund der Intergruppenprozesse in einem geringfügigen Ausmaß unumgänglich, aber keineswegs nur negativ gesehen zu werden braucht. Es wird dennoch das Wertesystem beschrieben, wie es als Normsetzung in der deutschen Kultur vorhanden ist, wie es gelehrt und als ideal weitergegeben wird und – das ist in unserem Zusammenhang wichtig – wie es anderen, die mit Deutschen zu tun haben und sich auf sie einstellen wollen oder müssen, abverlangt wird.

3. Die Kulturstandards stellen so, wie sie geschildert werden, die deutschen sozialen Spielregeln dar, wenn die beteiligten Deutschen guter Absicht sind, wenn sie sich im deutschen Sinne »anständig« verhalten, wenn sie nach deutschen Maßstäben »okay« sind. Gegen diese Kulturstandards wird aber auch manchmal vorsätzlich verstoßen, wenn die gute Absicht verlassen wird und wenn andere Intentionen verfolgt werden (aus welchen persönlichen Gründen, ist nur dem Einzelfall zu entnehmen). Das kann zweierlei Formen annehmen: Entweder wird ein Kulturstandard schlichtweg nicht gelebt (z. B. Ehrlichkeit, regelorientierte Kontrolle, Bringschuld), oder es wird manches Verhalten derart überzogen und übertrieben, daß es auch gegen den Kulturstandard verstößt. So kann Direktheit auch bewußt verletzend eingesetzt werden, um jemanden einzuschüchtern. Von diesen Fällen ist in diesem Buch nicht die Rede! Und diese Fälle sind auch wirklich nicht die Normalität der vielen sich redlich mühenden Deutschen, denen es ehrlichen Herzens um ein Gelingen der Zusammenarbeit geht!

4. Kulturstandards bilden in ihrem Zusammenspiel ein kulturelles System. Insofern sind Kritische Ereignisse nur ganz selten mit lediglich einem Kulturstandard zu erklären, sondern fast immer auch unter dem Aspekt eines oder gar mehrerer anderer Kulturstandards zu sehen. Da ich aber eine Fülle von Kritischen Ereignissen wiedergeben will, fungiert jedes primär als Illustration für die Wirksamkeit des Kulturstandards, für den es mir besonders typisch erscheint und wird später nicht noch einmal aufgegriffen. Sie, verehrter Leser, liegen also in Ihrem Eindruck richtig, wenn sie manches Beispiel geradezu für ein prototypisches Beispiel eines ganzes Wertesystems halten.

5. Mein Bezugsrahmen ist hauptsächlich die Industrie. Die Menschen mit denen ich dort zu tun habe, sind auf allen Seiten überwiegend akademisch gebildete Fach- und Führungskräfte, die miteinander Erfahrungen bei der Zusammenarbeit und im Leben als Expatriate machen. Die Übertragbarkeit meiner Erfahrungen und der Ergebnisse aus der Forschung des Regensburger Instituts auf andere Handlungsfelder und Zusammenhänge wie Migration, Arbeit mit Flüchtlingen oder militärische Kooperation ist wohl bedingt, aber nicht ungeprüft möglich.

■ Der geschichtliche Rahmen

■ Kulturstandards und ihre Historiogenese

Wie man einen Menschen besser versteht, wenn man seine Biographie kennt und weiß, was ihn im positiven und im negativen geprägt hat oder was ihm als besonderer Erfolg geglückt oder als besonderes Trauma widerfahren ist, so erscheint auch ein Volk hinsichtlich seiner herausstechenden Eigenschaften in einem helleren Licht, wenn man seine Geschichte betrachtet. Nicht nur individuelle Eigenschaften einer Person sind mit Hilfe ihrer Biographie besser erklärbar, sondern auch kollektive Eigenschaften eines Volkes anhand seiner Historie. Kulturstandards haben nämlich ihre Wurzeln in bestimmten geschichtlichen Gegebenheiten: Sie sind irgendwann aus bestimmten Notwendigkeiten einer Epoche entstanden und stellen sinnvolle Antworten und eine aktive Verarbeitung dieser Anforderungen an die Organisation des Lebens auf einer kollektiven Ebene dar. Deshalb gleichen sich auch Kulturen mehr oder weniger, je nachdem wie ähnlich ihre einschneidenden Lebensbedingungen waren.

Kulturstandards unterliegen über die Zeit aber auch einer gewissen Veränderung, wenn die geohistorischen Situationsbedingungen nachhaltigen Anpassungsdruck ausüben. Dabei verdrängen jüngere Mentalitätsentwicklungen die gegebenen nur sukzessiv und unvollständig (Dinzelbacher 1993) und nur dort, wo ältere Mentalitätsbausteine für die neue Zeit unpassend und hinderlich sind. Der Rest des Verhaltens wird bewährtermaßen unverändert aufrecht erhalten oder mit mehr oder weniger großer Veränderung an die neuen Bedingungen angepaßt. Wie das genau geschieht, darüber existiert bis heute keine Theorie (Raulff 1987). Fest steht nur: »Die Mentalität ist das, was sich am langsamsten ändert« (Le Goff 1987, S. 23). So bemißt sich der Rhythmus des Entstehens und Vergehens von Kulturstandards in Generationen und Jahrhunderten. Kulturen sind daher einerseits von beachtlicher Kontinuität und andererseits in dauerndem, mehr oder weniger starken Wandel begriffen.

Das wird beispielsweise besonders deutlich an der sogenannten Ideengeschichte: Die Auswirkungen des Christentums als eines Ideensystems sind völlig unabhängig davon, ob jemand heute kirchlich engagiert oder agnostisch ist. Die Religion stellte schlicht den Rahmen für die Alltagsgestaltung des Lebens vieler Generationen vor ihm dar und das sich daraus ableitende Verhalten wurde – oft ohne Bezugnahme auf die christlichen Wurzeln und ohne die damit ursprünglich verbundene Intention – bis heute tradiert und weitergegeben. Dabei mußten sich die religiösen Führer stets mit diversen Geistesströmungen auseinandersetzen und trugen in jeder Epoche zu einer Weiterentwicklung der Religion bei.

Ich werde in diesem Buch nicht nur die deutsche Mentalität beschreiben, sondern auch das Werden der deutschen Kulturstandards nachzuvollziehen versuchen. Dabei betrachte ich Geschichte wie Erdgeschichte, deren Perioden aus Gesteinslagen abzulesen sind, wenn ich Zusammenhänge zwischen einigen wichtigen (kultur-)historischen Ereignissen und den empirischen Befunden zum Verhalten heutiger Deutscher herstelle. Details werden vernachlässigt – sogar die jüngste Geschichte zweier deutscher Staaten bleibt fast gänzlich unberücksichtigt –, ich verfolge lediglich die großen historischen Linien. Dabei sind Veränderungen jüngeren Datums auszumachen, zum Teil jedoch auch recht alte Fundamente freizulegen. Die meisten Kulturstandards, so ist zu sehen, haben jahrhundertealte Wurzeln und zwar teilweise gleich in mehreren Bereichen. Durch diese starke Überdeterminiertheit sind sie sehr stabil und besonders »typisch deutsch«. Andere europäische Völker haben dieselbe Epoche vielleicht weniger lange erlebt oder intensiver, oder eine spätere Epoche beeinflußte bei ihnen die aus der vorherigen Epoche resultierenden Verhaltensweisen nachhaltiger, oder sie blieben von manchen Erfahrungen völlig verschont, und so weiter.

Bei allen historischen Überlegungen ist anzumerken, daß diese geschichtliche Perspektive lediglich eine Konstruktion ist, die hypothetischen und fragmentarischen Charakter hat. Die Aussagen hierzu sollen nur als mögliche oder wahrscheinliche Erklärungsmodelle verstanden werden, die keinen Anspruch auf Verifizierbarkeit erheben können. Sie sollen eine potentielle, plausible, nachvollziehbare und diskussionsfähige Konstruktion von Zusammenhängen sein, ein

Szenario der Wertentwicklung (Klages 1987). Es wurde dazu eklektisch Hinweisen diverser Autoren nachgegangen und versucht, einschneidende, krisenhafte Perioden darzustellen, die wichtig für einzelne Kulturstandards erscheinen. Die resultierenden Erklärungen können nicht als erschöpfend betrachtet werden, sondern als Teil möglicher Entstehungsbedingungen. Dies gilt um so mehr, als die Befundlage zur Mentalitätsgeschichte überhaupt sehr dünn ist (Dinzelbacher 1993; Raulff 1987).

■ Grundlinien deutscher Geschichte

Die Entstehung des deutschen Volkes dauerte Jahrhunderte – zuvor und währenddessen hatte sich die nachhaltig bedeutsame Geschichte im Mittelmeerraum abgespielt: im Judentum, bei den antiken Griechen, im Römischen Reich, in der den Norden christianisierenden Kirche. Das Wort »deutsch« bezog sich ursprünglich nur auf die Sprache, die in diversen Dialekten im Ostteil des Reichs Karls des Großen gesprochen wurde. Der Westteil umfaßte romanische Dialekte sprechende Völkerschaften. Nach dem Tod Karls des Großen 814 fiel das Reich auseinander und die politische Grenze war mit der Sprachgrenze zwischen den Vorläufern »Frankreichs« und »Deutschlands« weithin identisch. Nach und nach wurde dann das Wort »deutsch« auf die Sprecher der Dialekte und schließlich auf das Territorium übertragen.

Mit dem Jahre 911 wird üblicherweise der Beginn des Deutschen Reiches angesetzt, als die Linie der Karolinger ausstarb und der Frankenherzog Konrad I. zum König gewählt wird. Das Reich war eine Wahlmonarchie. Eine Hauptstadt gab es nicht, der König regierte durch sein Gebiet reisend an wechselnden Orten. Es gab auch keine Reichssteuern, sondern der König mußte sich aus treuhändlerisch zu verwaltenden Reichsgütern finanzieren. Die Stammesherzöge waren mächtig, und er konnte sich nur mit militärischer Stärke und geschickter Bündnispolitik Respekt verschaffen. Die größte Machtfülle erlangte Otto I. (936–973). Er war als König anerkannt und konnte sich 952 vom Papst zum Kaiser krönen lassen.

Das Kaisertum war seiner Idee nach universal. Der Kaiser sollte über das ganze Abendland herrschen, was politisch nie Wirklichkeit wurde, und er sollte Schutzherr über die Kirche sein, was die kirchliche Infrastruktur in das politische Geschehen im Reich einband, aber die Vorrangstellung gegenüber dem Papsttum – entgegen der Intention – nur zeitweise sichern konnte. Zur Kaiserkrönung mußten sich seitdem alle Könige nach Rom zum Papst begeben. Das bedeutete praktisch, daß viel Energie mit der Italienpolitik gebunden war, was den Herrscher von wichtigen Aufgaben im Deutschen Reich ablenkte. Und so kam es bald zu schweren Rückschlägen für die Zentralmacht »Königtum«: Die geistlichen und weltlichen Fürsten wurden schließlich im 13. Jahrhundert endgültig zu halbsouveränen Landesherrn. Die Kräfte im Innern des Deutschen Reichs strebten auseinander und verhinderten einen Nationalstaat, wie er zu dieser Zeit in anderen Ländern Westeuropas bereits entstand.

Im Deutschen Reich begann eine territoriale Zersplitterung: Die Reichsgüter waren verloren gegangen, und als Rudolf I. (1273–1291) auf den Thron kam, mußte er sich mit der eigenen Habsburger Dynastie die materielle Grundlage sichern; damit wurde die »Hausmachtpolitik« immer mehr zum Hauptinteresse der Kaiser. Die Städte gewannen immer mehr Einfluß dank ihrer wirtschaftlichen Macht. Die Kaiserkrone wurde im Hause Habsburg faktisch vererbt. Die Reichsreformen (Reichstag, Reichskreise, Reichskammergericht) blieben letztlich wirkungslos. Die Reichsstände – Kurfürsten (sie hatten das Recht zur Königswahl), Fürsten und Städte – dehnten ihren Einfluß auf Kosten der Reichsgewalt deutlich aus.

Die kirchlichen Fürsten mischten fleißig mit, gleichzeitig vollzog sich ein durch Renaissance und Humanismus gekennzeichneter geistiger Wandel. Die schwelende Unzufriedenheit mit der Kirche führte schließlich mit dem Auftreten Martin Luthers 1517 zur Reformation. Eine geistige und teilweise politische revolutionäre Bewegung wurde in Gang gesetzt, doch sowohl der Aufstand der Reichsritter wie der Bauernkrieg scheiterten – und politische Hauptnutznießer waren wieder einmal die Fürsten. Sie erhielten 1555 nach verbreiteten Kämpfen das Recht, die Religion ihrer Untertanen zu bestimmen. Damit war Deutschland zu vier Fünftel protestantisch. Die katholische Kirche holte zur Gegenreformation aus, die Gegensätze verschärften sich, und Deutschland versank letztlich im Dreißigjährigen Krieg (1618–1648). Er weitete sich zu einer europäischen Auseinandersetzung der damaligen Großmächte um die Vormacht in Europa aus und bei seinem Ende waren weite Teile Deutschlands verwüstet und fast völlig entvölkert.

Der Westfälische Friede (1648) brachte Gebietsverkleinerungen mit sich (die Schweiz und die Niederlande schieden aus dem Reichsverband aus). Die rund 360 (!) verbleibenden, nahezu souveränen Territorien auf deutschem Gebiet behielten ihre Hoheitsrechte und begannen sich nun an der Regierungsform des Absolutismus nach französischem Vorbild zu orientieren: Der Herrscher besaß schrankenlose Macht, führte eine straffe Verwaltung ein, Finanzwirtschaft und ein stehendes Heer. Viele Fürsten wollten auch ihre Residenz zum kulturellen Mittelpunkt machen. Vertreter des »aufgeklärten Absolutismus« förderten Wissenschaft und Kunst auf ihrem Territorium. Eine merkantilistische Wirtschaftspolitik ließ einige Staaten ökonomisch erstarken. Österreich wurde als Habsburger Hausmacht ein Vielvölkerstaat und stieg zur Großmacht auf, Preußen wurde unter Friedrich dem Großen (1740–1786) eine Militärmacht. Das Reich bestand fast nur noch als Idee und auf dem Papier.

Als 1789 in Frankreich die Revolution ausbrach, führte der gescheiterte Versuch Österreichs und Preußens, im Nachbarland zugunsten der feudalen Gesellschaftsordnung einzugreifen, zum Gegenstoß der napoleonischen Revolutionsarmeen. 1806 legte Kaiser Franz II. die Krone nieder, das »Heilige Römische Reich Deutscher Nation« existierte nicht mehr. Die französische Revolution griff nicht auf Deutschland über, weil die föderalistische Struktur eine Ausbreitung massiv behinderte und das revolutionäre Frankreich für die Deutschen eine Eroberungs- und Besatzungsmacht darstellte. Die Ideen allerdings leiteten sehr wohl etliche Reformen ein (Aufhebung der Leibeigenschaft, Gewerbefreiheit, städtische Selbstverwaltung, Gleichheit vor dem Gesetz, Wehrpflicht), wenngleich das Recht zur Mitbestimmung den Bürgern vieler Staaten noch verwehrt blieb. Mit dem Sieg über Napoleon regelte der Wiener Kongreß 1814/1815 die Neuordnung Europas, doch einen freien, einheitlichen Nationalstaat Deutschland gab es nicht, der Deutsche Bund war nur ein loser Zusammenschluß souveräner Einzelstaaten, der reaktionär den Status quo überwachte (Restauration). Der Versuch, 1848 in der Frankfurter Paulskirche eine konstitutionelle Monarchie zu begründen, scheiterte.

Inzwischen hatte die moderne wirtschaftliche Entwicklung begonnen mit Eisenbahn und Industrialisierung und in den fünfziger Jahren des 19. Jahrhunderts gab es einen großen wirtschaftlichen Aufschwung. Preußen wurde dabei auch zur wirtschaftlichen Vormacht Deutschlands. Bismarck, Ministerpräsident Preußens, arbeitete auf eine deutsche Einheit hin (ohne Österreich, das bereits 1848 auf seinem Vielvölkerstaat bestand) und besiegte im Deutsch-Französischen Krieg 1870/71 Frankreich. Wilhelm I. von Preußen wurde in der Folge zum Deutschen Kaiser ausgerufen. Die Deutschen traten als »Spätvolk«, mit später nationaler Einigung, in die Weltgeschichte ein. Während Bismarck zwar eine weitsichtige Außenpolitik verfolgte, stand er innenpolitisch demokratischen Tendenzen trotz diverser (Sozial-) Gesetze verständnislos gegenüber. Kaiser Wilhelm II. dachte weiter in monarchistischen Kategorien, entließ Bismarck und regierte selbst.

So sehr die Frage nach der Schuld am Ausbruch des Ersten Weltkriegs (1914–1918) umstritten ist, so gewiß ist sein Ausgang: Mit dem militärischen Zusammenbruch des Deutschen Reichs ging der politische einher und 1918 dankten sowohl Kaiser wie Landesfürsten ab. Deutschland wurde Republik und parlamentarische Demokratie.

Die Weimarer Republik war freilich eine »Republik ohne Republikaner«, die von ihren Gegnern bekämpft und von ihren Befürwortern recht halbherzig verteidigt wurde. Dazu trug wesentlich die wirtschaftliche Not der Nachkriegszeit, fehlende demokratische Tradition und das Ausmaß der Reparationen des Friedensvertrags von Versailles bei. Die Instabilität wuchs und 1929 begann mit der Weltwirtschaftskrise bereits der Niedergang der Republik. Bei den Reichstagswahlen 1932 wurde die Nationalsozialistische Partei Hitlers stärkste politische Kraft, 1933 wurde Hitler zum Reichskanzler gewählt. Umgehend sicherte er sich auch formal nahezu unbegrenzte Befugnisse (Ermächtigungsgesetze), verfolgte politische Gegner und Minderheiten, unterdrückte die Meinungsfreiheit und installierte eine rassistische Diktatur, die in den Zweiten Weltkrieg (1939–1945) steuerte. Nach der Kapitulation im Mai 1945 wurde Deutschland in eine britische, französische, amerikanische und sowjetische Besatzungszone aufgeteilt. Es folgte 1949 in den drei westlichen Zonen die Gründung der Bundesrepublik Deutschland und im Anschluß die der Deutschen Demokratischen Republik in der sowjetischen Besatzungszone, bald getrennt durch den sogenannten Eisernen Vorhang. In Folge der politischen Wende in den Ostblockstaaten kam es 1990 zur Wiedervereinigung der beiden deutschen Staaten.

In unserem Zusammenhang stellt sich nun die Frage, wie die hier kurz skizzierte Geschichte der Deutschen die Mentalität der Menschen prägte? In der Zusammenschau der Ausführung vieler Autoren, die sich mit dieser Frage beschäftigt haben, sind folgende Linien als maßgebend zu erkennen:

1. Die großen Säulen des Abendlandes, also *Antike* und *jüdisch-christliche Religion* sowie die Lehren des *Protestantismus* und seine Folgen im besonderen: (a) prägten Antike und Christentum das gesellschaftliche Leben nachhaltig und vielgestaltig und (b) wurde der Protestantismus zu einer Epoche der Nationalgeschichte Deutschlands wie nirgendwo, stellte er doch eine »Revolution« dar, die die Zersplitterung Deutschlands unter Blutvergießen religiös besiegelte.

2. Der Zerfall der Zentralgewalt und das über Jahrhunderte währende Verharren in der Kleinräumigkeit der *Territorialstaaten* mit absolutistischer Staatsform. Die Vielzahl kleiner Staatsgebilde beschränkte den Horizont der Mehrheit der dort lebenden Menschen und führte häufig zu zwischenstaatlichen Rivalitäten und Auseinandersetzungen, die teilweise in sozialen Katastrophen endeten.

3. Die kontinuierlichen *existentiellen Erschütterungen*, die Generationen von Deutschen bis in die jüngste Zeit heimgesucht haben und weiten Teilen der Bevölkerung ein Gefühl von Ohnmacht vermittelt, gleichwohl aber nicht zu Desinteresse geführt haben.

Diese hier aufgezeigten Linien werde ich bei den folgenden Annäherungen an die (kultur-) historische Verankerung der einzelnen Kulturstandards genauer darstellen.

■ Zentrale deutsche Kulturstandards

■ Sachorientierung

So sehen andere die Deutschen	
gute Spezialisten, kompetent in ihrem Bereich	Brasilianer, Indonesier, Russen, Taiwanesen
Qualifikation ist wichtig, langes Studium	Briten
kaltes Denken – Logik geht über Gefühl und Gnade	Spanier, Ungarn
rational, vernünftig	Briten, Ungarn
logisch – sie haben immer einen Grund	Japaner
Objektivität (Technik, Wirtschaftlichkeit) ist wichtiger als das Gefühl zu einer Sache	Franzosen
kommen sofort zum Punkt	Taiwanesen
fragen Geschäftspartner nichts Persönliches	Portugiesen
auch Menschen in Hilfsberufen (Ärzte z. B.) sind kühl und reden nicht viel	Franzosen, Inder, US-Amerikaner
Autos sind heilig	Finnen
geizig, kleinlich, sparsam	Briten, Koreaner, Ungarn, Tschechen

Zur Einstimmung auf das folgende Thema möchte ich Ihnen eine kleine Geschichte wiedergeben, wie sie in einem Interkulturellen Training zu Deutschland gespielt wurde:

Ein deutscher Chef kommt zu einem brasilianischen Mitarbeiter, der als Expatriate im deutschen Stammhaus für einen bestimmten Bereich als Koordinator zwischen Brasilien und Deutschland tätig ist. Er will sich eine Dokumentation aus Brasilien holen, die ihm eigentlich seit vier Wochen zugesagt ist, die er aber immer noch nicht in Händen hält. Als der Deutsche den Raum betritt, grüßt ihn der brasilianische Mitarbeiter freundlich und beginnt mit ihm ein nettes Gespräch (über das Wochenende, ein gestriges Fußballspiel). Der Deutsche reagiert – nach der Erwiderung einiger Höflichkeiten – darauf betont kurz angebunden mit den Worten: »Reden wir vom Geschäft! Ich brauche die Untersuchung über . . .«, und er nennt nochmals eine Zusammenfassung der Inhalte der gewünschten Dokumentation und der Gründe, weswegen er wirklich darauf wartet. Der Brasilianer versucht wieder, ihn auf freundliche Art in ein Gespräch zu verwickeln. Das würgt der Deutsche entschlossen ab, indem er nochmals betont, auf die Dokumentation zu warten. Er brauche sie für den Kunden X und zwar dringend. »Dazu muß ich in Brasilien anrufen« bekommt er zur Antwort, und schon greift der brasilianische Mitarbeiter zum Telefon. Der Deutsche atmet schwer und hörbar. »Sie haben sie noch nicht bekommen! Typisch Brasilien!« Im nun folgenden Telefonat unterhält sich der Brasilianer nett und freundlich mit seiner Kollegin in Brasilien über das Wetter, das Wohlergehen und so weiter. Der deutsche Chef wartet sichtlich ungeduldig und genervt. »Ich habe ein kleines Problem. Ich bräuchte die Dokumentation«, sagt der Brasilianer nach einiger Zeit. »Mein deutscher Chef sitzt da und wartet darauf.« »Kein Problem, ich kann es faxen. Dann hast du es sofort«, lautet die Antwort, die der Brasilianer seinem deutschen Chef laut mitteilt. Die Dokumentation wird sofort gefaxt. Der deutsche Chef nimmt das Fax mit dem bissigen Kommentar: »Super! Und darauf mußte ich jetzt vier Wochen warten!« und verläßt den Raum.

Immer, wenn Menschen aufeinander treffen, begegnen sie sich auf mindestens zwei Ebenen: auf der inhaltlichen Ebene (der Sachebene) und auf der zwischenmenschlichen (der Beziehungsebene). Auf der ersten wird, wenn man sich beruflich trifft, inhaltlich gearbeitet, die zweite ist gekennzeichnet durch die Atmosphäre, die zwischen den Beteiligten besteht. Man empfindet beispielsweise sein Gegenüber als »sympathisch«, »arrogant« oder »unfreundlich«. Kulturunterschiede tauchen nun insofern auf, als Menschen der einen Kultur die Sachebene als die entscheidende wahrnehmen und Menschen der anderen Kultur die Beziehungsebene bevorzugen, obwohl beide Ebenen im Kontakt eine Rolle spielen. Die Partner messen ihnen aber ein unterschiedliches Gewicht bei! Und das fällt nun an uns Deutschen ganz besonders auf: Deutsche agieren bei ihren beruflichen Kontakten in erster Linie auf der Sachebene. Insofern kann man als einen zentralen deutschen Kulturstandard »Sachorientierung« definieren. In unserer Geschichte wirkt sich das so aus:

Der Brasilianer bleibt ziemlich irritiert zurück, ärgert sich, denkt sich aber auch, was mit seinem Chef wohl los war. Er empfindet den Deutschen als sehr aggressiv, schon zu Beginn und dann immer mehr. Er war keine Sekunde freundlich, er bemühte sich überhaupt nicht um ein paar nette Worte; er zeigte sich nicht im geringsten als Person, die auch noch andere Empfindungen oder Interessen hat als die geforderte Dokumentation. Sein Reden und sein Handeln findet er als erschreckend direkt und gerade. Und als er dann bekommt, was er will, findet er kein Wort der Anerkennung für die hilfsbereite Kollegin in Brasilien. Kurzum, für diese Person hat er ganz sicher keine Lust zu arbeiten. Und von sich aus wird er ihm künftig nichts geben oder mitteilen, denn als Menschen empfindet er einen solchen Chef als Fehlanzeige.

Definition »Sachorientierung«

Für die berufliche Zusammenarbeit ist unter Deutschen die Sache, um die es geht, die Rollen und die Fachkompetenz der Beteiligten ausschlaggebend. Die Motivation zum gemeinsamen Tun entspringt der Sachlage oder den Sachzwängen. In geschäftlichen Besprechungen »kommt man zur Sache« und »bleibt bei der Sache«. Ein »sachliches« Verhalten ist es, was Deutsche als professionell schätzen: Deutsche zeigen sich zielorientiert und argumentieren mit Fakten. Man ist vorbereitet, oftmals schriftlich und sehr detailliert, um eine Basis für eine sachliche Diskussion zu haben und ein Kooperationsangebot machen zu können. Überhaupt wird Schriftliches hoch geschätzt, denn hier liegen die Dinge schwarz auf weiß vor und werden nicht durch »vages Geschwätz« vernebelt. Wenn sich die handelnden Personen kennen oder (sehr) sympathisch finden, ist das ein angenehmer Nebeneffekt, doch das ist nicht primär relevant. Und darum bemüht man sich auch nicht besonders. Die Sache ist zunächst einmal der Dreh- und Angelpunkt des Tuns, sie hat Priorität.

Um die Bedeutung dieser Aussagen zu illustrieren, möchte ich Sie, verehrter Leser, zunächst mit verschiedenen Beobachtungen an Deutschen konfrontieren.

Ein spanischer Kollege fährt oft in sein Heimatland in den Urlaub. Beim letzten Mal kaufte er eine Kiste spanischen Weins, um sie an seine Kollegen in Deutschland zu verschenken. Wieder im Büro: »Das ist spanischer Wein, den können Sie probieren, das ist ein kleines Geschenk.« Der deutsche Kollege scheint völlig überrascht und sagt: »Das ist für mich? Warum?« »Ja, das ist ein kleines Geschenk, das bedeutet nichts.« Dem Kollegen scheint die Sache fast peinlich, er sagt ein paar verlegene Worte und bedankt sich. Der Spanier geht zum nächsten Kollegen und gibt ihm auch eine Flasche Wein. Dieser Kollege ist genauso überrascht. »Ah schön. Aber warum?« Die dritte Flasche nimmt der freundliche Spanier wieder mit nach Hause. Er wagt es nicht, sie zu verschenken. Er hat das Gefühl, eher etwas Peinliches als etwas Erfreuliches getan zu haben.

Ein englischer Ingenieur ist Abteilungsleiter in einer deutschen Firma. Die Zeit drängt wieder einmal, so daß er seine Mitarbeiter bittet, doch auch am Samstag ins Büro zu kommen, um die Arbeit zu erledigen. Seine Mitarbeiter kommen (und werden auch vertragsgemäß bezahlt). Am Montag geht der englische Abteilungsleiter zu denjenigen, die am Samstag gearbeitet haben, und bedankt sich bei ihnen. Er sagt ihnen außerdem, daß sie ihre Arbeit gut gemacht hätten, daß er sehr zufrieden sei und die Ergebnisse bereits weitergeleitet habe. Seine Mitarbeiter schauen ihn sichtlich überrascht und etwas erstaunt an.

Einem in Deutschland lebenden Engländer fällt auf, daß Deutsche bei der Beendigung eines Telefonats den Hörer schnell auflegen, ohne abschließende Worte zu wechseln. Deutsche sagen etwa: »Okay, wir treffen uns heute um 18.00 Uhr. Tschüß«, und schon wird aufgelegt. Daraufhin überlegt der Engländer, wie er einem Deutschen zuvorkommen kann und legt seit Wochen einen Finger auf die Telefongabel, um nach Beendigung des Gesprächs sofort zu drücken. Doch bisher ist es ihm noch nicht gelungen, das Telefonat vor seinem deutscher Gesprächspartner zu beenden.

So viele Facetten auch in diesen verschiedenen Situationen enthalten sind, alle Geschichten haben einen gemeinsamen Nenner: Die deutschen Akteure bewegen sich auf der Sachebene und verweisen die sozialen Faktoren auf den zweiten Platz:

- Der Chef will die Dokumentation aus Brasilien, er will nicht plaudern.
- Beziehungen zu Kollegen sind in erster Linie über die Arbeit (Sache) definiert und beschränken sich sehr oft auf die Arbeit; Geschenke gehen eigentlich zu weit, die gibt es unter Kollegen nur zu besonderen Anlässen.
- Samstagsarbeit ist tariflich geregelt und wird nicht als ein zu Dank

verpflichtendes Entgegenkommen dem (englischen) Abteilungs-
leiter gegenüber betrachtet.
– Wenn alles gesagt ist, was zu sagen war, ist das Telefonat beendet.
Warum noch »rumreden«?

Um es noch einmal klarzustellen: In all diesen Beispielen finden wir
Deutsche die geleistete oder erwartete »menschliche Note« sehr nett
und sehr sympathisch, aber wir würden sie nicht *primär* erwarten.
Es ist völlig ausreichend, was seitens der deutschen Akteure getan
wurde. Denn die Sachebene wurde ja bedient! Die gezeigte Freundlichkeit seitens der nicht-deutschen Akteure ist nett, aber nicht nötig
– die des Brasilianers erregt gar den Verdacht, von der nicht erledig-
ten Sache ablenken zu wollen.

Die Sache steht im Zentrum der Aufmerksamkeit

In beruflichen Kontakten liegt für Deutsche die höchste Priorität auf
der jeweiligen Sache: das ist etwa im Bankwesen das Geld, bei Ent-
wicklern die Technik, bei Logistikern die Planung, bei Einkäufern der
Preis. Daß die handelnden Personen hier sachlich gut zusammen*arbeiten* können, darauf zielen alle organisatorischen Maßnahmen und
die meisten Interaktionen zwischen Personen ab.

Kollegen (auch über Firmengrenzen hinweg) begegnen einander
auf der Basis ihrer Rollen und ihrer Qualifikation. Zur Kooperation
ist es nicht notwendig, schon eine Beziehungsbasis installiert zu haben. Die Funktionsträger treten als Zuständige miteinander in Kontakt und besprechen sich, auch wenn sie sich nicht gut, manchmal
überhaupt nicht kennen. Von der Kompetenz seines Gesprächspartners geht jeder zunächst einmal aus im Vertrauen auf die herrschenden Selektionsanforderungen.

Die Konzentration auf die Arbeit und auf die damit verbundenen
Rollenbeziehungen kann so weit gehen, daß andere zusätzliche, nicht
unmittelbar der Sache dienende Signale gar nicht wahrgenommen
werden:

Die Gründung eines Jointventures zwischen einer italienischen und einer
deutschen Firma steht bevor. Es gibt viele Besprechungen zwischen den italienischen und deutschen Partnern. Irgendwann erwähnt ein italienischer
Manager nebenbei, daß man doch im Winter gemeinsam Ski fahren könne,

doch niemand auf der deutschen Seite schenkt dieser Bemerkung besondere Beachtung. Im März geht ein Anruf aus Italien im Sekretariat des deutschen Vorstandsvorsitzenden ein, das Skiwochenende könne in zwei Wochen stattfinden, man habe in den Dolomiten ein Hotel reserviert und bitte darum, doch Bescheid zu geben, wieviele Personen der deutschen Seite kommen würden. Der deutsche Vorstand ist ziemlich überrascht (er hatte den Vorschlag längst vergessen), fühlt sich aber verpflichtet, auf diese Einladung zu reagieren und sendet ein Rundschreiben an alle Abteilungen, in dem er dazu auffordert, daß möglichst viele Mitarbeiter nach Italien fahren sollten. Die Betriebssportgruppe »Skifahren« sagt zu und vereinzelte Mitarbeiter, für die das Angebot verlockend klingt. Das Resultat ist, daß ein Bus voll mit beliebig zusammengewürfelten Deutschen, die das Interesse am Skifahren verbindet, in den Dolomiten ankommt und bei der Begrüßung ins Mark erschrickt vor Peinlichkeit: Das gesamte (Top-)Management der italienischen Firma ist zugegen und sichtlich verwundert, daß aus dem deutschen Bus bis auf einen Personalchef niemand aussteigt, den sie kennen. Doch die Italiener bleiben souveräne Gastgeber: Ein wunderschöner Skihang ist für die Firma gesperrt worden und ein Skirennen organisiert. Das Dinner nach der Siegerehrung ist nicht zu überbieten.

Die Deutschen wollten die Italiener nicht brüskieren, sie dachten nur nicht daran, daß das Gelingen eines Jointventures *auch* auf einer persönlichen und Beziehungsebene zwischen Managern vorbereitet werden kann oder (aus italienischer Sicht) muß.

Der Führungsstil Deutscher ist betont sachorientiert. Ein Chef beschränkt sich in der Interaktion mit seinen Mitarbeitern weithin auf berufliche Themen. Auch ein »management by walking around« ist eher unüblich: Wenn es etwas Sachliches zu besprechen gibt trifft man sich, ansonsten ist der Mitarbeiter wie der Chef auf seine Aufgaben konzentriert; für Plaudereien hat ein Chef kaum Zeit. Er beharrt auf der Erfüllung der Pläne, Strukturen, Termine, Zuständigkeitsbereiche. Das ist der Inhalt seiner Aussagen, darauf zielen seine Argumente; dazu übt er, wenn es sein muß, Druck aus, und so beurteilt er die Arbeitsleistungen. Die Sache hat er schließlich zum Erfolg zu führen, die Mitarbeiter sind dazu ein »Mittel«, das heißt in ihren Arbeitsleistungen entsprechend zu koordinieren. Ein Chef ist weisungsbefugt, obwohl viele und gerade moderne Chefs sich bemühen, so gut sie können, durch Überzeugung zu führen (partizipativer Führungsstil). Und so beobachten vor allem Mitarbeiter aus Ostasien und auch aus Indien immer wieder verdutzt, daß sogar Rangunterschiede der Gesprächspartner zugunsten der Diskussion um die Sache in den Hintergrund treten können und wie unter Gleichgestellten diskutiert wird.

Ein Manager in der Handelsniederlassung einer chinesischen Textilfirma hält eine Besprechung mit seinen chinesischen und deutschen Abteilungsleitern ab. Er trägt ihnen die in nächster Zeit anstehenden Aufträge vor und verteilt Aufgaben. Seine chinesischen Mitarbeiter nehmen die ihnen zugeteilten Aufgaben ohne Widerspruch an und versprechen, ihr Bestes zu geben. Die deutschen Abteilungsleiter hingegen reagieren völlig anders: Sie lehnen einige seiner Vorschläge rundherum ab, da sie sie für nicht ausführbar halten. Der chinesische Manager, den dieses Verhalten überrascht, versucht die Deutschen durch Erklärungen zu überzeugen. Doch auch nach längeren Diskussionen und Abwägungen verschiedener Möglichkeiten beharren diese auf ihrem Standpunkt, was sich der chinesische Manager nicht erklären kann. Er fragt sich, ob diese Ablehnung gegen ihn persönlich gerichtet ist und ob die deutschen Mitarbeiter womöglich kein Interesse mehr daran haben, die guten Beziehungen zu ihm aufrechtzuerhalten.

Herr Manish arbeitet in der Fertigung als Ingenieur. Sein deutscher Kollege beantragt in einer Sitzung für sich ein schnurloses Telefon, da er besonders häufig in den Hallen unterwegs ist. Herr Manish hält die Luft an: Niemand hat ein schnurloses Telefon, auch der Chef nicht – und da erdreistet sich sein Kollege! Doch der (deutsche) Chef hört sich ruhig die Argumente des Kollegen an und stimmt ihm zu; er würde sich für die Beschaffung einsetzen. Der Inder Manish ist baff erstaunt. Sein Kollege hat kurze Zeit später das gewünschte Telefon. Herr Manish fragt sich: Wieso ist das in Deutschland möglich?

Ein indischer Ingenieur arbeitet in der Fertigung in Deutschland. Da in nächster Zeit auf eine neue Software umgestellt werden soll, gibt es mehrere Besprechungen, bei denen verschiedene Aspekte erörtert werden. Der Chef ist dabei sichtlich bemüht, seinen Mitarbeitern aufmerksam zuzuhören und seine Ansichten überzeugend darzulegen und sie für seine Strategie zu erwärmen. Abweichende Meinungen zu bestimmten Punkten werden erörtert, bis man sich einig ist. Kurz gesagt: Der Chef spricht sich mit seinen Mitarbeitern ab. Die Entscheidung, die er dann fällt, so findet der indische Ingenieur, ist eigentlich gar nicht seine, sondern eine gemeinsame. Das ist er von einem indischen Chef überhaupt nicht gewohnt.

Experten haben in Deutschland ein hohes Ansehen. Was sie sagen hat Gewicht, wird im Handeln ernst genommen und berücksichtigt. Dabei ist der Expertenstatus sachlich definiert: Jemand kennt sich in seinem Gebiet gut aus. Ob er auch über soziale Kompetenz oder über Kontakte verfügt, ob er Ausstrahlung und Charisma hat, ist für die

Zuschreibung »Experte« ohne Einfluß. Der Expertenstatus zeigt sich an akademischen Abschlüssen, weil diese ausweisen, worin jemand Fachmann/Fachfrau ist (z. B. Diplom-Elektroingenieur) und wie tief sich jemand in sein Fachgebiet eingearbeitet hat (erkennbar z. B. an der Promotion).

Deutsche Kontrollsysteme sind oft versachlicht und entpersönlicht. Computerunterstützte Systeme beziehen sich auf Daten und Fakten. Eine Kontrolle per Anwesenheit und relativ intensiven, persönlichen Kontakt kommt nicht so oft vor. Eine Problemanalyse und Lösungsgenerierung aufgrund elektronisch gefundener Sachverhalte soll aber motivierend wirken.

In vielen Unternehmen ist das Augenmerk deutscher Manager eindeutig auf Leistung und Daten gerichtet. Das soziale Klima in ihren Abteilungen interessiert sie erst in zweiter Linie – unter Umständen erst dann, wenn die Unternehmensergebnisse Hinweise auf diesbezügliche Mißstände liefern.

Die Sache, um die es deutschen Geschäftsleuten und Betriebswirten vorrangig geht, ist das Geld. Kosten, Rendite und Gewinne sind Faktoren, die von Deutschen sehr oft bei Entscheidungen, aber auch bei Konflikten ins Feld geführt werden. Kosten-Nutzen-Überlegungen sind für sie ausschlaggebend und läßt sie in der Regel kostenbewußt reagieren. Dieser so transportierte Stellenwert des Geldes wird von vielen Nicht-Deutschen sehr oft als übertriebene Sparsamkeit oder als Geiz erlebt.

Ein weiterer Aspekt der Sachorientierung zeigt sich in dem hohen Wert, der persönlichem Besitz und Eigentum zugemessen wird. Das Auto, Haus und Garten wird gepflegt, fremdem Eigentum gegenüber zeigt man Respekt, Geldangelegenheiten nimmt man auch bei kleinen Summen sehr ernst. Gegenstände scheinen Teil der Privatsphäre einer Person zu sein, weshalb es unüblich ist, sie zwanglos zu verleihen. Überhaupt wird der Erwerb und Besitz von konkreten Dingen meist eher vorübergehenden Genüssen vorgezogen.

Kommunikationsstil

Ein in Deutschland lebender spanischer Controller und seine spanischen Freunde unterhalten sich mit einer Gruppe deutscher Kollegen. Irgendwie kommt man auf den Verkehr in der Stadt zu sprechen, den die Deutschen offen und ungeniert als Ergebnis eines schlechten Verkehrskonzepts kritisieren. Der Spanier ist verblüfft, wie objektiv die deutschen Kollegen ihre Meinung äußern. Sie sagen klipp und klar, was Sache ist, ohne im geringsten den Eindruck zu machen, vor den Spaniern schönfärben zu müssen. Eine objektive Sicht ist ihnen scheinbar wichtig.

Besonders in der beruflichen Kommunikation dominieren Sachinhalte, und häufig die, die zum Gelingen der gemeinsamen Vorhaben innerhalb des vereinbarten strukturellen Rahmens beitragen (sollen). Dabei bemühen sich Deutsche um eine »objektive« Darstellung der Fakten und Zusammenhänge. Manche deutsche Präsentation kann dadurch schon mal staubtrocken geraten.

Der Kommunikationsstil kann so sehr die Sachebene betonen, daß die Beziehungsebene beeinträchtigt wird. Die »sachlichen« Darlegungen der Deutschen können verletzend sein, ganz besonders dann, wenn Deutsche bei auftretenden Problemen gnadenlos die Schwachstellen analysieren. Die weichen Faktoren, die »menschliche Empfindlichkeiten« betreffen, bleiben oft unberücksichtigt und beigefügte Kränkungen womöglich unbemerkt – oder sie werden in Kauf genommen (»von einem Profi kann ich erwarten, daß er zu sachlichen Auseinandersetzungen fähig ist«).

Ein deutscher Ingenieur hat mit seiner französischen Ingenieurskollegin eine Besprechung wegen eines Kundenauftrags. Es geht um die Gestaltung des Produkts, und die französische Kollegin schlägt vor, daß man doch das Dach des Fahrzeugs mit Solarzellen bestücken könnte, weil in dieser südlichen Region ja überwiegend die Sonne scheinen würde. Der Deutsche stimmt zu, daß das im Prinzip eine gute Idee sei, die aber nicht umsetzbar ist, weil (a) die Solarzellen regelmäßig gesäubert werden müssen, sonst könnten sie nicht arbeiten, und (b) Öl nun plötzlich auch am Dach des Fahrzeugs verwendet werden müsse. Diese beiden Punkte würden für den Kunden einen hohen zusätzlichen Wartungsaufwand bedeuten, den dieser, so wie er den Kunden aus den Verhandlungen kennt, ganz sicher nicht akzeptieren würde. Und würde die Wartung vernachlässigt, sei diese ganze schöne Idee hinfällig. Die beiden argumentieren noch eine ganze Weile hin und her. Zwei Tage später erhält der Deutsche ein Mail dieser Kollegin, adressiert an deren Chef und als Kopie an ihn und seinen Chef: Es enthält das Protokoll der Besprechung und darin die Aussage, er sei nicht kooperationsbereit. Der Deutsche ist darüber sehr erstaunt, hatte er doch nur auf die sachlichen Probleme hingewiesen.

Eine deutsche Firma hat vor kurzem in der Tschechischen Republik eine Vertriebsniederlassung gegründet. Es gibt viele Schwierigkeiten. Der deutsche Chef beobachtet seine tschechischen Mitarbeiter genau. Er kontrolliert sie bezüglich ihrer Besuchshäufigkeit bei Kunden und analysiert mit ihnen zusammen ihre Arbeit: Warum haben wir keinen Erfolg? Was können wir besser machen? Es werden diverse Mängel erkannt, die teils zu beheben und teils nicht zu beheben sind, weil die Rahmenbedingungen das nicht zulassen. Mit einem Kunden, der viele Probleme verursachte, konnten inzwischen die Gründe dafür geklärt werden. Das letzte Jahr wurde mit einem Minus abgeschlossen, in diesem Jahr können die Verluste ausgeglichen werden. Diese Analyse, so lästig und bedrohlich sie für die tschechischen Mitarbeitern ist, wirkt sich langfristig zu ihren Gunsten aus, das bekommen sie auch schon zu spüren. Inzwischen gehen sie ohne Angst in die Gespräche mit ihrem Chef. Aber es dauerte lange, bis sie sich daran gewöhnt hatten.

In Business-Gesprächen sind Deutsche zielstrebig, weil sie ihre Sache weiterbringen wollen. Sie reden nicht lange um den heißen Brei, sondern kommen auf den Punkt, um zum Kern des Gesprächs vorzustoßen. Sie konzentrieren sich auf die ihnen relevant erscheinenden Aspekte, Abschweifungen, Smalltalk oder zeitaufwendige Kontakte erscheinen ihnen als Zeitverschwendung.

Wenn Deutsche für ein Ziel oder Ideen werben wollen, dann bereiten sie die relevanten Punkte argumentativ auf, um andere überzeugen zu können. Das geschieht sehr faktenorientiert und zeigt Handlungsansätze, Voraussetzungen sowie Konsequenzen auf. Auf der Beziehungsebene (z. B. durch Humor oder persönliche Bemerkungen) werben sie um Zustimmung erst, wenn die Fakten klar- und ihre Logik dargelegt sind. Dann hat sich der Vortragende als fachkompetent erwiesen und wechselt unter Umständen die Ebene.

Hinsichtlich Entscheidungen und Handlungen, für die es Sachargumente, aber auch subjektive Affinitäten gibt, werden überwiegend Sachaspekte dargelegt. Es erschiene als Schwäche, Subjektivem ein zu hohes Gewicht beizumessen. Das sachlich Sinnvolle, Richtige und Notwendige hat den Ausschlag zu geben. Und wie man dazu persönlich steht, kann allenfalls durchschimmern.

Wenn Deutsche Ausreden benutzen, dann führen sie Sachargumente an, die zwar nicht falsch sind, aber doch am Kern vorbeigehen. Ausreden, die sich auf den persönlichen Bereich beziehen, haben nur in Ausnahmefällen eine Chance akzeptiert zu werden.

Aber nicht nur im Arbeitsleben, sondern auch in der Alltagskommunikation des *öffentlichen* Raums genießen Sachthemen Priorität vor persönlichen Angelegenheiten und der Schilderung persönlicher Lebensumstände. Dabei können Gespräche durchaus eine kritische Betrachtung der jeweiligen Sachthemen darstellen.

Ein Amerikaner erlebt es immer wieder, daß Deutsche, die er gerade erst kennengelernt hat, schon nach kurzer Zeit damit beginnen, in zum Teil recht kritischer Weise mit ihm über die USA zu sprechen: über die schlechte Behandlung der Schwarzen, die Nachteile des Zweiparteien-Systems, die amerikanischen Militäreinsätze, den Schutz vor Kriminalität in amerikanischen Großstädten. Durch solche Äußerungen fühlt er sich oft angegriffen und manchmal richtig verletzt. Zudem wundert er sich darüber, daß die Deutschen, kaum daß sie seinen Namen kannten, mit ihm über derart ernste Themen sprechen. Er empfindet solche Situationen als sehr unangenehm und weiß meistens nicht, wie er darauf reagieren soll. Einerseits sind ihm die Probleme natürlich bekannt, andererseits will er aber auch nicht den Deutschen gegenüber in die Rolle eines Verteidigers der USA kommen.

Sachinformationen geben auch Orientierung, so definiert sich der einzelne maßgeblich über seine Leistung und seine Aufgaben. Und auch in der Alltagskommunikation werden Emotionen häufig kontrolliert. Das ist der Grund, weswegen viele Menschen aus personorientierten Kulturen, wie etwa aus Indien oder auch aus Ungarn, Gespräche mit Deutschen oft langweilig finden. Sie vermissen eine persönliche Öffnung.

Der deutsche Kollegenkreis eines Engländers spricht in der Mittagspause mit Vorliebe über Neuanschaffungen für Heim und Haus. Jeder scheint dabei ein Spezialist zu sein: Man diskutiert im Detail die Vor- und Nachteile bestimmter Werkzeuge oder Elektrogeräte und vergleicht die Preise von Baumärkten. Ein Kollege hat »Stiftung Warentest« abonniert und trägt deshalb immer wesentliche Beurteilungskriterien für Einkäufe bei. Der Engländer könnte sich totlachen, wenn er seine Kollegen in derartige Fachsimpeleien vertieft beobachtet. Er selbst kann und will nicht mitreden. Aber jetzt hat er vor, sich ein neues Fernsehgerät anzuschaffen und erkundigt sich deshalb, welches Gerät sie ihm empfehlen würden. Am nächsten Tag rücken seine Kollegen mit diversen Prospekten und Testberichten an und empfehlen ihm ein Gerät. – Er kauft es.

Insgesamt kann man sagen, daß Deutsche weithin um einer Sache willen oder tendenziell interesse-orientiert kommunizieren und weit weniger mit beziehungsstiftender Intention. Smalltalk wird eher als anstrengend, ziellos und zeitraubend erlebt.

Sachebene und Beziehungsebene

Da in einer Begegnung stets die Sachebene *und* die Beziehungsebene eine Rolle spielen, ist es wichtig, auch die Art, in der Deutsche *beide* Ebenen zusammenbringen, zu verstehen. Deutsche sind (im Berufsleben) inhaltlich betont sachorientiert, stellen aber über die Sachebene eine Beziehungsebene zu den Gesprächspartnern her:

— Vertrauen wird im Beruf dadurch aufgebaut, daß zwei Personen sachlich gut zusammenarbeiten. Gelingt die sachliche Kooperation, erweisen sich die Beteiligten als vertrauenswürdig.

— Eine Person zeigt sich sachlich gut vorbereitet und kompetent, eben als Experte auf ihrem Gebiet. Das läßt Anerkennung und Wertschätzung wachsen und andere arbeiten daher mit dieser Person künftig gern zusammen. Eine positive Beziehungsebene ist angelegt.

— Ein Kollege teilt zu Beginn und während einer Kooperation eine Menge an Wissen sowie relevante Fakten, Daten, Zahlen, Hintergründen mit. Er überhäuft seinen Kollegen fast mit Informationen (meist) schriftlicher Art. – Auf der Beziehungsebene signalisiert er damit höchste Kooperationsbereitschaft, denn er teilt sein Know-how mit seinem Partner und stellt sich ihm somit sozusagen ganz zur Verfügung.

— Es gibt Schwierigkeiten und der Kollege zeigt sich als überlegt und analysierend. Er bringt Zeit und Energie auf, dieses Problem einer Lösung zuzuführen. Damit gilt dieser Kollege als engagierte Person, die Respekt verdient und der gegenüber sich andere ebenso benehmen werden. So wird eine kollegiale Beziehung gepflegt.

— Eine Zusammenarbeit dauert bereits Jahre. Stets war der Partner um gute Resultate bemüht, Einbrüche im Streben um das Gelingen der Sache waren nicht zu verzeichnen. Das kennzeichnet eine dauerhafte, verläßliche Beziehung.

— An den Inhalten von Absprachen wird klar, wen man weswegen schätzt und wie sehr man ihm auch vertraut.

— Änderungen von Konzepten und Plänen – selbst sachlich erzwungene – sind nicht nur von inhaltlicher Bedeutung, sondern bedrohen auch die Beziehung, weil sie dem anderen zusätzliche Schwierigkeiten bereiten. Änderungen, die aufgrund persönlicher Umstände nötig werden, sind daher zu begründen und mit einem Wort der Entschuldigung sowie des Dankes zu versehen. Werden die Änderungswünsche angekündigt, die Änderungsideen besprochen und die Änderungsschritte abgestimmt, wird deutlich gemacht, daß die positive Beziehung erhalten werden soll.

Diese Einstellung gilt auch umgekehrt: Wer auf der Sachebene enttäuscht, kann keine gute Beziehung erwarten. Im schlimmsten Fall können ihm Freundlichkeiten sogar als taktisches Manöver ausgelegt werden, seine Schwächen zu kaschieren, statt nachbessern zu wollen (wie im Eingangsbeispiel mit dem Brasilianer: Die Dokumentation war versprochen!). Wenn jemand nicht vorbereitet ist, verdient er keine Anerkennung, eine Beziehung zu ihm ist von vornherein ohne Chance. Wer sich bei Schwierigkeiten drückt, läßt auch den Kollegen – nicht nur die Sache – im Stich. Wer wechselhaftes Engagement zeigt, dem ist ganz offensichtlich auch die Kooperation mit seinem Partner nicht besonders wichtig. Wer gemeinsame Pläne leichtfertig umstößt, erweist sich als rücksichtslos und zeigt dem Kollegen, daß er sich um dessen Wohlbefinden nicht schert.

Werden Deutsche auf der Beziehungsebene enttäuscht, bleiben sie plötzlich gar nicht mehr nur sachlich, sondern reagieren ganz offensichtlich verärgert oder gekränkt, was ihre ausländischen Partner dann sehr verwundert. Der Grund dafür liegt in dem beschriebenen Mischungsverhältnis der Ebenen: Über die Sachebene und das Engagement auf der Sachebene definieren Deutsche ihre beruflichen Beziehungen – ohne das je zu sagen. Und die Gewichtung bleibt erhalten: Die Sache hat klar Priorität, auch wenn sie bei weitem nicht alles ist.

Vor- und Nachteile des Kulturstandards

Der *Vorteil* der Sachorientierung liegt darin, daß die Fixierung auf die sachlichen Aspekte eine sehr stringente Verfolgung der Ziele erlaubt. Denn alles, was der Zielstrebigkeit entgegensteht – wie momentane Befindlichkeiten, individuelle Empfindlichkeiten –, wird ausgeblendet.

Gleichwohl gibt es eine Reihe von *Nachteilen*: Der Sachbezug hat auf der Beziehungsebene den Preis von Härte und Strenge (vgl. Kulturstandard »regelorientierte, internalisierte Kontrolle«). So sehr das im Hinblick auf manch ehrgeiziges Resultat begrüßt wird, so sehr

verursacht diese Haltung auf der Beziehungsebene Unannehmlich-
keiten, wenn unter »Sachzwängen« Entscheidungen getroffen und
Handlungen verlangt werden, die auf der subjektiven, individuellen
Ebene das Wohlbefinden beeinträchtigen, oder wenn ausschließlich
zugunsten der Sache durchgegriffen wird, »ohne Rücksicht auf Verluste«.

Im ungarischen Werk einer deutschen Firma findet ein Seminar statt, als ein
Deutscher aus der Produktion ohne anzuklopfen und grußlos in den Raum
stürmt und – während der Seminarleiter noch spricht – ruft: »Ich brauche
jetzt unbedingt fünf Leute, die aus dem Lager etwas tragen helfen«, er nennt
lauthals fünf Personen beim Namen und fordert sie auf mitzukommen. Diese
sind sichtlich irritiert, für kurze Zeit hin- und hergerissen und stehen dann
aber doch auf und gehen. Der Seminarleiter bleibt mit den anderen Teilnehmern völlig perplex zurück.

Der Deutsche hier in der geschilderten Situation war ungemein unter Druck, da die Produktion stillzustehen drohte. Er handelte deshalb extrem sachorientiert und verstieß gegen alle Anstandsregeln –
auch in deutschem Empfinden. Dennoch kommt ein solches Verhalten zu oft vor, als daß es zu übergehen wäre. Im Jargon derjenigen,
die in der Produktion arbeiten, heißt diese Verhaltensweise »Druck
aufbauen«.
    Die Orientierung an der Sache kann auch zuweilen lediglich so
scheinen, eine Alibifunktion haben und eine situationsabhängige
Doppelbödigkeit aufweisen: Hinter manchen »Sachargumenten«
stecken viele Emotionen. Ausufernde Sitzungen sind mitunter das
Abbild eines tobenden Machtkampfs. Selbstdarstellung erfolgt in
Deutschland selten dadurch, daß sich jemand als Witzbold, als Char-
meur oder als demonstrativ desinteressiert hervortut, sondern eher
als Oberschlauer, Superkritischer, Rechthaber. Oder, selbst wenn es
überwiegend Gefühle oder subjektive Überlegungen sind, die einen
Funktionsträger zu einer bestimmten Handlung oder Entscheidung
bewegen, wird er das nicht offenlegen, sondern er wird Sachargumente, die es auch geben mag, vorschieben. Und mancher kompen-
siert persönliche Schwächen und Krisen über eine scheinbar aus-
schließliche Sachorientierung. In allen diesen Fällen geht es nicht um
die Sache, sondern um Emotionen. Da aber Deutsche, auch wenn sie
um ganz andere Dinge kämpfen, sich immer der »sachlichen« Auseinandersetzung bedienen, sind ihre Motive aus ihrem Verhalten zunächst einmal nicht zu ersehen (und ihnen oft auch selbst nicht be-

wußt). Es ist daher zu unterscheiden: Geht es tatsächlich um die Sache, dann gilt es, dieses Verhalten auch so zu interpretieren. Handelt es sich um eine Scheinsachlichkeit, ist das nur dem Verlauf der Gesamtsituation zu entnehmen (es kommt z. B. zu keiner Einigung auf der Sachebene). Dennoch, glauben Sie mir, verehrter nicht-deutscher Leser, Deutsche sind viel öfter und viel länger wirklich »nur sachlich« und ringen um sachliche Aspekte, als Sie das vermuten! Da aber die Sachebene Priorität vor der Beziehungsebene hat, wird sie *immer* bemüht.

Im interkulturellen Kontext kann zwischen Menschen aus personorientierten Kulturen und Deutschen folgender Negativkreislauf entstehen: Je weniger Erfolg die Nicht-Deutschen in ihrem Werben um eine gute Beziehungsebene haben, desto mehr verstärken sie ihre Bemühungen in diese Richtung. Die Deutschen fühlen sich dadurch um so mehr auf- und abgehalten, zum Punkt kommen zu können, und beginnen, ungeduldig zu drängen. Das wiederum läßt die Nicht-Deutschen sich noch mehr auf der Beziehungsebene engagieren und veranlaßt die Deutschen im Gegenzug, noch mehr auf ihre Sachebene zu bestehen. Beide sind enttäuscht vom anderen, von seiner »Unprofessionalität« (so nennen es die Deutschen) und seiner »Kälte« (so werden die Deutschen erlebt). Und beide bemühen sich, die Voraussetzung und die Basis zu schaffen, auf der man endlich arbeiten kann: die Installation der Beziehungsebene und die der Sachebene.

Das Flugzeug landete zwar in Neapel, aber der Koffer der Geschäftsfrau flog in einer anderen Maschine irrtümlich nach Mailand. Die Deutsche geht zur Gepäckstelle und ist ziemlich aufgebracht, denn sie hat nichts bei sich und der nächste Flieger von Mailand nach Neapel geht erst am nächsten Morgen. Das Personal ist freundlich, bietet ihr einen Platz und Kaffee an und hört zu, wie sie aufgeregt von ihrem Koffer und dem Mißgeschick spricht. Der italienische Angestellte, der ihr gegenüber sitzt, wird immer ruhiger und sanfter und redet beschwichtigend auf sie ein: »Beruhigen Sie sich. Wir bringen Ihren Koffer zum Hotel. Mit der nächsten Maschine kommt er sicher.« – Sie wird eher wütender. Sie braucht ihren Koffer und keinen Kaffee und keine schönen Worte! Nun kommt der Chef und erkundigt sich, was sie in Neapel vorhabe, wie lange sie bleiben wolle, ob sie Neapel schon kenne. – Was soll dieses Geschwafel, denkt sie. – Der Chef empfiehlt ihr, in Neapel bummeln zu gehen. Auch er ist sehr ruhig: »Sie wohnen in einem guten Hotel. Dort fehlt es Ihnen an nichts. Man wird sich um Sie kümmern.« – Das bringt sie noch mehr auf die Palme. – Schließlich erläutert er ihr die besten Einkaufsmöglichkeiten in Neapel. – Sie ist nach wie vor wütend, denkt sich aber selbst, daß Einkaufen das einzige sei, was sie tun kann, denn in Jeans will sie morgen nicht zur Verhandlung kommen. Sie ist verärgert und fühlt sich in ihrem Anliegen einfach nicht richtig ernst genommen. Auf diese Art würden also Schlampereien übergangen werden! Sie kauft ein. Am nächsten Tag wird ihr der Koffer ins Hotel gebracht. Außerdem findet sie die Nachricht vor, sie möge ihre Rechnungen bei der Fluglinie einreichen, man würde aufgrund des bedauerlichen Verschuldens ihre Einkäufe übernehmen. Sie hatte das Entgegenkommen und die Freundlichkeit der Italiener gar nicht wahrgenommen, so sehr war sie auf die Sache (ihren Koffer, die anstehende Konferenz) konzentriert!

Um Mißverständnisse auszuräumen, hier noch einmal: Natürlich haben auch wir Deutsche Emotionen. Doch die gibt es in anderen Kulturen ebenfalls und deshalb sind es nicht die Emotionen, die an uns auffallen, sondern ihr Fehlen und Ausblenden an vielen Stellen zum Zweck der reinen Konzentration auf die Sachebene. Davon war in diesem Kapitel die Rede.

Empfehlungen

Für Nicht-Deutsche, die mit Deutschen arbeiten:
- Gehen Sie davon aus, daß Sie im beruflichen Kontakt Deutsche vorwiegend betont sachorientiert erleben. Erwarten Sie nichts anderes, das erspart Ihnen Enttäuschung.
- Gehen Sie aber auch nicht davon aus, daß diese Sachorientierung alles ist, was Deutsche kennzeichnet (vgl. Kulturstandard »Trennung von Persönlichkeits- und Lebensbereichen«).
- Wenn Sie Deutsche von etwas überzeugen oder für etwas gewinnen wollen, dann bereiten Sie Ihr Anliegen sachlich auf. Lassen Sie sich auf Problemanalysen ein und bringen Sie hier die Punkte vor, die aus Ihrer Sicht wichtig und entscheidend sind. Überlegen Sie sich Argumente, geben Sie Ihrer Darstellung einen logischen Faden, untermauern Sie Ihre Überlegungen mit Fakten. Dann hören Deutsche Ihnen wirklich zu, treten in ein Gespräch mit Ihnen ein und beginnen, Sie als Partner zu schätzen. Subjektive Meinungen oder Einschätzungen wirken auf Deutsche unprofessionell.
- Wenn Sie auf »weiche« Faktoren fokussieren wollen, dann kleiden Sie auch diese in ein sachliches Gerüst und überlegen Sie sich so stichhaltige Argumente wie möglich. Oft ist beispielsweise eine Quantifizierung sehr nützlich. Dabei dürfen Sie ru-

hig von Schätzungen ausgehen, die eben so realistisch wie möglich sind.

- Grundsätzlich gilt: Daten, Fakten, Argumente überzeugen, subjektive Meinungen eher nicht.
- Machen Sie sich bewußt, daß Deutsche über die Sache Beziehungen stiften. Versuchen Sie, diese Signale wahrzunehmen und nehmen Sie das Beziehungsangebot, das darin steckt, an.
- Nutzen Sie die Brücken, die sich Ihnen zur Kontaktanbahnung mit deutschen Kollegen bieten, auch wenn sie sachbezogen sind: Bitten Sie um Unterstützung beim Kauf eines Autos oder technischer Geräte (deutsche Männer sind hier oft Hobby-Experten), besprechen Sie Ihre Reiseplanungen in Europa und erzählen Sie von interessanten Reisezielen in Ihrem Land (Deutsche lieben Reisen) oder erörtern Sie Freizeitmöglichkeiten (jeder hat ein Hobby, irgend etwas gefällt Ihnen bestimmt).

Für Deutsche, die in internationalen Zusammenhängen arbeiten:
- Seien Sie sich bewußt, daß es genau diese deutsche Sachorientierung ist, die oft unsympathisch wirkt und Stereotype wie »Kälte«, »Unnahbarkeit«, »Arroganz«, ja oft sogar Aggressivität nährt.
- Ergänzen Sie Ihre Sachorientierung um Elemente des Gegenpols Personorientierung. Zeigen Sie sich als »Mensch«, als Persönlichkeit, gehen Sie auf solche Themen ein, interessieren Sie sich auch umgekehrt für Ihren Partner auf dieser Ebene. Dabei sind Partner aus weniger sachorientierten Kulturen sehr wohl an guten Ergebnissen interessiert: Nur sehen sie keine Möglichkeit, bei gestörten sozialen Beziehungen ein gutes Ergebnis zu erreichen.
- Setzen Sie aber persönliche Beziehungen nicht instrumentell ein. Zum einen werden Sie nach kurzer Zeit sowieso durchschaut, zum anderen wirkt auf Dauer nur authentisches Verhalten. Bemühen Sie sich um die Herstellung eines echten Kontakts, wie er zu Ihnen und Ihren Kollegen paßt; suchen Sie nach dem, was Ihnen Brücke zum anderen sein kann. Wenn Sie nichts finden, ist es besser, neutral zu bleiben als aufgesetzt freundlich zu erscheinen.
- Ohne Zugang zu den Menschen hilft oft alle Sachlichkeit nicht. Bemühen Sie sich, zu Beginn einer Kooperation eine Bezie-

hungsebene zu herzustellen und die Sachebene weniger energisch zu verfolgen. Schaffen Sie dazu Foren für persönliche Begegnungen. Nur wenn man sich kennenlernt, kann eine gewisse Vertrautheit entstehen, die in personorientierteren Kulturen die beste Basis für eine Zusammenarbeit ist. Das Gefühl, in guten Händen zu sein, stellt sich nicht beim Anhören langer Listen von Produkt- oder Firmenvorzügen oder mit detaillierten Informationen ein, sondern beim Smalltalk oder bei gemeinsamen Aktivitäten. Und vergessen Sie bei bestehenden Beziehungen nicht die Kontaktpflege.

- Wenn die anderen sich für Sie interessieren und Sie beispielsweise über Ihr persönliches Leben »ausfragen«, oder wenn andere offensichtlich persönliche Informationen über Sie an Kollegen weitergegeben haben, dann vermuten Sie hier nicht eine Aufdringlichkeit und einen »Geheimdienst«, sondern sehen Sie das als Zeichen von Wertschätzung und als Zeichen guter Vorbereitung auf die Zusammenarbeit mit Ihnen.
- Investieren Sie in die Beziehung zu denen, mit denen Sie regelmäßig zu tun haben. Nehmen Sie sich Zeit dafür und zwar nicht nur nach Dienstschluß, sondern immer: im Smalltalk zwischendurch wie mit einer freundlichen Art der Formulierung ihrer sachlichen Anliegen.
- Im Idealfall sollte es Ihnen möglich sein, für (sachliche) Probleme eine persönliche (individuelle, situativ angepaßte) Lösung zu suchen, die erkennbar die Bedürfnisse der nicht-deutschen Kollegen und Mitarbeiter einbezieht und deren Leistungen wertschätzt. Dann erscheinen Sie als jemand, der sein Gegenüber ernst nimmt und nicht nur stur seine Ziele verfolgt.

Historische Hintergründe

Grundsätzlich hat in den westlichen Ländern eine Orientierung auf die Sache Tradition, was (1) mit der jüdisch-christlichen Tradition in Zusammenhang gebracht wird (Nipperdey 1991; Cahill 2000). Der dieser Tradition entsprechende Monotheismus entgötterte die Welt und öffnete sie damit den technischen und wissenschaftlichen Interessen der Menschen. In einer monotheistischen Welt gibt es keine (halb)göttlichen Wesen, auf die Rücksicht zu nehmen wäre. Demnach kann man etwa getrost Mühlen bauen, weil keine Nymphen im Bach leben. Nur ein monotheistischer Schöpfergott, den es nicht anficht, kann sagen: »Macht euch die Erde untertan«. Das Christentum motivierte dann zusätzlich mit seiner Erlösungslehre zu Leistung und rationaler Lebensführung, die Theologie legitimierte diesen Ansatz und die Benediktiner setzten ihn um mit ihrem »Ora et labora«. (2) Die im Mittelalter trotzdem bedeutsamen irrationalen Elemente wurden durch die Epoche der Aufklärung massiv zurückgedrängt gemäß dem Anspruch einer rein intellektuellen Behandlung aller Lebensprobleme im Gegensatz zu historischen, autoritativen und irgendwie mystischen Mächte (Troeltsch 1925). Die Epoche der Aufklärung stellt in Europa den Übergang zur Moderne dar und bildet seither die noch immer gültige Basis der »Sachorientierung«.

Um jedoch die deutsche Variante der »Sachorientierung«, die weltweit und damit auch innerhalb der westlichen Länder vermutlich besonders ausgeprägt ist, fassen zu können, sind darüber hinaus spezifisch deutsche Voraussetzungen und Entwicklungen zu bedenken.

In Deutschland spielte innerhalb des Christentums der *Protestantismus* eine besondere Rolle: Nach Mensching (1966) kam es im Protestantismus zu einer Verdrängung von Momenten des Emotionalen und Irrationalen aus sakralen Handlungen. Dem Protestantismus fehlt ein kultisches Anliegen, etwa in Form der Anbetung oder spiritueller Opfer. Statt dessen verschob sich die Religiosität zunehmend auf die intellektuelle Ebene und das Verstehen, auf das Finden von Antworten für konkrete Probleme und auf Hilfe bei der Suche nach dem Absoluten (Nuss 1992). Somit wurde das Verhältnis der Menschen zur Religion weniger leidenschaftlich, sondern eher intellektuell und könnte über Generationen hinweg zu einer Betonung von Sachlichkeit und Rationalität geführt haben. Theologen waren denn auch weithin für die moderne Lebenswelt in Deutschland prägend.

Zudem sieht eine protestantische Haltung den Menschen von Gott auch im Berufsleben auf seinen Platz gestellt, den er, so gut es geht, auszufüllen hat (Molz 1994). Diese Einstellung fördert nicht den vorrangigen Fokus auf Personen, sondern auf Inhalte. Ganz speziell das Luthertum verstärkte mit seiner Lehre von den zwei Welten eine Trennung von Lebensbereichen, die zu einer Aufgabenorientierung (Konzentration auf die Sache) und zu innerem Reichtum (im individuellen Seelenleben) führte.

Ein anderer Argumentationsstrang betont die lange Periode deutscher *Kleinstaaterei,* was für viele Menschen langfristig mit einem weitgehend stabilen Sozialgefüge und relativer Immobilität einherging. Das bedeutete auch, daß Beziehungen nicht immer wieder neu ausgehandelt werden mußten. Dementsprechend war eine ausgeprägte Konzentration auf die (gemeinsame) Sache oder Aufgabe einfacher (vgl. Molz 1994).

Als in späteren Jahrhunderten der Absolutismus der Kleinstaaten die Bürokratie zur Blüte brachte, wurde einer Sachorientierung weiter Vorschub geleistet:

— Zum einen ist Bürokratie ihrem Wesen nach generell nicht auf Individuen ausgerichtet, sondern auf die Regelung von Sachfragen. Dieses Muster konnte aufgrund der geographischen, politischen und sozialen Enge der deutschen Kleinstaaten besonders gut gedeihen. Die sachbezogene und methodisch ausgerichtete Arbeit der Bürokratie zum Wohl des Staates und der Herrschenden wurde gleichermaßen Bestandteil des Pflichtenheftes von Militär und Bürgertum. Von hier strahlten dann die damit verbundenen Werte und Moralauffassungen in breite Bevölkerungsschichten (Molz 1994).

— Nachdem es zur Gründung des Deutschen Reichs (1871) kam, wurde diese Entwicklung nochmals forciert, weil mit dem militärischen Sieg unter preußischer Führung das dort besonders weit ausgebaute bürokratische System über die Grenzen Preußens hinaus Anerkennung fand und im übrigen Deutschland nachgeahmt wurde. Darüber hinaus waren in Preußen nicht nur staatliche Institutionen in hohem Maße bürokratisiert, sondern auch effizient arbeitende Industriebetriebe, die ebenfalls Vorbildfunktion bekamen. Bürokratie schien eine Erfolgsgeschichte zu sein und sie lehrte: »An welchem Platz der einzelne auch steht, er hat die Alltagsaufgaben unpersönlich, sachlich, korrekt, affektiv-neutral zu erfüllen. Die Aufgabe war wichtiger als die Art der Arbeitsumstände . . .« (Pross 1982, S. 46).

Die Begründungen aus der neueren Geschichte setzen 1945 bei der sogenannten Stunde Null an, dem jüngsten Tiefpunkt *existentieller Erschütterungen.* So schreibt Brigitte Sauzay in spürbarem Bemühen um ein Verständnis der deutschen Mentalität von außen: »In keinem anderen europäischen Land ist der Generationenkonflikt so schwerwiegend wie in Deutschland ... Das ganze Nazi-Vokabular war unbrauchbar geworden. Man fürchtete jede falsche Begeisterung, ging jedem Pathos aus dem Wege ... Das Gesetz der Stunde hieß Beschränkung auf konkrete Nüchternheit ... Und so gibt sie sich heute, die Bundesrepublik: zahm, ... langweilig, aber bewundernswert in ihren wirtschaftlichen Erfolgen und durch ihre politische Organisation. Nur wenige Franzosen wissen, daß sich hinter dieser Fassade ein unendlich reicheres und differenzierteres Deutschland verbirgt ...: ein unendlich sympathisches Deutschland ...« (Sauzay 1986, S. 67). Klages, ein deutscher Autor, setzt diese Nüchternheit in den affektiven Kontext der Zeitgenossen nach Kriegsende: »Der materielle Wiederaufbau ... war in dieser von einem dumpfen Selbsthaß erfüllten Atmosphäre eine Erlösung. Nun gab es wieder eine Aufgabe, der man sich zuwenden konnte, ohne auf Schritt und Tritt mit Schuldvorwürfen und -gefühlen konfrontiert zu werden« (Klages 1987, S. 215). Das Leben war weitgehend auf das Funktionsdienliche bezogen und die vorherrschenden Gefühle der Verlorenheit und Ohnmacht konnten damit in den Hintergrund gestellt werden.

Die Zeit des Wiederaufbaus nach dem Zweiten Weltkrieg brachte die (vorläufig) letzte große Welle der Verstärkung deutscher »Sachorientierung«. Im westdeutschen Wirtschaftswunderland wurde Marktwirtschaft dann stets auch so interpretiert, daß wiederum die »Sache« im Zentrum des Interesses stand: Das Herzstück der Marktwirtschaft heißt Gewinnmaximierung unter den Bedingungen des »Survival of the fittest« und hat zur Konsequenz, daß Personen sich den solchermaßen ausgemachten »Sachinteressen« weithin unterzuordnen haben, auch im Modell der »sozialen Marktwirtschaft«. Der angestrebte Wirtschaftsaufschwung gelang, wirtschaftliche Stabilität konnte weitgehend erhalten werden und die weitläufige Orientierung an »der Sache« ist für Deutsche nach wie vor Teil ihres Erfolgsrezepts.

■ Wertschätzung von Strukturen und Regeln

So sehen andere die Deutschen

ordnungsliebend, organisiert, systematisch, detailversessen, planvoll und kontrollierend	Australier, Brasilianer, Briten, Chinesen, Finnen, Franzosen, Inder, Indonesier, Italiener, Japaner, Koreaner, Mexikaner, Polen, Russen, Singapurianer, Spanier, Tschechen, Ungarn, US-Amerikaner
überall Anweisungen, Regeln und Gesetze, kein Vertrauen in Kreativität und Improvisation der Menschen	Australier, Belgier, Brasilianer, Chinesen, Finnen, Briten, Italiener, Koreaner, Mexikaner, Niederländer, Polen, Schweden, Spanier, Taiwanesen, Tschechen, Türken, US-Amerikaner
überall (auch am Arbeitsplatz) bürokratisch-streng	Belgier, Brasilianer, Chinesen, Briten, Mexikaner, Schweden, Spanier, Südafrikaner, Ungarn, US-Amerikaner
berechenbar, vorhersagbar, ohne Überraschungen, langweilig	Inder, Italiener, Tschechen, Ungarn
inflexibel, stur, Widerstand gegen neue Ideen	Brasilianer, Chinesen, Briten, Franzosen, Inder, Japaner, Koreaner, Schweden, Spanier, Türken, US-Amerikaner
korrigieren andere, besserwisserisch	Finnen, Franzosen, Singapurianer, Spanier
umweltbewußt	Australier, Finnen, Franzosen, Briten, Italiener, Japaner, Koreaner, Mexikaner, Niederländer, Polen, Ungarn, US-Amerikaner
komplizierte Mülltrennung	Australier, Belgier, Brasilianer, Briten, Chinesen, Franzosen, Koreaner, Niederländer, Spanier, Südafrikaner, Taiwanesen

Zur Einführung ein paar wahre Geschichten:

Vor dem Wohnhaus eines spanischen Expatriates in Deutschland gibt es verschiedene Parkplätze, die nicht einzelnen Mietern zugewiesen sind, sondern wo man sich hinstellen kann, wo man will. Nirgendwo steht ein Name oder ein Schild. Pro Mietpartei gibt es einen Parkplatz. Eines Tages steht ein Nachbar mit seinem Wagen auf dem Platz, auf dem der Spanier sonst meistens sein Auto abstellt, als dieser auf den Hof fährt. Sofort kommt der Nachbar auf ihn zu: »Moment, Moment, ich fahre gleich weg, ich stelle mich woanders hin.« Der Spanier ist verwundert. Er könnte sein Auto genauso gut woanders abstellen, denn es sind noch genügend Parkplätze frei. Warum ist der Nachbar scheinbar beunruhigt, wenn er auf »seinem« Parkplatz steht?

Eine amerikanische Studentin jobbt in Deutschland in einer Cafeteria. Dort ärgert sie sich oft darüber, daß sie alle Tätigkeiten immer perfekt ausführen muß. Wenn sie beispielsweise den Boden mit wenig Wasser wischt, sagt man ihr: »So wird es nicht sauber.« Nimmt sie viel Wasser, sagt man ihr: »Gib darauf acht, daß auch alles wirklich ganz trocken ist!« Als sie einmal einen Müllsack zuknotet, muß sie ihn wieder öffnen und mit einer Spezialklammer verschließen, da er womöglich aufgehen könnte. Ein anderes Mal, als sie, da es sehr warm ist, beim Abspülen ihren weißen Kittel auszieht, sagte man ihr, daß es nicht erlaubt sei, ohne Kittel zu arbeiten. Die Angestellten in der Cafeteria sind insgesamt wirklich sehr nett zu ihr, aber diesen Perfektionismus und die ständigen Zurechtweisungen findet die Amerikanerin nervenaufreibend und unverständlich, zumal eine Cafeteria ja nun wirklich kein Nobelrestaurant ist.

Ein englischer Ingenieur hat sich in Deutschland ein Haus gemietet und arbeitet gelegentlich in seinem Garten. Im Herbst, als das Laub von den Bäumen fällt und er gerade seine Rosen beschneidet, spricht ihn sein Nachbarn an, er möge doch auch mal sein Laub zusammenharken, das würde so unordentlich aussehen. Der Engländer hält das zwar für überflüssig, aber als er am folgenden Sonntag Lust hatte, sich ein wenig an der frischen Luft aufzuhalten, begann er das Laub zusammenzurechen, denn er wollte auf jeden Fall die gute nachbarschaftliche Beziehung erhalten und dem Nachbarn keinen Grund zum Ärger bieten. Als er nun in seiner Arbeitskleidung sich ans Werk macht, kommt sein Nachbar gerade mit Gästen auf die Terrasse. Der englische Ingenieur winkt und grüßt freundlich. Doch der Nachbar kommt an den Gartenzaun und sagt: »Aber wieso arbeiten Sie denn grade am Sonntag? Das macht man bei uns in Deutschland nicht. Sie sollten das in der Woche tun.« Allmählich wird es dem Engländer zu viel: Wie kommt der ansonsten freundliche und hilfsbereite Nachbar dazu, sich derart in seine Angelegenheiten einzumischen?

In Barcelona hat das entsandte Ehepaar nur eine Mülltonne und ist überrascht, in Deutschland gleich mehrere Tonnen für unterschiedlichen Müll vorzufinden. Beide finden das System ein bißchen kompliziert, aber eine freundliche Nachbarin erklärte der Spanierin das System mehrmals. Als zusätzlich die Biotonne eingeführt wurde, bittet diese Dame ihre spanische Nachbarin in ihre Wohnung. Dort hat die Deutsche auf dem Küchentisch verschiedenen Müll, darunter Obst, Gemüse, Lebensmittel und diverse Bio-Abfälle hergerichtet, nimmt einen Gegenstand nach dem anderen und ordnet ihn der Biotonne oder anderen Abfallbehältern zu. Zum Schluß fragt sie: »Haben Sie das verstanden?« Die Spanierin ist irritiert, teils belustigt, teils gekränkt. Doch die Nachbarin läßt nicht locker. Auch bei anderen Gelegenheiten bespricht sie mit ihr immer wieder in freundlichem Ton das System der Mülltrennung und weist auf verschiedene Details hin. Dem spanischen Ehepaar wird das zuviel, zumal bei vielen Produkten die Mülltrennung eben nicht eindeutig ist. Also packt die Frau eines Tages, als sie wieder einmal nach Barcelona fliegt, den nicht eindeutig zuzuordnenden Müll in zwei Reisetaschen und nimmt ihn mit nach Barcelona.

Definition »Wertschätzung von Strukturen und Regeln«

In Deutschland gibt es unzählige Regeln, Vorschriften, Verordnungen und Gesetze. Ihre Vielzahl und starre Auslegung, ihre strikte Einhaltung und rigide Zurechtweisung oder Bestrafung bei Verstößen sind im Kontrast zu anderen Kulturen, in denen selbstverständlich ebenfalls Regeln das Zusammenleben organisieren, das Besondere. Es bestehen implizite Regeln (wie z. B. die Forderung nach Pünktlichkeit), auf einen bestimmten Wirkkreis beschränkte Vorschriften (z. B. Haus- oder Benutzungsordnungen), Verordnungen, die das öffentliche Leben regeln (von der Müllentsorgung bis zur Straßenverkehrsordnung), Normen im beruflichen Leben (wie Anordnungen, Standardisierungen, Verfahren, Vorschriften), Klassifizierungen und Systematisierungen im geistigen Bereich und so weiter. Als zusammenfassenden Begriff für die genannten und sonstige Regelungen verwende ich den Begriff »Struktur«. Derartige Strukturen kommen in allen Lebensbereichen zum Tragen und werden wenig hinterfragt. Ihre Einhaltung wird für selbstverständlich erachtet und Verletzungen werden geahndet, mitunter sogar von völlig unbeteiligten Personen.

Als geradezu klassisch zeigt sich dieser Kulturstandard für Ausländer, die aus beruflichen Gründen nach Deutschland kommen und umgehend vor einem Berg bürokratischer Aufgaben stehen: Einwoh-

nermeldeamt, Kontoeröffnung, Führerschein, Krankenkasse, Rund-
funkgebühren und so fort, die buchstabengetreu abgewickelt werden
müssen und ohne Unterstützung riesige Hürden aufbauen, anstatt
Willkommenssignale zu senden. Vermieter, Nachbarn, Anwohner,
unbeteiligte Bürger zeigen sich oft erpicht, auf die Einhaltung von
»Ordnungen« (Hausordnung, Kehrwoche, Sonntagsruhe, Mittags-
ruhe, Fahrverbote, Parkverbote, Betretensverbote etc.) zu achten,
und nehmen womöglich überhaupt erstmals Kontakt zu ausländischen Gästen auf, indem sie sie auf Regelüberschreitungen hinweisen. Leider passieren diese Hinweise so manches Mal in Form von
»Erziehungsmaßnahmen«.

Regeln und Strukturen gelten als hilfreich

Deutsche lieben also Strukturen. Dahinter steckt das Bedürfnis nach
einer klaren und zuverlässigen Orientierung für alle Beteiligten, nach
Kontrolle über eine Situation, nach Risikominimierung und prophy-
laktischer Ausschaltung von Störungen und Fehlerquellen – kurz:
nach der Erreichung eines (im jeweiligen Zusammenhang zu defi-
nierenden) Optimums. Planung, also das Erstellen einer Struktur, eines irgendwie passend erscheinenden Systems, scheint das Zauber-
wort zur Meisterung der anstehenden Aufgaben. Wenn Deutsche
planen, organisieren, strukturieren, systematisieren, dann machen
sie das nicht zum Vergnügen, sondern aus der Überzeugung heraus,
daß so die anstehenden Aufgaben und die gemeinsamen Aktivitäten
am besten bewältigt werden können. Deshalb arbeiten beispielsweise
Qualitätssicherer mit genauen Vorschriften, Softwareentwickler mit
»Mustern« oder »Systemen«.

Für das soziale Leben heißt das, daß das Zusammenleben im zwischenmenschlichen Bereich klar und nachvollziehbar gesteuert und
das Ideal der Gleichbehandlung verfolgt wird. Formelle und informelle soziale Interaktionen sind häufig explizit geregelt, so daß klar
ersichtlich ist, was sie an Rechten und Pflichten nach sich ziehen.

Zur Regelung des formellen Miteinanderumgehens bedienen sich
Deutsche dabei oft des Instruments »Vertrag«. Verträge sollen Bere-
chenbarkeit und Sicherheit gewährleisten, weil alle in dem Zusammenhang erforderlichen Aktivitäten so in Bahnen gehalten und ge-
lenkt werden. Die Inhalte solcher Verträge gelten für beide Seiten als

verbindlich und haben in Deutschland Rechtsgültigkeit. Die Vertragspunkte stellen somit die gemeinsame Basis dar, auf die man sich bei unvorhergesehenen Ereignissen auch berufen kann. Deshalb wird vor Vertragsabschluß viel Sorgfalt darauf verwendet, möglichst alle Eventualitäten der künftigen Beziehung zu regeln.

Ein chinesischer Manager einer Computerfirma verhandelt mit einem deutschen Kunden über die Lieferung eines Bauteils. Der Kunde entscheidet sich nach langer Überlegung für ein bestimmtes Produkt. Zum Zeitpunkt der vereinbarten Lieferung muß der chinesische Manager seinem Kunden aber mitteilen, daß sich eine geringfügige Änderung nicht habe vermeiden lassen, da es im Moment Lieferschwierigkeiten gebe. Das nun gelieferte Produkt sei zwar von der Leistung her genau das gleiche wie das gewünschte, nur in der äußeren Form unterscheide es sich geringfügig. Aufgrund dieser geringfügigen Änderung ist der deutsche Kunde nun aber nicht mehr bereit, das Produkt anzunehmen. Der chinesische Manager kann dieses unflexible Verhalten seines Kunden nicht verstehen.

Wenn Deutsche in ihrem beruflichen Handeln ein Optimum anstreben, meinen sie, dies mit Hilfe von Strukturen erreichen zu können. Wenn sie sich qualitativ hochwertige Ziele stecken (Produktqualität; Organisationsgrad der Logistik usw.), dann wollen sie einen möglichst reibungslosen, gangbaren und effektiven Weg zu diesem Ziel beschreiten. Als *die* Art und Weise, dieses Optimum zu erreichen, gelten Strukturen, Systeme und Normen, die Uneindeutigkeiten, Unsicherheiten und damit Störungen ausschalten sollen.

Qualität soll vielfach auch dadurch erreicht werden, daß Kompetenzen und Zuständigkeiten klar geregelt werden. Das Berufsausbildungssystem in Deutschland ist demnach auch sehr differenziert und ist Teil dieser Vorgehensweise. In der konkreten Arbeit werden entsprechende Zuständigkeiten genau eingehalten: Man macht das, wofür man ausgebildet ist, und das, was auf der jeweiligen hierarchischen Ebene in der eigenen Verantwortung liegt. Für vorgelagerte Probleme, wie etwa die Definition von Normen, liegt die »Schuld« bei den dafür Zuständigen.

Ein Engländer arbeitet in Deutschland als Aluminiummonteur. Er ist mit einem deutschen Kollegen auf eine Baustelle geschickt worden, um dort eine Tür einzubauen, die elektrisch betätigt werden kann. Die beiden setzten die Tür ein. Der deutsche Kollege will schon gehen, als der Engländer anmerkt, daß doch auch noch die Elektrik installiert werden müsse, sonst könne man die Türe doch gar nicht benutzen. Der deutsche Kollege sieht ihn überrascht an und meint: »Das macht der Elektriker.« Der Engländer ist verwundert über diese Antwort, zumal der deutsche Kollege nicht bereit ist, es wenigstens zu versuchen. Wie konnte er sich verweigern, die Arbeit abzuschließen?

Ein Engländer muß als Chef der Qualitätskontrolle in einer deutschen Firma der Herkunft von Fehlteilen nachgehen. Eines Tages gibt es vermehrt Ausschuß. Bei der Fehlerquellenanalyse stellt sich heraus, daß offensichtlich immer dasselbe Teil die Ursache der auftretenden Störungen ist. Der englische Chef geht daraufhin zu dem Arbeiter, der dieses Teil produziert, und spricht ihn auf den Ausschuß an. Die erste Reaktion des Arbeiters besteht darin, seine Zeichnung herauszuholen, um die erforderlichen Abmessungen dem Qualitätskontrolleur zu zeigen und dann die gefertigten Teile nachzumessen. Daraufhin meint er ganz selbstsicher, daß die Toleranz in der Zeichnung mit plus minus 0,3 Millimetern angegeben sei und, wie der Chef ja mit eigenen Augen sehe, keines der von ihm gefertigten Teile diese Toleranz überschreiten würde. Er sei also an dem Malheur unschuldig. Der englische Chef kann diese Reaktion nicht verstehen: Dieser Einwand ist völlig egal, denn das Produkt funktioniert nicht! Wie kann der Arbeiter nur auf eine solche Argumentation kommen? Der Arbeiter hat – Zeichnung hin, Zeichnung her – seine Aufgabe nicht erfüllt!

Im Kontrast zur Skepsis gegenüber Strukturen vieler Kulturen liegt die entscheidende Grundeinstellung Deutscher hinsichtlich arbeitsbezogener Normen und Systeme weiterhin darin, Strukturen im allgemeinen als »geronnene Erfahrungen« zu betrachten: Hier hat sich nicht jemand willkürlich eine Norm ausgedacht, die im Grunde sinnlos ist und auch ganz anders sein könnte, sondern hier haben sich die Erfahrungen vieler niedergeschlagen, die bereits an diesem oder ganz ähnlich gelagerten Problemen gearbeitet haben. Der nunmehr als Struktur vorhandene Weg hat sich dabei als effektiv erwiesen und deshalb sind Deutsche gewillt, diesen Weg auch künftig zu gehen. Das gilt für sämtliche Tätigkeiten in der Produktion, aber auch für viele Verwaltungsabläufe oder andere auf Routine basierenden Arbeiten. Hat jemand Kritik an diesen Verfahren zu äußern, kann er das als Verbesserungsvorschlag und als Weiterentwicklung tun. Daß ein einzelner jedoch klüger wäre als die »geronnene Erfahrung« vieler, die ebenfalls Fachleute auf ihrem Gebiet sind oder waren, wird nur in Ausnahmefällen und aufgrund sehr stichhaltiger Argumente akzeptiert.

In einer tschechischen Tochtergesellschaft einer deutschen Firma muß das EDV-System ausgetauscht werden, weil es den veränderten Anforderungen einfach nicht entspricht. Die tschechischen Mitarbeiter analysierten das Problem und beschließen, was sie sich anschaffen wollen. Da diese Lösung aber die ihnen ohne Zustimmung der Muttergesellschaft zur Verfügung stehende Investitionssumme überschritten hätte, kommen an dieser Stelle die Deutschen ins Spiel: Die Tschechen erläutern ihnen ihre Analysen und Lösungsvorschläge. Die Deutschen hörten zu und sagen dann: »Okay, aber wir müssen nochmals von vorn anfangen.« Die Tschechen sind verärgert, daß ihre Arbeit so beiseite geschoben wird. Die Deutschen erklären, daß es eine Firmenstrategie für diese Probleme gibt und daß die tschechische Tochter außerdem Anrecht auf methodische und finanzielle Unterstützung hätte. Tatsächlich reisen daraufhin Informatiker aus Deutschland an, die mit den Tschechen nach einer optimalen Lösung suchen, die dem deutschen Firmenstandard und den lokalen Erfordernissen entspricht. Außerdem wird die erarbeitete Lösung mit ähnlichen Niederlassungen verglichen; auch die Versprechungen nach finanzieller Unterstützung werden eingehalten. Eigentlich sind die tschechischen Mitarbeiter sehr zufrieden mit dem, was sie bekommen haben. Die Lösung ist tatsächlich ausgezeichnet und Wort gehalten hatten die Deutschen auch. Aber dieses Vorgehen erscheint ihnen im Nachhinein insgesamt doch sehr seltsam und zu arbeitsaufwendig.

Hinter den Strukturen, Systemen und Normen sehen wir Deutsche also durchaus Sinn. Regelungen sind für uns oft gleichbedeutend mit (bewährten) Problemlösungen. In Produktionsabläufen haben die Normen eine Art Symbolcharakter für »beständige deutsche Wertarbeit« oder für Fortschritt im Sinn einer kontinuierlichen, verbessernden Veränderung.

Organisationsliebe

Gilt es, ein Ziel zu erreichen, möchten Deutsche möglichst aktiv (nicht reaktiv) planen und organisieren, um daraufhin weitgehend störungsfrei handeln zu können. Sie bemühen sich deshalb, ihre Vorhaben in den Griff zu bekommen und erstellen sich selbst »Systeme« aller Art: Firmenabläufe werden standardisiert, Verfahren vereinheitlicht, Zuständigkeits- und Kompetenzbereiche definiert, Arbeitsteilungen klargelegt, Informationsflüsse formalisiert, Modelle für Problemlösungen schematisiert und so weiter. Dabei gelten umfassende, vorausschauende und langfristig wirksame Aktivitäten als ideal, Improvisationen dagegen als Notlösung zum Ausbügeln suboptimaler Planung oder nicht vorherzusehender Schwierigkeiten. Es wird als

Zeichen von Intelligenz gewertet, sich in eine Sache so vertieft zu haben, daß sie dann systematisch angegangen und in Handeln umgesetzt werden kann.

Dabei sind Deutsche risikoscheu: Sie versuchen, weitgehend nichts dem Zufall zu überlassen, sondern Unwägbarkeiten und Risiken zunächst einmal durch möglichst umfassendes, prinzipielles, fundiertes Planen und Vorbereiten auszuschalten. Oft gilt das Motto: Lieber vorher schlau, als nachher klüger. Sie wollen vermeiden, daß Unvorhergesehenes passiert und dann Änderungen nötig werden. Auch potentielle Fehlerquellen und Hindernisse oder gar Unfallgefahren sollen so weit wie möglich im voraus erkannt und eliminiert werden.

Um später nachvollziehen und kontrollieren zu können, wer genau wofür zuständig war, wie was exakt vereinbart war, bevorzugen Deutsche formelle Systeme, wie schriftliche Ausführungen, schriftliche Bestätigungen oder Zusagen, schriftliche Dokumentationen (Arbeitszeitnachweis, Leistungstabellen usw.). Entsprechend ist bei einer beruflichen Tätigkeit immer auch ein nicht geringes Maß an Formalia zu erledigen. Ihr Wert erweist sich aber sowohl im Zwang, damit genauer planen zu müssen, wie auch bei Problemen Dysfunktionen herausfinden und Abläufe optimieren zu können.

Ein französischer Softwareingenieur arbeitet in Deutschland. Bei seiner Arbeit stößt er auf ein Problem, für das er eine Lösung findet, die freilich nicht in der Systembeschreibung für normierte Vorgänge enthalten ist. Auf die Frage an seinen deutschen Chef, ob er die gefundene (nicht perfekte, aber taugliche) Lösung umsetzen könne, antwortet der Deutsche, dieser Ansatz sei in der Systembeschreibung wohl ausgeschlossen, er wolle aber nachsehen. Wie erwartet findet sein Chef keinen Passus, der den von dem französischen Mitarbeiter vorgeschlagenen Weg benennt und antwortet deshalb: »Das können Sie nicht machen, denn das steht nicht in der Systembeschreibung und könnte somit Probleme verursachen.« Inzwischen schreiben der Franzose und sein Chef für jede weitere Lösung einen neuen Paragraphen in die Systembeschreibung und legen somit permanent fest, was gemacht werden kann und was nicht erlaubt ist. Beide sind damit zufrieden.

Entscheidungen können sich aufgrund der geringen Risikobereitschaft gelegentlich schon verzögern, weil Deutsche versuchen, sicher zu gehen und viele Eventualitäten in ihre Überlegungen und Planungen mit einzubeziehen. Sie möchten sich einen guten Überblick über die Sachlage verschaffen, sie überstürzen nichts, sondern überprüfen lieber ein zweites Mal.

Viele wichtige, normale Arbeitsabläufe betreffende Informationen werden auf formellen Kanälen, das heißt in Besprechungen, Sitzungen, mit Protokollen und Informationsverteilungssystemen transportiert. Damit sind sie für alle, die davon betroffen sind, einseh- und nachvollziehbar.

In einer Abteilung sind Zuständigkeiten zugewiesen: Nicht jeder macht alles, sondern es ist abgesprochen, wer was tut. (Anderes macht man dann oft eben nicht, sondern verweist auf seinen »zuständigen« Kollegen.) Auch Dienstwege werden in der Regel eingehalten. Die laut Organigramm Zuständigen werden angesprochen, kein Verantwortlicher wird übergangen. »Zuständigkeit« ist das Schlüsselwort, das den betrieblichen Aktionsradius Deutscher weithin bestimmt.

Eine französische Betriebswirtin arbeitet in der Industrie- und Handelskammer, wo viele Firmen Informationen oder Unterlagen abrufen. Die erste Frage, die ihre Sekretärin einem Anrufer stellt, ist, woher er anrufe. Nennt er einen Ort, der nicht im Einzugsbereich der Handelskammer liegt, verweist sie den Anrufer sofort an das für ihn zuständige Büro und verweigert die gewünschte Auskunft, obwohl es sich oft nur um Kleinigkeiten oder um ganz allgemeine Informationen handelt, die dem Anrufer helfen und ihr kaum oder wenig Arbeit machen würden.

»Zuständigkeit« ist das Schlüsselwort zum Handeln, stellt aber auch die Bremse an der Grenze zum Wirkungsfeld des Kollegen oder Chefs dar und wird stets bemüht, wenn jemandem erklärt werden soll, wer was bearbeitet, wer wofür Experte ist, wer wem wann weiterhelfen kann. So wird die Einhaltung des Terrains auch von den Beteiligten kontrolliert und Grenzüberschreitungen müssen gut begründet sein und bedürfen der Mitteilung an den Betroffenen. Informationen über Zuständigkeiten sind daher in deutschen Augen auch häufiger als echte Hilfe gemeint, denn als billige Ausrede.

Eine Tschechin arbeitet in einer Prager Bank. Bei bestimmten Unterlagen für das Rechnungswesen, ist immer ein Budgetcode und die Gesamtsumme des Preises in einem Formular anzugeben. Die tschechische Mitarbeiterin muß das als Assistentin erledigen und dann das Formular dem deutschen Chef zur Unterschrift vorlegen. Wenn sie einmal nicht auf ihrem Platz ist, dann schreibt ihr der deutsche Chef einen großen Zettel: »Bitte Budget-Code und Preis ausfüllen und ans Rechnungswesen weiterleiten. Danke.« Die tschechische Assistentin findet das eigentlich lustig: Wenn der Chef das selbst ausfüllen würde, statt ihr den Zettel zu schreiben, würde er ein Drittel der Zeit benötigen. Aber er macht das nicht. Außerdem kommen täglich viele Angebote für verschiedene Seminare und Kurse, die sie zu bearbeiten hat. Sie sortiert die Angebote, die zu teuer sind oder nicht in Prag stattfinden sofort aus, denn diese Angebote kämen ohnehin nicht in Frage. Die restlichen leitet sie an ihren deutschen Chef weiter. Wenn sie einmal nicht da ist, findet sie bei ihrer Rückkehr einen ganzen Stapel solcher Angebote auf ihrem Schreibtisch, jeweils mit einem Zettel versehen: »Bitte prüfen und dann mit mir besprechen.« Natürlich schmeißt sie dann wieder viel weg und bespricht nur einen geringen Teil mit ihrem Chef.

Es ist nicht auszuschließen, daß mancher Deutsche im Kontakt mit Nicht-Deutschen, denen er weniger Sinn für diese »Ordnung« zuschreibt, besonders demonstrativ Kompetenzbereiche einhält.

Mangelnde Organisation und Störungen im geplanten Handlungsablauf erzeugen bei Deutschen leicht Ärger und veranlassen eher zur Suche nach dem Schuldigen, dann zur Suche nach Lösungen.

Machtkämpfe unter Deutschen zeigen sich häufig als Streit um Zuständigkeiten und Kompetenzen. Führungskräfte werden als Repräsentanten der Strukturen wahrgenommen und deshalb werden sich Mitarbeiter ihnen gegenüber besonders dienstbeflissen im Sinne der Strukturen zeigen.

Detailorientierung

Ihren Perfektionsanspruch setzen Deutsche auf deduktive Art mental in ein Modell um, indem sie ihre Ideen bis ins Kleinste herunterbrechen. Sie achten in vielem auf Kleinigkeiten, die sie nicht für nebensächlich halten. Vielmehr steckt darin ihrer Überzeugung nach oft sogar die wahre Qualität einer Sache, aber auch die eigentliche Problematik, wie ein häufig gebrauchtes Sprichwort sagt: »Der Teufel steckt im Detail.«

Es ist somit kennzeichnend, daß Deutsche
– exakte und detaillierte Planungen vornehmen;
– vorsorglich Fehlerquellen minimieren;
– gut vorbereitet sind für Besprechungen und Verhandlungen (z. B. mit Folien, Tischvorlagen);

78

– der Ordentlichkeit im eigentlichen Sinn einen relativ hohen Stellenwert beimessen (z. B. Ablagen, Lagerhaltung).

In der Produktion erstreben Deutsche eine hundertprozentige Fehlervermeidung, Genauigkeit, Präzision und Exaktheit. Ihre Zielvorstellung ist ein perfektes Produkt. Dazu wird genau kontrolliert und exakt auf die Normen, die diese Ansprüche sicherstellen sollen, gepocht. Maßstab ist die Kundenzufriedenheit. Und diese Kunden deutscher Firmen und Konzerne legen beim Kauf der Produkte Wert auf Qualität – definiert als Fehlerfreiheit. Das Image der Firma und damit ihre künftige Auftragslage und ihr weiterer Erfolg hängen davon ab. Perfektion zeigt sich auch in der Beachtung unwesentlicher Details. Und um diese Zielvorstellung zu erreichen, gilt es als unerläßlich, sich exakt – nicht ungefähr – an die Normvorgaben zu halten.

Ein englischer Manager hat in einem deutschen Zulieferbetrieb für Autoteile die letzten Arbeiten an der neuen Achse, dem Produkt des Betriebs, zu verantworten und die Auslieferung vorzubereiten. Die Zeit drängt, da für die Entwicklung mehr Zeit gebraucht wurde als vorgesehen. Um termingerecht liefern zu können, macht der Engländer zwei Wochen lang etliche Überstunden. Die Firma kann tatsächlich die Lieferfrist einhalten, was ihn freut, denn die Einhaltung der Frist war für den Betrieb entscheidend. Er geht davon aus, daß die termingerechte Lieferung auch seinen deutschen Chef erfreuen würde und war um so überraschter als der ihn zu sich bat, um ihm mitzuteilen, daß er in der Zeichnung der Achse für den Autohersteller einen Beschriftungsfehler gefunden habe: Der Engländer habe die Schriftgrößennorm des Kunden nicht eingehalten und möge das bitte noch verbessern.

Dabei kann sich der Perfektionsanspruch manches deutschen Kollegen generalisieren und seine Spontaneität und Flexibilität deutlich hemmen.

Ein Spanier könnte sich fast totlachen über seinen deutschen Kollegen. Beide arbeiten sehr intensiv mit einem ganz bestimmten Software-Programm für die Fertigung. Vor ein paar Minuten kam ein Anruf, daß in einer Stunde eine Delegation aus einem anderen Werk käme, die gern eine Präsentation zu dieser Software sehen würde. Der deutsche Kollege möchte doch bitte etwas zusammenstellen, sich um 10 Uhr in Raum 20 einfinden und den Gästen die Software, die sich doch hier wirklich sehr bewährt hat, vorstellen. Der deutsche Kollege war über diesen Anruf sichtlich erschrocken und stammelte: »Tut mir leid, so schnell geht das nicht.« Man redete auf ihn eine Weile ein, daß er doch locker aus seiner Erfahrung berichten könne. Letztlich ist es der

Spanier, der die Präsentation macht, zwar in einem etwas holprigen Deutsch, aber er ist sich sicher, daß das Wesentliche zu verstehen sein wird.

Geldangelegenheiten – auch im alltäglichen Umgang unter Kollegen – werden haarklein auf den Cent geklärt. Das ist ebenfalls Ausdruck von Genauigkeit und Gerechtigkeit. »Deutsch zahlen« meint, daß getrennt nach Personen abgerechnet und genau aufgelistet wird, wer was konsumiert hat.

Eine gemischte deutsch-tschechische Arbeitsgruppe geht mittags in Pilsen gemeinsam in ein Restaurant. Der Deutsche bezahlt die Rechnung aus einem Fonds für Arbeitsessen. Die Rechnung beläuft sich auf 156 Kronen. Er bezahlt genau diesen Betrag und läßt vier Kronen auf dem Tisch liegen. Der Deutsche überlegt noch wieviel Euro vier Kronen sind, als eine tschechische Kollegin sagt: »Nur vier Kronen?« Es entsteht eine Diskussion: »Wieso, nur vier Kronen? Ist das zu wenig? Wieviel bezahlt ihr?« Der Deutsche fühlt sich offensichtlich angegriffen. Er will nun genau wissen, wieviel Trinkgeld in der Tschechischen Republik üblich ist. Die tschechische Kollegin hat jedoch Schwierigkeiten, ihm ein »richtiges« Verhalten zu erklären, weil sich das Trinkgeld tatsächlich sehr situativ nach der Zufriedenheit richtet. Doch der Deutsche läßt nicht locker: Was ist die Norm? Wie sollte er sich künftig verhalten? Die tschechische Kollegin ist peinlich berührt.

Ambivalenz

Wir Deutsche wissen um unsere gewisse »Regelverliebtheit« und haben dazu durchaus ein ambivalentes Verhältnis. Denn einerseits sehen wir ihren Nutzen, andererseits leiden auch wir selbst oft genug unter der damit verbundenen Inflexibilität. So betrachten wir es durchaus als gesellschaftlichen Fortschritt, sich über diverse Regeln hinwegzusetzen, und zitieren gern Untersuchungen, daß sich eigentlich nur eine Minderheit an Tempolimits hält, daß viele umständliche Anstandsregeln nicht mehr gelten, daß Betriebe schließen müßten, hielte man sich nur an die offiziellen Wege und so weiter. Ihnen, verehrter nichtdeutscher Leser, mag das kaum auffallen, denn sie leben ja noch nicht so lang bei uns, um derartige Fortschritte nachvollziehen zu können. Sie sehen uns hier und heute und haben überhaupt nicht den Eindruck, daß wir unser Regelwerk auf die leichte Schulter nehmen. Aus meiner Beobachtung möchte ich dieses Phänomen relativieren: Jeder von uns, jede gesellschaftliche Gruppe und jede Generation für sich, hält die Regeln und Strukturen hoch und betrachtet die für wichtig, die der jeweiligen Person oder Gruppe ein Anliegen sind, weil sie in ihren Augen entscheidende Lebensbereiche organisieren, während dieselbe Person(engruppe) sich gleichzeitig über andere Regeln und Strukturen häufiger hinwegsetzt und sie als hinderlich oder überkommen ansieht. So kann jeder Deutsche mannigfach Beispiele nennen, in denen er locker mit Regeln umgeht, und andere, wo er eben »ohne ein Mindestmaß an Organisation« (deutsch definiert!) nicht auskäme. Ein Beispiel möge das illustrieren:

In einem interkulturellen Training zu Deutschland spielten Engländer zur größten Erheiterung aller Anwesenden ein Rollenspiel zum Thema »Die Mülltrennung eines Teebeutels«. Der Teebeutel an sich mit den Teeblättern wandert in den Biomüll, die Klammer in den Metallmüll, das Schnürchen in den Restmüll und das Papieretikett in den Papiermüll. Auch ich dachte, ich bekenne es freimütig, das ist eine Karikatur. Also erzählte ich diese Begebenheit, noch immer belustigt, in der nächsten Unterrichtsstunde meinen Betriebswirtschaftslehre-Studenten, da wir gerade heiß diskutierten, ob diese Regelversessenheit denn wirklich noch Gültigkeit besäße. Es folgte eisernes Schweigen. Und dann sagte einer sichtlich betreten: »Wir machen das wirklich so.«

Es geht hier nicht um den Teebeutel, aber »Mülltrennung« ist ganz sicher eine moderne Neuauflage unserer deutschen Strukturliebe, die wir mehrheitlich stützen und gutheißen, weil wir doch dem Ideal des Umweltschutzes dienen wollen. Und dazu bedienen wir uns natürlich unserer guten »alten« Tradition, Strukturen und Regeln einzuführen.

Oder ein anderes Beispiel: Großunternehmen leiden unbestreitbar daran, daß der Kommunikationsfluß durch die enorme Formalisierung oft Vorhaben zum Scheitern verurteilen würde, würde man sich nicht informeller Netzwerke bedienen, die eine Beschleunigung ermöglichen. Doch was ist eine stützende *Maßnahme* für dieses informelle Vorgehen? Die Installation eines Trainee*programms*, das künftig erforderliche informelle Strukturen »organisieren« helfen kann.

Ein Amerikaner geht abends mit ein paar deutschen Freunden in eine Weinstube. Da er keinen Alkohol trinken will, bestellt er sich ein Spezi (ein Mischgetränk aus Cola und Orangenlimonade). Der Kellner antwortet, daß sie dieses Getränk nicht hätten. Der Amerikaner bestellt daraufhin eine Cola. Später bestellt sich ein Freund ein Glas Limonade. Jetzt ärgert sich der Amerikaner: Warum, wenn man sowohl Cola wie auch Limonade verkauft, wollte man ihm kein Spezi mischen?

Solche Beispiele ärgern uns Deutsche auch. Und doch gehören derartige Erfahrungen zu unserem Alltag, das läßt sich nicht leugnen. Dabei halten sich die Menschen hier »nur« an die Regeln.

Noch ein Wort zur Relativierung: Es gibt in Deutschland hochorganisierte Bereiche, in denen das Gesagte gilt. Aber es gibt ebenfalls Felder, die brachliegen, oder Bereiche, die quer zu bestehenden Strukturen liegen und einfach völlig anders sind, wo nichts organisiert ist und Gäste die berühmte »deutsche Perfektion« vermissen. Ein Beispiel für das Brachliegen ist das Fehlen eines an den Bedürfnissen von Familien ausgebauten Kinderbetreuungssystems; ein Beispiel für Desorganisation im Arbeitsleben sind fehlende Einarbeitungs- und Ausbildungspläne für nicht-deutsche Mitarbeiter und das damit verbundene ineffektive Herumschieben dieser Kollegen, gerade so, als ob man sie als lästig empfinden würde. Die Auswirkungen sind in solchen Fällen dann unter Umständen doppelt enttäuschend: Wir Deutsche verstoßen vehement gegen unser Image *und* können fehlende Strukturen nur sehr schlecht durch Improvisation ausgleichen.

Vor- und Nachteile des Kulturstandards

Die *Vorteile* des Kulturstandards »Wertschätzung von Regeln und Strukturen« liegen eindeutig darin, daß mit einem gut installierten System auch sehr gute Ergebnisse erreicht werden können.

Als *Nachteile* sind zu erwähnen:
- Deutsche sind, nachdem sie einen Plan gemacht haben, darauf fixiert, diesen auch in die Tat umzusetzen. Tauchen dabei aber Barrieren auf oder passiert Unvorhergesehenes, dann sind sie sehr oft aus dem Konzept geworfen und irritiert, was denn nun am besten zu tun sei. Und mancher verliert seine Souveränität und reagiert kopflos oder panisch.
- In großen Firmen können Systeme und Strukturen sehr bürokratische Formen annehmen und die Kooperation sogar erschweren, weil sehr viele Vorschriften, Kompetenzbereiche und Formalitä-

ten zu berücksichtigen sowie Dokumentationen und Nachweise aller Art zu erbringen sind, so daß das Handeln schwerfällig und langsam wird. Manches, was generell seinen Sinn hat, kann im Konkreten durchaus fragwürdig erscheinen.

Gerade bekommt ein in Deutschland arbeitender Franzose einen Anruf aus Frankreich, ob über eine bestimmte Sache endlich entschieden worden sei. Die Franzosen rufen deshalb schon seit zwei Wochen an und er muß sie, wie immer, vertrösten. Es gibt eben in Deutschland einen Hauptabteilungsleiter und einen Abteilungsleiter und einen Sachbearbeiter, die alle Stellung nehmen und die Entscheidung beeinflussen. Einer ist im Urlaub, zwei auf Dienstreise und deshalb liegt die für die Franzosen so wichtige Entscheidung noch immer auf Eis. Doch für nächste Woche ist ein Besprechungstermin gefunden und dann wird der Franzose endlich seinen französischen Kollegen Bescheid geben können. Bis dahin »überlegen« die Deutschen noch.

– Aufgrund der starken Arbeitsteilung und Spezialisierung kann die Transparenz eines Gesamtprojekts gelegentlich fehlen oder verloren gehen. Dann müssen die auftauchenden Probleme trotzdem situativ abgearbeitet werden und das System kann nicht genützt werden.

– Ein weiterer Nachteil der Organisationsliebe bis ins Detail liegt darin, daß einmal gesetzte Ziele und Strukturen beibehalten und durchgeführt werden, auch wenn sie inzwischen tatsächlich nicht mehr optimal sind, weil sich die Umgebungsbedingungen geändert haben. Gewohnte Bahnen und Verfahren werden nur schwerlich verlassen. Die Handelnden sind zu sehr auf die Einhaltung der Planung, der Beschlüsse, der (vermeintlich) fehlervermeidenden Vorgehensweisen fixiert, so daß sie das Ganze aus dem Blick verlieren. Das System erstarrt und unterbindet eine eigentlich notwendige Flexibilität.

– Deutschen dient Struktur nicht nur dazu, Arbeit effektiv zu organisieren, sondern ebenso dazu, sich Freiräume zu schaffen oder Privilegien zu sichern: Wenn Pause ist, ist Pause, wenn Feierabend ist, ist Feierabend, wenn Urlaubszeit ist, ist nur schwer etwas zu erreichen. Es können sich auch Schlendrian und Bequemlichkeit eingeschlichen haben und dann unter Hinweis auf Regeln oder Zuständigkeiten erhalten bleiben.

Nicht nur Amerikaner finden es unhöflich, daß oft niemand ans Telefon geht, wenn gerade Frühstückspause ist oder der entsprechende Kollegen im Urlaub oder auf Dienstreise oder nur gerade nicht am Platz.

Ein Engländer arbeitet als Chef der Qualitätskontrolle in einem deutschen Zulieferbetrieb. Da die Zeit drängt, um einen Liefertermin einzuhalten, möchte er, daß seine Mitarbeiter durcharbeiten und ihre Mittagspause verschieben. Die deutschen Mitarbeiter weisen diese Idee weit von sich, mit der Begründung, Mittag sei von 12 bis 13 Uhr und nicht später. Ihr englischer Chef ärgert sich sehr: Warum sind die Deutschen nur so unflexibel?

— Außerdem verbirgt sich hinter absoluter Regeltreue oft auch schlichtweg Angst und Unsicherheit derjenigen, die sich auf Regeln berufen. Um ja nichts zu riskieren, hält sich der Betreffende besonders eng an die Norm ganz nach dem Motto: »Better to be safe than to be sorry.«

— Im Alltag wie im Berufsleben kostet der Rückzug auf rein rechtliche Positionen und den Buchstaben der Übereinkunft viel Zeit und verhindert kreative Lösungen der Konfliktregelung. Manchmal wird eine Regel von Beteiligten geradezu schamlos ausgenutzt.

Ein brasilianischer Mitarbeiter ist soeben von einer Reise aus seiner brasilianischen Heimat zurückgekommen, leidet unter den Strapazen und ist todmüde. Sein deutscher Nachbar renoviert die Wohnung und raubt ihm mit seiner Bohrmaschine den letzten Nerv, denn das Getöse läßt ihn nicht schlafen. Er steht auf, erklärt dem Nachbarn sein Problem und bittet ihn aufzuhören. Der antwortet: »Das ist mein Recht. Um 22 Uhr höre ich auf.«

— Wenn jemand auf seinem Recht, auf einer Planung, auf irgendeiner sachlichen Notwendigkeit, die in Struktur gegossen ist, beharrt, passiert es, daß er mitunter keineswegs sachlich und höflich, sondern autoritär und unverschämt wirkt.

Ein Deutscher kommt ganz aufgeregt aus der Produktion in die Logistik und schreit seiner ungarischen Kollegin zu: »Wir haben ein Engpaßteil! Wir brauchen von der Pumpe A dringend 500 Stück, sonst müssen wir die Produktion stoppen! Kümmern Sie sich darum!« Die Kollegin ruft den Lieferanten an; der entgegnet ihr aber, daß er erst in einer Woche liefern könne. Kurze Zeit später kommt der Deutsche wieder angestürmt. Natürlich reicht ihm das nicht. Er will, daß die Kollegin nochmals anruft. »Wir brauchen die Pumpen morgen! Vergessen Sie nicht, der Lieferant hat einen Vertrag und Sie sind die Firma! Machen Sie Druck!« Sie ruft nochmals an, und der Lieferant meint, wenn es unbedingt sein müsse, könne er da und dort etwas deichseln und am Freitag 500 Stück liefern. Schon wieder steht der Deutsche hinter ihr. Als er Freitag hört, greift er selbst zum Hörer: »Sie sind nicht in der Lage, bis morgen zu liefern? Sie haben einen Vertrag! Sie liefern morgen! Das Band steht sonst still und dann wird das richtig teuer für Sie. Hoffentlich haben Sie eine gute Versicherung. Sie bestätigen uns die Lieferung per Fax, bitte. Ansonsten kann ich Sie darauf hinweisen, daß Sie das Thema ›Lieferantenbeurteilung‹ einholen wird.« Ende. Die ungarische Kollegin steht leichenblaß daneben und bekommt zu hören: »Sie müssen die Lieferanten härter anpacken. Dann geht das, das haben Sie gesehen. Nochmals: Sie sind die Firma und der Lieferant steht unter Vertrag.« Und fort ist er.

– Der Hang zur Systematik und der daraus zweifellos oft resultierende Erfolg verleitet Deutsche teilweise ganz besonders dazu, von sich als Experten überzeugt zu sein und das Gespür dafür zu verlieren, wann sie als arrogant erlebt werden, weil sie ihr System an keiner Stelle in Frage stellen.

Empfehlungen

Für Nicht-Deutsche, die mit Deutschen arbeiten:
- Wittern Sie hinter Normen Deutscher nicht gleich Gängelei. Normen und das Pochen auf ihre Einhaltung sind nicht gegen Sie gerichtet! Sie sind schlicht die Art und Weise, wie Deutsche zu einem Großteil Professionalität definieren. Falls es Sie beruhigt: Deutsche benehmen sich untereinander genauso.
- Machen Sie sich auch den sozialen Aspekt an den Strukturen, Normen und Regeln Deutscher bewußt. Dann wirkt manches Verhalten nicht mehr nur hart und stur, sondern erhält auch eine »menschliche« Note: Das Leben soll klar, nachvollziehbar, gerecht, redlich organisiert werden.

Für Deutsche, die in internationalen Zusammenhängen arbeiten:
- Gehen Sie auf keinen Fall davon aus, daß die Wünsche, Anliegen, Forderungen, die Sie äußern, einleuchtend sind. Wahrscheinlich sind sie es gegenüber Menschen aus Kulturen mit einer eher lockeren Einstellung zu Strukturen zunächst einmal nicht.
- Erklären Sie Ihre »Struktur«! Erläutern Sie Hintergründe, Kontext, Zielsetzung, also weswegen Sie was wie wollen oder brauchen. Nur dann haben Ihre Anliegen eine Chance, begriffen und eingehalten zu werden, sonst erscheinen sie als reiner oder sogar autoritärer Willkürakt.

- Wenn Sie klar und deutlich klarstellen, wann Ihre Struktur ab-geändert werden kann und wann weshalb nicht, dann ist die Einhaltung einer *notwendigen* Norm anderen viel leichter mög-lich, weil sie Sie damit nicht nur als stur erleben.
- Entwickeln Sie mit Ihren Partnern die Strukturen gemeinsam, übertragen Sie nicht einfach vorhandene auf eine neue Koope-ration. Ihr Partner kennt seine eigene Situation sicher besser als Sie. Nur so können Sie zu einer Struktur kommen, die die Inter-essen Ihres Partners und Ihre eigenen abdeckt.

Historische Hintergründe

Für die gesamte westliche Welt ist eine »Gesetzesmoral« von Bedeu-tung. Den Boden dafür bereitete schon die Antike: Bereits in den grie-chischen Stadtstaaten hatte sich ein Denken herausgebildet, das dem sogenannten Gesellschaftsvertragsschema entsprach, das heißt man ist einer *abstrakten* Gesellschaft, nämlich dem Staat verpflichtet, nicht einem Clan, oder allgemein, einer Gruppe von bekannten oder ver-wandten Menschen, also einer »Gemeinschaft« (Kindermann). Das Zusammenleben wurde schon dort durch Gesetze geregelt und be-deutende griechische Philosophen wie Sokrates, Aristoteles und Plato bemühten sich, unverrückbare Maßstäbe des Guten und der Gerech-tigkeit zu finden, an denen die Richtigkeit solcher Gesetze beurteilt werden könnte. Die hier entwickelten Ideen der Gleichheit und der Vernunft bildeten später auch die Grundpfeiler des römischen Geset-zes; so hatte die römische Bürgerschaft nichts mit »Gemeinschaften« (wie Rasse oder Volkszugehörigkeit) zu tun, sondern sie wurde den Untertanen angeboten, die bereit waren, mit dem römischen Staat zu-sammenzuarbeiten. In Rom war das Rechtsdenken besonders ausge-prägt. Die Römer regierten auf der Basis differenzierter Gesetze – nicht durch Menschen, die Prinzipien auslegten (Hofstede 1993) –, und diese Tradition übernahm zunächst die entstehende Kirche, spä-ter wurde dieses Rechtsdenken Bestandteil der europäischen Staaten.

Durch die Christianisierung wurden diese Ideen in das Gebiet des heutigen Deutschlands gebracht, und mit der Wende zur Neuzeit wurde das römische Recht zur Grundlage kontinentaleuropäischer Gesetzgebung. Wie haben nun diese allgemeinen Entwicklungen in Deutschland so speziell wirksam sein können, um den Kulturstandard »Wertschätzung von Strukturen und Regeln« zu einem so auffälligen Charakteristikum werden zu lassen?

Die Vorläufer der deutschen Fürstentümer und Kleinstaaten waren nicht griechische Stadtstaaten, sondern relativ überschaubare Stammesgemeinschaften. Auch sie entwickelten Regeln – zum einen in für eine Gemeinschaft jeweils homogener Weise rituelle, also lediglich zusammenhaltsfördernde Regeln, zum anderen überlebenswichtige Regeln, die für alle als absolut verbindlich galten. Ein Ausschluß aus der Gemeinschaft wegen Übertretung derartiger Regeln bedeutete für den einzelnen in einer Stammesgesellschaft größtes Verderben und wurde demzufolge vermieden (Molz 1994). So wurde hier das Fundament gelegt für die Bereitschaft, Regeln zu kreieren und zu akzeptieren, die sich in den Kleinstaaten zum Teil behaupteten und sich im Mittelalter immer mehr mit christlichen Normen verbanden und eine universellere Gültigkeit erhielten (vgl. auch das Kapitel zu »regelorientierte, internalisierte Kontrolle«).

Hielt man sich in den Jahrhunderten der Kleinstaaten an die Gegebenheiten, konnte man noch etwas anderes lernen: Präzision (Gehlen 1975) – bedingt durch den Umstand, daß weitläufige intellektuell-moralische Erfahrungen, wie sie in der Dynamik großräumiger Gesellschaften und differenzierter Herrschaftssysteme entstehen, nicht zu machen waren. (Nicht einmal im entstehenden Preußen, das ein künstlicher Staat war; aber auch nicht im Habsburger Reich, das nur zu einem kleinen Teil deutschsprachig war). So gewöhnte man sich an ein Leben unter engen Verhältnissen und ging in die »Tiefe«: Handwerkerfleiß und Meistersinger-Genauigkeit galten als höchste Tugenden, Zuverlässigkeit und Ordnung wurden hochgerühmt. Langfristig wurde damit der Grundstock für das heutige deutsche Qualitätsverständnis gelegt, das per Regeln tradiert wurde.

Die Merkmale von Strukturen, die gekennzeichnet sind durch die Freude am Erdenken von Ordnungssystemen und die Überzeugung, viele damit verbundene positive Auswirkungen nutzen zu können, wird mit der spezifischen Situation, in der die Aufklärung die deutschen Länder erreichte, in Zusammenhang gebracht (Kielinger 1996). In Deutschland verbreiteten sich die Ideen der Aufklärung lange vor faktischen politischen Veränderungen. Die negativen Auswirkungen des Verharrens in der Kleinstaaterei waren überall zu spüren, und gebildete bürgerliche Kreise sehnten sich nach einer stabilen fortschrittlichen Ordnung. Die politische Emanzipation (es herrschte noch immer kleinstaatlicher Absolutismus) und die Philosophie der Aufklärung klafften weit auseinander. Inmitten dieser Kluft entwickelte sich die abstrakte Idee eines alles ordnenden (Einheits-) Staates, der Mächtige (die Herrschenden und den Adel) und Bürger versöhnt. Der Staat wurde zunehmend als »höheres sittliches Prinzip« (Münch 1993) idealisiert, der widerstreitende Interessen aufhebt und sie in ein systematisches und universelles Rechtssystem integriert. Der Staat wurde im 19. Jahrhundert zur ersehnten guten Struktur im Kontrast zu den reaktionären realen Verhältnissen. »In dieser Zeit setzt im Prozeß der neuzeitlichen Staatsbildung jene spezifisch deutsche Staatslastigkeit ein, die sich wohl in keinem anderen westlichen Land so mentalitätsprägend erwiesen hat wie in Deutschland« (Althaus et al. 1992c, S. 94; vgl. Nipperdey 1991).

Parallel dazu erfüllten die Einzelstaaten, vor allem unter napoleonischem Druck, paradoxerweise auch zum Teil dieses Bedürfnis. Die napoleonische »Flurbereinigung« im Jahr 1806 brachte aufgeklärte Staatsideale und zwang zu Beginn des 19. Jahrhunderts zur Vereinheitlichung heterogener, zum Teil winziger Territorien mit ganz unterschiedlichen politischen und sozialen Traditionen und Lebensstilen. »Vereinheitlichung und Verstaatlichung in einer solcherart von oben in Gang gesetzten und kontrollierten Reform, das heißt etwa: es müssen Konzepte zentraler Wirtschaftssteuerung, Organe der Staatsverwaltung geschaffen werden« (Althaus et al. 1992c, S. 94). Nun wurden Gesetze und Verordnungen erlassen, die eine nahezu lückenlose Reglementierung des Alltagslebens der Bürger darstellten: von der Zeitökonomie über die Hygiene und die Zwangsarbeitshäuser für Arme und Nichtseßhafte, über den Standort der Misthaufen, die Kleidermode und die vorehelichen Sexualbeziehungen. Diese Entwicklungen brachten offensichtliche Modernisierungen und Fortschritte wie das Ende der Leibeigenschaft, den Beginn des Verfassungsstaates, Religionsfreiheit, einklagbare Rechtsnormen, Sozialversicherungen und Fortschritte in der medizinischen Versorgung. Beide Entwicklungen der Verstaatlichung – die begrüßten Reformen wie die unvermeidbare absolutistische Kontrolle – hinterließen in Deutschland, obwohl sie europaweit stattfanden, besonders tiefe Spuren, weil sie sich im engen territorialen Rahmen deutscher Kleinstaaten durchgreifender und unausweichlicher vollzogen als anderswo (Althaus et al. 1992c). Dabei bleibt strittig, ob die Mächtigen aufgrund eigener aufgeklärter Einsichten modernisierten oder ob es ihnen nur um Machterhalt ging (Kalberg 1988). In jedem Fall war das Ergebnis aufgrund der relativen Erfolge eine in der Realität begründete Bekräftigung der Staatsverehrung – in unserem Zusammenhang der übergeordneten »Struktur«.

Gleichzeitig vollzog sich noch eine andere Entwicklung: Da sich der deutsche Adel in Zeiten des wirtschaftlichen Erstarkens des Bürgertums nicht für dessen Elite öffnete, entwarf dieses Bürgertum im 18. und 19. Jahrhundert fast trotzig eigene Werte und Verhaltensnormen, »die sich angeblich an natürlichen und inneren Werten des deutschen Menschen orientierten. Sie verstand man als Gegensatz zur Künstlichkeit und Äußerlichkeit des auf Frankreich orientierten Adels. Auf diese Weise wurden in Deutschland die gesellschaftlichen Rituale der Reinlichkeit ... zu Zeichen der inneren Sauberkeit aufgewertet: In einem gesunden (weil sauberen) Körper steckt ein gesunder (also sauberer) Geist. Diese Gleichsetzung von äußerlicher Sauberkeit und Ordnung mit inneren Werten ...« ist in ganz Deutschland verbreitet (Wagner 1996, S. 51). Diese Anschauung durchzieht nun alle Felder, in denen *Ordnung* möglich ist und wirkt ebenfalls für all das verstärkend, was ich bisher als den Kulturstandard »Wertschätzung von Strukturen und Regeln« beschrieben.

In dem Gebiet des heutigen Deutschlands waren Sicherheit und Ordnung chronisch in Frage gestellt. Die meisten Generationen erlebten nachhaltige *existentielle Erschütterungen.* »Im Verlauf seiner Geschichte indes hat Deutschland so viele Zeiten der Wirren und des Chaos erlebt, daß es die Segnungen der Ordnung schätzengelernt hat«, schreibt Gorski (1996, S. 91). »Es gibt kluge Leute, welche die Wurzel für deutschen Perfektionismus, deutsche Ordnungssucht, deutsche Sicherheitsmanie im Dreißigjährigen Krieg vermuten ... Dreißig Jahre lang, also für damalige Verhältnisse fast anderthalb Generationen, herrschten in deutschen Landen Anarchie, Willkür, Gesetzlosigkeit« (Gorski 1996, S. 92). Deutschland war machtlos und bis zur nahezu vollständigen Verwüstung das Schlachtfeld für andere Staaten. Als territorial zersplittertes Land in der Mitte Europas war Deutschland vorher und blieb es nachher für Jahrhunderte in seinen Grenzen bedrängt und wiederholt von völliger Auflösung bedroht. Denn das Heilige Römische Reich, das sich von Karl dem Großen herleitete und seinen Anspruch auf Rom bezog, hatte seit dem Spätmittelalter jede Menge Schwächen gezeigt (Gross 1971), deren größte eine fehlende integrierende Staatsidee und eine chronische Schwäche der Zentralgewalt war. Damit war Deutschland immer mehr ein Gebilde aus Fiktionen geworden, das den realpolitischen Anforderungen nicht gewachsen war. Mit dem Westfälischen Frieden von 1648 war der Einfluß der Kirche auch als strukturgebendes Gefüge ebenfalls massiv zurückgegangen. Deutschland zerfiel in eine Vielzahl kleiner und kleinster Staaten – letztendlich waren es über 1000 staatliche Gebilde als Napoleons »Flurbereinigung« begann. Generationen wurden von Kriegen und Seuchen heimgesucht und dezimiert, verfielen in Provinzialität und tiefe Verunsicherung. Der einzige, der vielleicht Sicherheit bieten konnte, war der jeweilige Duodezfürst, dessen Herrschaft man sich unterordnete (Gorski 1996).

Auch in der jüngeren Geschichte gab es mehrfach *existentielle Erschütterungen*: soziale Verwerfungen im Zeitalter der Industrialisierung, die Gründerzeitkrise, der Erste Weltkrieg, Inflation und Weltwirtschaftskrise in den zwanziger Jahren, der Zweite Weltkrieg sowie die folgende Teilung Deutschlands.

All diese Traumata verstärkten die Sehnsucht nach Stabilität und Ordnung sowie nach einer starken Obrigkeit, die solche Schrecken zu vermeiden imstande ist (Craig 1985), und verfestigten die latent über Jahrhunderte hin angelegte und genährte Tendenz zur »Wertschätzung von Strukturen«. Das gesteigerte Sicherheitsbedürfnis der deutschen Bevölkerung macht die Einstellung, nur durch Einhaltung von Gesetzen und Verordnungen das Gemeinwohl erhalten zu können erklärlich. »Mit diesen Erfahrungen im kollektiven Gedächtnis ist es in der Tat kein Wunder, wenn die Deutschen heute am liebsten nichts dem Zufall überlassen. Alles wird minutiös geplant« (Gorski 1996, S. 93).

Etwas verkürzt ließe sich zusammenfassen: Die Deutschen haben eine über andere westliche Staaten hinausgehende ausgeprägte Geschichte mit Strukturen:

– Die Strukturen, die sie sich in ihrem »Heiligen Römischen Reich Deutscher Nation« gaben, waren äußerst kompliziert und einem hohen Ideal verpflichtet: Schutzherrschaft des Imperiums über die Kirche zu sein (Nipperdey 1991). Da dieser Anspruch zunächst weitgehend umgesetzt werden konnte, wurde in der Bevölkerung ein positives Staatsgefühl begründet.

– Der Versuch, diese Strukturen beizubehalten, wurde ab dem Spätmittelalter zum Verhängnis (Dauerkämpfe mit dem Papst), weil die Schwäche der Zentralgewalt letztlich zu Partikularisierung und jahrhundertelanger Kleinstaaterei und damit zur politischen Ohnmacht im Konzert der europäischen Großmächte führte (Nipperdey 1991). Die sich nun weiterentwickelnden Strukturen behinderten eine nationale Entwicklung und waren letztlich eine Ursache für viele Katastrophen.

– Parallel dazu gab es, (a) vielleicht weil die Strukturen so hinderlich waren, eine große Sehnsucht nach »intakten« Strukturen, die das Leben erleichtern würden *und* (b) auch faktische Erfolge, die wiederum zu wesentlichen Teilen Strukturen zuzuschreiben waren (Nipperdey 1991), wie etwa mittelalterliche Reichstage, Aufbau und Bedeutung von Städten als rechtliche Institutionen, Zivilisationsleistungen der Klöster, die Reformen der Aufklärung, die Industrialisierung (effektiver Aufbau im 19. Jahrhundert bis hin zum Wirtschaftswunderbeitrag der DIN-Normen), die deutsche Einigung 1871 (Bürokratie und Militär erwiesen sich als Erfolgsfaktoren) oder auch der Aufbau der Bundesrepublik Deutschland seit 1949.

Eine gewisse Strukturfixierung in der Realität und in Wunschvorstellungen sowie eine dauernde Übung im Erdenken, Erstellen, Verändern und Verfeinern von Strukturen scheint somit plausibel erklärbar.

Regelorientierte, internalisierte Kontrolle

So sehen andere die Deutschen	
Kinder sind selbständig	Australier, Brasilianer, Mexikaner, Spanier
wenig relaxed und locker; wenig Lachen, sehr ernst, bauschen Probleme auf	Australier, Brasilianer, Briten, Chinesen, Finnen, Franzosen, Niederländer, US-Amerikaner
gründlich, detailliert, (zu) genau, arbeiten fleißig und ausdauernd, Fehler sind nicht erlaubt – wenn sie vorkommen, dann suchen und finden Deutsche sie	Briten, Chinesen, Finnen, Franzosen, Malayen, Polen, Spanier, Südafrikaner, Tschechen, Ungarn
verhalten sich diszipliniert, ernsthaft, streng, präzise mit Normen, Regeln, Gesetze	Chinesen, Franzosen, Inder, Japaner, Mexikaner, Niederländer, Polen, Spanier, Tschechen, Ungarn, US-Amerikaner
autoritätshörig und autoritär	Franzosen, Polen, Tschechen, Ungarn, US-Amerikaner
zuverlässig und verantwortungsbewußt, und erwarten das von allen Menschen	Bulgaren, Chinesen, Franzosen, Italiener, Polen, Spanier, Südafrikaner, Tschechen, Ungarn
bei Abweichungen vom Plan schnell ärgerlich	Inder, Japaner
starrköpfig, rechthaberisch, haben feste Meinung und ändern sie nicht, geben Fehler oft nicht zu und entschuldigen sich nicht so leicht	Chinesen, Inder, Italiener, Japaner, Schweden, Tschechen, Ungarn
Sinn für Gerechtigkeit	Tschechen
selbstkritisch, suchen an sich selbst negative Eigenschaften; Schuldgefühle vom Zweiten Weltkrieg	Finnen

Im Kulturvergleich bezieht sich eine wichtige Dimension auf die Frage, ob abstrakte, generelle oder allgemeingültige Regeln, Gesetze und Vereinbarungen befolgt werden müssen oder ob gegen sie auch zugunsten persönlicher Interessen und Beziehungen verstoßen kann. Mit anderen Worten: Wo ist die »ethische Verantwortung«, das »Pflichtgefühl« vorwiegend verankert: an Regeln, die relativ unabhängig von Person, Beziehung und Situation sind, oder an Personen und Beziehungen, die die Regeln je nach Situation auslegen und mehr oder weniger in oder außer Kraft setzen?

Definition »regelorientierte, internalisierte Kontrolle«

Wir Deutsche neigen bei der Beantwortung der oben gestellten Frage überwiegend zur ersten Alternative: die Regeln sind für uns verbindlich. Es gibt klare, universelle Richtlinien, die für alle Menschen gelten und bei allen Menschen angewendet werden, ohne Rücksicht auf irgendwelche Beziehungen. Im Ergebnis ergibt sich daraus, vor allem im Kontrast zu asiatischen und ostslawischen Kulturen, eine Gesellschaft, die in vielen formellen und informellen Regeln und Gesetzen festlegt, was »gut« und was »schlecht« ist. Darauf basieren letztlich der deutsche Rechtsstaat, die deutsche Gesellschaftsvertragsgesinnung und die zahllosen Regelungen im Berufsleben wie im Alltag.

Andere beobachteten das so: Deutsche halten sich an die Regeln und haben generell eine starke Identifikation mit ihren Tätigkeiten, sie nehmen ihre Arbeit, ihre Rollen und Aufgaben und die damit verbundene Verantwortung sehr ernst. Ja, sie möchten das, was sie machen, gut machen und sind konzentriert bei der Sache.

Wenn wir also zunächst einmal planen, organisieren, strukturieren, dann tun wir das nicht zum Vergnügen, sondern aus der Überzeugung heraus, daß so die Aufgaben am besten bewältigt werden können. Daß diese Strukturen nun in die Tat umgesetzt werden, hat eine zentrale Voraussetzung, die exakt der Inhalt des Kulturstandards »regelorientierte, internalisierte Kontrolle« ist: *Auf alle Beteiligten muß Verlaß sein*. Eine Sache ist organisiert und jetzt wird von allen erwartet, daß sie sich korrekt an ihre Zuständigkeit halten und ihre Aufgabe erfüllen. Nur im Zusammenspiel aller funktioniert das System. Regelorientierte, internalisierte Kontrolle bedeutet, daß alle den im jeweiligen Kontext vorhandenen Regeln, Systemen, Strukturen Folge leisten, und daß das Verhalten an den abstrakten und allgemein gültigen Vereinbarungen, Übereinkünften und Vertragsbestandteilen zu orientieren ist, also an von konkreten Personen und Situationen unabhängigen Regelungen. Strukturen und Regeln erhalten einen moralischen Wert: Sie einzuhalten, wird gleichgesetzt mit Zuverlässigkeit. Im Berufsleben ist übrigens auch der Chef weithin lediglich Repräsentant dieser Struktur.

»Derjenige, der ein Projekt leitet, kann sein Vorhaben als bereits durchgeführt betrachten, wenn er nur den Plan schriftlich niedergelegt hat, denn so geht zwischenzeitlich nichts verloren und Bestätigung ist nicht nötig«, charakterisierte einmal ein Koreaner die Nahtstelle zwischen »Wertschätzung von Strukturen und Regeln« und »regelorientierte, internalisierter Kontrolle«. Er bewunderte die Art, Programme unbesorgt erstellen zu können, weil sie auch eingehalten werden. Idealerweise trägt jeder zum Gelingen der gemeinsamen Sache in Gestalt des gemeinsamen Projektziels bei und leistet sein Bestes. Dabei scheinen sich Deutsche in ihrer Arbeit durch den Inhalt ihrer Aufgaben selbst zu motivieren.

Ein Inder ist Koordinator zwischen einer indischen Software-Firma und einem deutschen Konzern und in dieser Funktion auch Vorgesetzter von Deutschen und Indern. Er wundert sich jedes Mal wieder, wie sehr Deutsche zur Arbeit motiviert sind. Wenn er einen neuen Arbeitsauftrag ausgibt, bemühen sich seine deutschen Mitarbeiter, ihre Aufgaben gut zu erledigen, sich bei Bedarf gegenseitig zu helfen, und es ist ihnen spürbar wichtig, daß das Projekt möglichst reibungslos läuft, obwohl sie am Ende keine persönlichen Vorteile haben. Es scheint ihnen an sich wertvoll zu sein, etwas gut zu organisieren und zu verwirklichen.

Verläßlichkeit wird nicht nur dadurch erreicht, daß es Instanzen gibt, die von außen kontrollieren, sondern viele Menschen tun an ihrem Platz von sich aus das, was von ihnen erwartet wird. Häufig in meinen Seminaren zitierte Beispiele betreffen die Verwunderung nichtdeutscher Teilnehmer darüber, daß ein deutscher Zöllner einem glaubt, wenn man verneint, etwas zu verzollen zu haben. Das gilt auch für die Tatsache, wie viele Personen im Besitz einer Fahrkarte sind und wie wenige schwarzfahren oder auch die Beobachtung, daß viele Geschäfte ihre Waren unbewacht an Ständern vor die Tür hängen und stellen. Ganze Geschäftsbereiche scheinen in Deutschland auf diese internalisierte Kontrolle zu bauen und mit lediglich stichprobenartigen Überprüfungen auszukommen. Viele Menschen aus anderen Kulturen listen dementsprechend auch Verantwortungsgefühl als deutsche Eigenschaft auf.

Verläßlichkeit ist gegeben, wenn ein Deutscher einer Vereinbarung oder einem gemeinsamen Beschluß zustimmt, wobei man sicher sein kann, daß auch im Nachhinein nicht nachverhandelt wird. Der Handelnde hat nämlich gar nicht mehr das Gefühl, daß andere etwas von ihm erwarten, sondern es ist ihm selbstverständlich, der Vereinbarung nachzukommen. Er hat sich im Prozeß der Planung, der Strukturierung, des Aushandelns oder als er die Stelle antrat, mit der Aufgabe bereits identifiziert. Das ist mit »internalisierter Kontrolle« gemeint: Per Übereinkunft oder per Einsicht in die »Notwendigkeit« oder Optimalität bestimmter Regeln kontrolliert sich ein Individuum weitgehend selbst. Es hält sich dabei entweder an vorgegebene Normen oder an selbst erstellte Pläne. Man wird gewissermaßen zum »Überzeugungstäter«, da man die Entscheidungen und Regeln als sinnhaft empfindet. Aus der individuellen Perspektive erlebt derjenige diese Selbststeuerung als persönliche Autonomie und Selbstbestimmung; von außen gesehen wird selbstinitiiertes und eigenverantwortliches Handeln ermöglicht und weithin erwartet, und jemand wird für sein Handeln einschließlich der Folgen verantwortlich gemacht. Bei Verstößen oder Störungen kommt es daher nicht nur zu Konflikten mit einer Kontrollinstanz, zum Beispiel dem Chef, sondern zu Gewissenskonflikten, weil man mit sich selbst unzufrieden ist.

Der deutsche Leiter eines Verkaufsbezirks hat Unterlagen aus seinem Bereich, die ihm von seinen tschechischen Mitarbeitern gegeben wurden, an das mittlere Management weitergeleitet. Es stellte sich jedoch heraus, daß diese Unterlagen fehlerhaft waren. Bestenfalls hätte er sie prüfen sollen, was aber in der Praxis aufgrund der großen Menge unmöglich ist, weshalb nur Stichproben gemacht werden, wie in diesem Fall auch. Er ist wegen der Kritik seiner Vorgesetzten sehr sauer und schimpft mit seinen tschechischen Mitarbeitern, ihm solche Unterlagen gegeben zu haben. »Sie haben mich zum Trottel gemacht, ist Ihnen das klar!?« Doch gleichzeitig, so bemerkt der Kollege, der mit ihm im Büro sitzt, ärgert er sich auch über sich selbst: »Ich hätte das überprüfen müssen! Warum habe ich das bloß nicht getan?« Warum, so fragt sich der tschechische Kollege, nimmt der Deutsche sich das Vorkommnis so sehr zu Herzen? Warum bewegt ihn das persönlich so sehr? Es handelte sich wirklich nicht um eine tatsächlich bedeutende Angelegenheit, sondern um einen Routinevorgang.

Weil Strukturen, Normen, Übereinkünfte, also Objektives internalisiert wird, besteht die deutsche Zuverlässigkeit gegenüber der Sache (vgl. Kulturstandard *Sachorientierung*). Die Beziehungen, die zu den beteiligten Personen existieren, beeinträchtigen oder fördern die gezeigte Gewissenhaftigkeit wenig. Ob beispielsweise der Chef sympathisch und nett ist oder nicht, ob sich Kollegen miteinander besonders wohl fühlen oder nicht – ein Mitarbeiter hat seine Aufgabe zu erledigen. Und er will das in der Regel auch, denn er steht im Prinzip hinter der Aufgabe, sonst wäre er nicht an dieser Stelle und in diesem Job. Das Pflichtbewußtsein bezieht sich in erster Linie auf die konkreten Vorgaben, die Loyalität gegenüber der Firma, bei der jemand (gerade) arbeitet, und die Verläßlichkeit hinsichtlich der vertraglichen Vereinbarungen.

Zumindest beruflich geht die Pflicht vor das Vergnügen; auch das eigene subjektive Wohlbefinden hat zurückzustehen: Ob jemand Lust hat oder nicht, ob jemand gerade mit persönlichen Problemen belastet ist, die ihm viel Energie abverlangen, ob es jemandem sehr viel Mühe abverlangt oder Spaß macht, darf nicht ausschlaggebend sein: Er hat die Selbstdisziplin aufzubringen, sein Bestes zu geben. Denn er hat dieser Vereinbarung zugestimmt oder diese Stelle angenommen und nun steht er in Pflicht und Verantwortung. Als Gegenleistung wird er ja auch dafür bezahlt. Selbstdisziplin und Härte sich selbst gegenüber sind die Innenseite der Gewissenhaftigkeit.

Eine Gruppe von Tschechen war zusammen mit dem für sie zuständigen deutschen Verantwortlichen ihrer Firma auf einer Messe. Am Abend saßen alle zusammen und tranken und unterhielten sich anregend bis gegen zwei Uhr früh. Am anderen Morgen kommen die Tschechen statt wie sonst um 8.30 Uhr erst um 9.30 Uhr an ihren Messestand. Der Deutsche ist bereits seit 8 Uhr dort und fragt: »Warum kommen Sie erst jetzt? Das geht nicht, daß Sie nachts trinken und dann die Arbeit vernachlässigen!« Die tschechischen Kollegen waren erstaunt: Na ja, die Stunde, es gab ohnehin kaum Besucher, denn die Messe öffnete erst um 9 Uhr ihre Tore.

Für einen Deutschen ist es befremdlich, daß jemand Lob oder besondere Anerkennung für die Erfüllung einer Aufgabe erwartet, die seine Pflicht ist. Leistet jemand seine normale Arbeit, ist er weder gefällig noch hilfsbereit. Das ist sein Job. Ein Gefallen ist in Deutschland etwas, was über die Pflicht hinaus geht, was zusätzlich gemacht wird. Hierin liegt ein Grund, weshalb Deutsche wenig loben und vieles als selbstverständlich betrachten, solange sie nicht eigens auf eine Sonderleistung hingewiesen werden. Und wenn es ein positives Feedback gibt, dann ist ein Danke üblicher als ein Lob.

Zusammengefaßt erscheint es Deutschen als notwendig,
- sich an Kompetenzen und Rollen zu halten;
- Absprachen, Vereinbarungen, Verträge, Zusagen und Versprechen einzuhalten;
- Entscheidungen umzusetzen;
- Vorgaben exakt einzuhalten;
- Zuverlässigkeit und Pünktlichkeit zu zeigen;
- den eigenen Handlungsspielraum als Verantwortungsspielraum wahrzunehmen und die nötige Initiative zu ergreifen.

Geschieht das, gilt jemand als zuverlässig, korrekt, gewissenhaft und als ein geschätzter Mitarbeiter oder Kollege, der Vertrauen verdient. Der Ausspruch, »deutsch zu sein, heißt, eine Sache um ihrer selbst willen zu tun«, ist in diesem Licht zu sehen.

Beste Basis: Konsens

Die *Struktur*, an die man sich hält, ist oft das Ergebnis eines gemeinsamen Entscheidungsprozesses oder einer gemeinsam gefundenen Übereinkunft. Konsens ist etwas, was wir Deutsche lieben und als höchste Form von Partizipation betrachten: Man überlegt gemeinsam, diskutiert verschiedene Aspekte und kommt zu einer von allen (mit)getragenen Entscheidung, die oft in einem Protokoll niedergelegt wird. Bis es soweit ist, kann das allerdings eine Weile dauern. Die Zusage ist dann aber um so verbindlicher, denn jeder hatte die Möglichkeit, seine Bedenken und Vorbehalte kundzutun, in die Diskussion einzubringen und in die gemeinsame Entscheidung einfließen zu lassen.

Aufgrund dieser Einstellung kommt es mit uns Deutschen sicher zu Konflikten, wenn wir denken, mit Gesprächspartnern eine gemeinsame Vereinbarung getroffen zu haben, und dann feststellen müssen, daß das nur unsere Annahme ist und für die andere Seite die Übereinkunft offensichtlich entweder gar nicht erzielt oder unverbindlich ist.

Für die gesamte Logistik eines Unternehmens wird ein neues EDV-System eingeführt, zuerst in der Zentrale und dann auch in den Tochterfirmen. Das System ist kompliziert, so daß eine Reihe von Besprechungen zwischen den verantwortlichen Deutschen der Zentrale und den zuständigen Ungarn stattfinden. In den Besprechungen geht es den Deutschen darum, das System vorzustellen und die ungarischen Wünsche und Bedenken zu hören, um die notwendigen Anpassungen für die ungarischen Verhältnisse vornehmen zu können. Die Ungarn sind nun schon das zehnte und (wie es scheint) letzte Mal zu einer Besprechung in Deutschland. Bislang hatten sie immer den deutschen Ideen zugestimmt und nur wenige Vorschläge eingebracht. Der deutsche Logistikchef ist darüber etwas verwundert, so daß er nochmals sicherheitshalber nachfragt, ob das System so, wie es nun aussieht, wirklich für die ungarischen Verhältnisse in Ordnung sei, und ob die Kollegen damit wirklich problemlos arbeiten könnten. Die Ungarn bejahen und das Thema scheint – was die Planungen angeht – abgeschlossen. Zwei Tage später erhalten die Deutschen von den Ungarn ein mehrseitiges Fax, indem sie derart viele Kritikpunkte an dem System zusammengestellt haben, daß dieses Fax praktisch einer Ablehnung des Systems gleichkommt. Die Deutschen geraten in Rage: Wozu hat man sich denn wochenlang getroffen?

Viele andere Konflikte rühren daher, daß wir auch dann das Ideal des Konsens verfolgen, wenn wir bei einer Aufgabe anderer Meinung sind. Wir bekunden unsere Meinung, treten in eine Diskussion ein, protestieren gegen eine in unseren Augen suboptimale Vorgehensweise und versuchen dadurch, zu einer anderen, gemeinsam tragbaren Lösung zu kommen, an die wir uns dann halten würden.

Franzosen beispielsweise erleben uns in solchen Situationen als sehr stur:

Ein französisches Unternehmen hat ein deutsches gekauft. Damit sind die Machtverhältnisse zwar klar, aber das hindert die Deutschen nicht daran, ihre Stimme stets laut zu erheben, wenn sie anderer Meinung sind. Besonders markant sind die Zusammenstöße, wenn es um technische Entwicklungen geht. Die Deutschen kämpfen in jeder Besprechung für ihre Position. Das französische Management, aber auch die französischen Mitarbeiter sind sich in ihrer Beurteilung einig: Die Deutschen sind bockbeinig und nicht zur Zusammenarbeit bereit.

Nachverhandeln und im Prozeß der Ausarbeitung Spielräume auszuloten und auszunutzen, ist eben nicht so ganz unsere Sache. Wir wollen im Einklang mit unserer konsekutiven Zeitplanung vorher die *Struktur* festlegen und dann gemäß dieser Vereinbarungen handeln.

Außerdem gilt: Hat man während der Aufgabenausführung andere bessere Ideen, dann sind diese mit den Betroffenen und dem Chef zu besprechen und gemeinsam als »Neuregelung« zu installieren, bevor sie umgesetzt werden. Eine selbstherrliche und eigenmächtige Improvisation wird nicht als konstruktive Mitarbeit gesehen.

Eine Polin arbeitet bei einer deutschen Firma in Polen. Sie hat mit ihrer polnischen Kollegin zusammen einiges an dem vorgegebenen Arbeitsprozeß verbessert. Als der deutsche Eigentümer kommt und den veränderten Prozeßablauf bemerkt, fragt er, warum sie und ihre Kollegin an dieser Stelle eingegriffen hätten. Die Polin antwortet: »Weil das so besser ist.« Der Deutsche entgegnete daraufhin, daß sie allein nichts verbessern, sondern sich mit ihm absprechen sollen. Die polnische Mitarbeiterin ist entrüstet: Sie habe also hier nicht viel zu sagen! Sie und ihre Kollegin sollen wohl nur Befehle ausführen! Keiner erwartet von ihnen Ideen! Die Deutschen sind autoritär!

Ostentatives Vorleben

In manchen Situation, in denen Deutsche sich mit einer Sache besonders identifizieren, ein *Prinzip* einführen oder für ein *System* Verantwortung übernehmen, kann das bedeuten, daß sie die gestellten Erwartungen ganz besonders betonen oder gar ostentativ vorleben. Sie schlüpfen dann in die Rolle eines gewissen Vorbilds. So fehlt auch in keinem Seminar zu Deutschland *das* klassische Motiv schlechthin: Deutsche Fußgänger warten an der Ampel bei Rot, selbst wenn kein Fahrzeug kommt. Sie begründen das damit, Kinder zur Achtsamkeit im Straßenverkehr erziehen und ihnen deshalb Vorbild sein zu müssen.

Zum Kulturstandard »regelorientierte, internalisierte Kontrolle« gehört auch folgender Aspekt der bereits erwähnten deutschen Eigenart, andere Leute auf Fehler und Regelverletzungen hinzuweisen und sich in ihre Angelegenheiten einzumischen: Man will im Glauben daran, daß ein gut funktionierendes System Gefahren- und Fehlerquellen ausschaltet, dem System der guten Sache wegen, für die es existiert, zum reibungslosen Funktionieren verhelfen. Ein Beispiel dafür habe ich schon erwähnt, den Umweltschutz: Da Fortschritte oft (a) durch kleine Dinge erzielt werden können und (b) dann, wenn wirklich alle mitmachen, wird mancher Zeitgenosse zum Mülltrennungsmissionar.

Der deutsche Chef einer tschechischen Mitarbeiterin kann zwar loben, wenn etwas gut funktioniert, aber er kann auch das Gegenteil tun: Als die Frau einen Termin nicht einhalten kann, zu dem sie in das Computer-Personal-System der Bank etliche Daten hätte eingeben müssen, schimpfte ihr Chef sehr. Ihre Begründung, die Unterlagen nicht rechtzeitig bekommen zu haben, wischte er kurzerhand vom Tisch: »Dann müssen Sie eben früher kommen, wenn Sie wissen, daß Sie's nicht schaffen können. Dann müssen Sie kommen und sagen, wahrscheinlich klappt es nicht. Was können wir machen?« Er war wirklich sehr verärgert.

Ein Engländer fährt in Deutschland mit seinem Auto und bemerkt, daß er nun schon vom dritten Auto, das für einige Zeit auf einer kurvenreichen Straße hinter ihm herfährt, per Lichthupe angeblinkt wird. Er empfindet das als sehr aggressiv. Als er am Ziel angekommen ist und zum Einparken rangieren muß, macht ihn sein deutscher Freund darauf aufmerksam, daß seine Bremslichter nicht aufleuchten, sondern offensichtlich ausgefallen sein müssen. Da erinnert sich Herr Palmer an die Lichthupensignale, und sein Freund bestätigt ihm, daß seine ausgefallenen Bremslichter Ursache für das Verhalten der deutschen Autofahrer gewesen sein könnten. Das sollte ihm also signalisiert werden!

Deutsche wollen sich, wenn sie in der »Vorbildrolle« sind, bewußt und sichtbar als besonders genau, zuverlässig, zielstrebig, termintreu, zeitlich einsatzbereit zeigen. Das kann manches Mal einem »Exhibitionismus« der Internalisierung ähneln, weil es nicht in erster Linie auf den Inhalt des Handelns ankommt, sondern darauf, die notwendige Tiefe des Verantwortungs-, Pflicht- sowie des Schuldgefühls aufzuzeigen. Es bestehen dann unübersehbare Parallelen zu Erziehungssituationen und daher wird eine solche Szene nicht von ungefähr als schulmeisterlich empfunden.

Es ist Winter in Prag und es schneit. Als die tschechische Mitarbeiterin ins Büro kommt, sitzt der deutsche Chef allein vor seinem Computer: die fünf Angestellten sind noch nicht anwesend. »Wo sind die Kollegen?«, fragt der Chef. Die Mitarbeiterin erklärt, daß sie wohl auf den Straßen Schwierigkeiten wegen des Schneefalls hätten. Darauf der Chef: »Das geht nicht, daß sie zu spät kommen. Wie sieht das vor Kunden aus. Und auch der Vorstand könnte vorbeikommen und sehen, daß niemand da ist.« Als nach und nach die Mitarbeiter im Büro eintreffen, erklärt er dies jedem einzeln noch einmal. Auf die Entgegnung, auf dem Straßen herrsche wegen des enormen Schneefalls Chaos, wiederholt er monoton seine Argumente. Er bespricht dieses Thema so ausdauernd, daß eine Mitarbeiterin zu weinen beginnt. Er fragt, warum sie weine. Sie erklärt ihm, daß sie wirklich ihr Bestes getan habe, aber im Chaos steckengeblieben sei und erschüttert sei, daß er das so tragisch nehme. Seine Antwort: »Nehmen Sie diese Kritik nicht persönlich. Aber ich muß auf Pünktlichkeit bestehen. Stellen Sie sich vor . . .« Als eine weitere halbe Stunde später dann auch der österreichische Kollege eintrifft, geht er mit ihm in sein Büro und erörtert auch mit ihm dieses Thema. Dann greift er zum Telefon, ruft in Brünn an, wo er selbst eine Stunde später einen Termin hat, und sagt: »Ich komme etwas später. Entschuldigung. Aber ich hatte im Büro noch etwas Wichtiges zu erklären.«

Lernen aus Fehlern, indem man auf sie hingewiesen wird, hat in der Logik der Internalisierung einen besonderen Stellenwert. Die verletzten (Selbstwert-) Gefühle des Lernenden werden in Kauf genommen, um einen besonders nachhaltigen Lerneffekt zu erzielen, denn niemand mag es, unzuverlässig, schlampig oder inkompetent zu erscheinen. Das wird ihn anspornen, sich das nächste Mal noch mehr anzustrengen.

Die soziale Komponente: Gerechtigkeit

Die vielen Normen, die es in Deutschland gibt, und die wir auch selbst in Vereinbarungen festlegen, sollten (idealerweise) *alle in gleicher Weise* eingehalten werden, denn die Verpflichtung gegenüber den universellen Strukturen soll ein funktionierendes Zusammenleben gewährleisten. So mögen Deutsche auch keine Ausnahmen. Wir assoziieren mit gleichen Normen für alle auch *Gerechtigkeit*, also gleiche Behandlung für alle hinsichtlich der Chancen und Rechte, aber auch der Sanktionen. Ausnahmen, Sondervereinbarungen, Abweichungen bevorzugen aus deutscher Sicht den, dem sie zugestanden werden. Und das halten wir im Prinzip für unfair. Jeder weiß, worauf er sich einzurichten hat und jeder wird gleich behandelt. Das, so die verbreitete Meinung, beugt Korruption, Bevorzugung, Ungerechtigkeit vor. Außerdem werden Kontrolle und Vorhersagbarkeit gewahrt. Ausnahmen könnten leicht zu Präzedenzfällen werden.

Ein chinesischer Manager hat einen Strafzettel für Falschparken erhalten. Er erzählt seinem deutschen Kollegen von dem Vorfall und bittet ihn, ein gutes Wort bei der zuständigen Behörde für ihn einzulegen, um die Bezahlung der Verwarnung zu vermeiden. Der deutsche Kollege wehrt ab und erklärt ihm, daß jeder, der falsch parkt, einen Strafzettel erhält und bezahlen muß, – anderenfalls drohe ihm sogar ein Bußgeldbescheid –, gleichgültig ob es sich um den Bundeskanzler, einen Professor, den Direktor einer Handelsgesellschaft oder einen kleinen Angestellten handelt. Der chinesische Manager kann nicht verstehen, daß sein Kollege ihm nicht hilft.

Man mag sich darüber streiten, wie viele Deutsche an dieser Stelle den Strafzettel höflichkeitshalber einfach an sich genommen und bezahlt hätten, doch der erwähnte deutsche Kollege in unserem Beispiel exerziert ein Exempel. Er erklärt den Grundsatz: »Alle Menschen sind vor dem Gesetz gleich.« Der chinesische Manager muß wissen, daß die Beachtung der Rechtsvorschriften in Deutschland sehr viel strenger gehandhabt wird, als er dies aus China gewohnt ist und daß über Beziehungen ein solcher Rechtsverstoß nicht bereinigt werden kann.

Wenn Ausnahmen gemacht werden, dann bedarf es dazu einer zwingend einsichtigen Begründung oder der zuverlässigen Einschätzung der um eine Ausnahme nachsuchenden Person als sehr verantwortungsbewußt, denn damit erscheint garantiert, daß der/die Betreffende sich sonst selbstverständlich an die Normen hält. Die Akzeptanz einer Regel ist die Voraussetzung dafür, daß sie einmal auch nicht beachtet werden darf.

Eine bedeutsame Konsequenz des Kulturstandards *regelorientierte, internalisierte Kontrolle* ist die Vorliebe von uns Deutschen für Verträge, anstatt Vertrauen in Beziehungen zu setzen und sich auf die »guten Beziehungen« zu verlassen.

Das Einhalten eines Vertrages ist in Deutschland nicht in erster Linie Vertrauenssache oder eine Angelegenheit von Sympathie oder Antipathie. Unterschriebene Verträge ersetzen beinahe eine Vertrauensbasis zwischen den Geschäftspartnern – entsprechend unserer betonten Sach- und geringen Personenorientierung. Vertrauen ist zwar bei vielen Geschäften auch eine Voraussetzung für ihr Zustandekommen, oft entwickelt es sich aber erst im Verlauf gegenseitiger positiver Erfahrungen durch eine langjährige vertragsgemäße Zusammenarbeit.

Ein chinesischer Manager einer Textilfirma unterhält Geschäftsbeziehungen zu einem großen deutschen Handelshaus. Beim Abschluß eines wichtigen Liefervertrages sichert er seinen Kunden zu, daß die Ware pünktlich geliefert wird. Es ergeben sich jedoch unverhoffte Probleme. Der chinesische Manager teilt daraufhin seinem Kunden mit, daß aufgrund unvorhersehbarer Schwierigkeiten die Ware nicht zum festgesetzten Termin verfügbar ist. Der Manager der deutschen Firma reagiert sehr ungehalten, erinnert den Geschäftspartner an den Vertrag und daran, daß er sein Wort gegeben habe. Er setzt ihn unter

Druck, die Ware wie vereinbart zu liefern, andernfalls sähe man sich nicht mehr an den Vertrag gebunden. Der chinesische Manager fühlt sich durch dieses massive Verhalten vor den Kopf gestoßen.

Zum deutschen Vertragsverständnis läßt sich zusammenfassend sagen:

- Geschriebenes zählt und das, was man im Falle des Falles vorgesehen hat (ganz legalistisch).
- Verträge sind der Endpunkt eines Einigungsprozesses in der Sache; sie sind kein Zwischenstadium im Aufbau einer Geschäftsbeziehung (wie tendenziell in Asien).
- Aus Verträgen erwachsen auch keine darüber hinaus gehenden Verpflichtungen oder langfristigen Beziehungen.
- Nachverhandlungen zeugen von Fehlern während der Vertragsverhandlungen, weil man offensichtlich vieles vergessen oder nicht bedacht hat. Für eine vertrauensvolle Beziehung zwischen den Partnern stehen sie nicht, höchstens für Unzulänglichkeit desjenigen, der um die Änderungen nachsucht.

Selbständigkeit und Eigenständigkeit

Die Internalisierung vollzieht sich im gesamten Sozialisationsprozeß. Deutsche lernen es dabei von klein an, sich gewissenhaft und zunehmend selbst regulierend an Normen zu halten, die Erziehungsinstanzen vorgeben und vorleben, und die mit zunehmendem Alter mit den Kindern ausgehandelt werden. In der Erziehung spielen sowohl Einsicht, Überzeugen, Vernunft und Erklärungen, die Ge- und Verbote nachvollziehbar machen, als auch Freiräume für (altersgemäße) eigene Entscheidungen eine große Rolle. »Konstruktive Kritik«, weniger Bestrafen gilt als pädagogisch wertvoll. Auch Eltern fühlen sich an ihre Vereinbarungen mit den Kindern gebunden und setzen sich nicht leichtfertig darüber hinweg (»Versprochen ist versprochen.«). Während der schulischen und beruflichen Laufbahn werden dann auch nur die erfolgreich sein, die zu einer gewissenhaften (d. h. internalisierten) Erfüllung der an sie gestellten Anforderungen – seien sie nun explizit als Regeln und Normen oder implizit als Bestandteil von Kompetenzen und Aufgaben geregelt – in der Lage sind, weil diese Systeme auf Eigenverantwortung basieren.

Frau Müller hat heftige Kopfschmerzen. Ihre Kinder, so war ihnen zugesagt worden, sollten abends in einen Vergnügungspark gehen dürfen. Frau Müller zögert den Aufbruch wegen ihrer Kopfschmerzen hinaus, die Kinder nörgeln ungeduldig. Schließlich sagt sie: »Ja, ich komme, ich hab's euch versprochen«, und steht auf. Das tschechische Au-pair-Mädchen hat Bedenken: »Ihr solltet Rücksicht nehmen. Eure Mutter hat so starke Kopfschmerzen, sie sollte besser liegenbleiben. Ihr könnt ja auch an einem anderem Tag in den Park gehen.« Die Kinder entgegnen: »Sie hat es uns aber versprochen!« Das Au-pair-Mädchen wiederholt seine Aussage. Jetzt überlegen die Kinder und sagen dann zu ihrer Mutter: »Aber morgen gehen wir.«– »Ja, bestimmt.«

Was aber heißt *Selbständigkeit* und *Eigenverantwortung* im Beruf?
1. Mentale Übernahme und Internalisierung der in Plänen und Normen oder in (gemeinsamen) Entscheidungen festgelegten Intentionen, Aufgaben und Regeln;
2. eigenverantwortliche Erfüllung dieser Leistungserwartungen in vollem Umfang;
3. unaufgeforderte, selbst initiierte Einleitung von geeigneten Hilfsmaßnahmen bei Störungen;
4. Aufnahme von expliziten Gesprächen mit dem Vorgesetzten oder einschlägigen Gremien bezüglich gravierender Barrieren, gewünschter Änderungen, möglicher Verbesserungsvorschläge oder Korrekturen, wenn dies als sinnvoll und effektsteigernd erachtet wird.

Nach außen ist bezüglich der Selbständigkeit und Eigenverantwortung die Einhaltung der Rolle essentiell:
– Eine Person benimmt sich höflich, bewahrt Haltung, bleibt korrekt.
– Sie füllt ihren Kompetenzbereich aus, sie hält einerseits ihre Grenzen ein, nutzt aber andererseits ihren Spielraum aus.
– Das bedeutet für den Kommunikationsstil: Deutsche diskutieren engagiert, sie sprechen »im Brustton der Überzeugung«, sie ringen um eine Entscheidung und machen es sich und anderen nicht leicht.
– Wurden gemeinsame Entscheidungen oder Vereinbarungen herbeigeführt, dann gehen alle davon aus, daß jeder der Beteiligten ab jetzt weiß, was zu tun ist. Sie verlassen sich darauf und fragen meistens nicht mehr nach: gesagt – getan. (Ein Nachfragen könnte sogar beleidigend wirken, weil damit impliziert wird, daß jemand als unzuverlässig gilt.)

- Termine sind einzuhalten. Das ist eine sehr tiefsitzende Norm. Wenn ein Chef einen Mitarbeiter nach Terminen fragt, bis wann dieser glaubt, etwas erledigen zu können, dann ist diese Frage sehr ernst gemeint. Dem Mitarbeiter wird zugestanden, daß er der Experte für sein Gebiet ist und daher einen realistischen Termin nennen kann. Womöglich kann dieser Termin noch verändert werden, wenn es seitens des Chefs übergeordnete Gründe gibt, aber die Absprache ist verbindlich, daß der gemeinsam vereinbarte Termin, zu dem das Jawort des Mitarbeiters eingefordert wurde, vom Mitarbeiter auch gehalten wird. Somit ergibt sich in Deutschland aus der Festlegung des Zeit*punkts* viel Streß, nicht nur aus der Tatsache, daß etwas überhaupt auf den Weg gebracht wird.
- Es sind einwandfreie Arbeitsleistungen zu erbringen. Dafür ist man auch bereit in die Ausbildung insgesamt Geld und Zeit zu investieren. Allerdings muß die Investition auch Früchte tragen.
- Mitarbeiter wenden sich an den Chef, wenn sie auf etwas stoßen, was in dessen Aufgaben- oder Entscheidungsbereich fällt. Ansonsten führen sie ihre Aufgaben selbständig aus (eigener Kompetenzbereich), was auch vom Chef erwartet wird.

Ähnliches gilt auch für das Privatleben: Man hat sich um seine Sachen zu kümmern. Aufgrund der allseitigen Ausprägung dieses Kulturstandards gelten wir Deutsche als *autoritätshörig*. Die meisten Geschichten, die auf Nachfrage als Beleg für diese Behauptung berichtet werden, lassen sich aus deutscher Sicht mit dem hier diskutierten Kulturstandard erklären – so auch die folgende.

Frau Szewczyk aus Polen studiert an einer deutschen Universität. Um 17.15 Uhr beginnt üblicherweise die Vorlesung. Minute für Minute verstreicht, der Professor kommt nicht. Die Studenten beginnen zu diskutieren, ob die Vorlesung abgesagt worden sei oder ob jemand den Grund für die Verspätung wisse. Um 17.30 Uhr packt die Polin ihre Sachen und geht mit den Worten: »Mehr als eine Viertelstunde Verspätung steht auch dem Professor nicht zu.« Die deutschen Studenten meinen, er komme bestimmt noch, anderenfalls hätte er Bescheid gegeben oder hätte es einen Aushang am schwarzen Brett gemacht. Sie warten noch. Frau Szewczyk fühlt sich erneut in ihrer Einschätzung der Deutschen als autoritätshörig bestätigt. – Der Professor kommt an diesem Tag nicht. Er war am Nachmittag akut erkrankt, mußte sofort zum Arzt und konnte in der Eile weder einen Aushang machen noch jemandem

Bescheid sagen und das Sekretariat war nicht mehr besetzt. Bei der nächsten Vorlesung entschuldigte er sich bei den Studenten und erklärte den Ausfall.

Nicht der Respekt vor dem Professor, sondern die eigentlich anderslautende »Vereinbarung« (der Vorlesungstermin) bewog die Studenten zu warten. Diese Vereinbarung wurde nicht widerrufen, weshalb die deutschen Studenten nach wie vor von ihrer Gültigkeit ausgingen. Dieses Beispiel steht für viele ähnliche Beobachtungen: Strukturen, Regeln, Übereinkünften und Vereinbarungen fühlen wir Deutsche uns verpflichtet, ihnen gegenüber zeigen wir uns diszipliniert und ganz besonders dann, wenn jemand diese Verpflichtungen freiwillig eingegangen ist (vgl. Konsens).

Bringschuld

Zur Logik der *internalisierten Kontrolle* gehört auch die sogenannte *Bringschuld*. Die deutsche Erwartung bei Schwierigkeiten beschreiben viele mit Redewendungen wie »Angriff nach vorn« oder »Melden macht frei«. Das bedeutet: Wenn jemand in der Erfüllung seiner Aufgabe an Barrieren stößt, dann ist es seine Pflicht, von sich aus diejenigen – ob Chef, Kollege, Kunde, Geschäftspartner – zu benachrichtigen, die davon ebenfalls betroffen sind. Es gilt mit ihnen das Gespräch über das weitere Vorgehen zu suchen. So ist es möglich, rechtzeitig entsprechende Maßnahmen einzuleiten, die alle Betroffenen berücksichtigt und das Problem minimiert. Das mag zwar peinlich sein, zumal wenn ein eigener Fehler vorliegt. Doch dieses Vorgehen ist gleichbedeutend mit Rücksichtnahme auf die Arbeitspartner und heißt keineswegs, daß die betreffende Person unfähig sei, wenn dies nicht dauernd vorkommt. Im Gegenteil, ein solches Verhalten gilt als gewissenhaft und problemadäquat. Ehrlichkeit bei Schwierigkeiten und das Eingestehen von (gelegentlichen eigenen) Fehlern zeugt von hohem Verantwortungsbewußtsein, von Selbstbewußtsein und Verläßlichkeit. Benennt jemand ein Problem nicht, sondern vertuscht es, dann zieht er großen Ärger auf sich, weil alle sich auf die Absprache verlassen haben und selbst mit Selbstdisziplin und Gewissenhaftigkeit ihren Part erfüllen. Die Aggression der durch Vertuschen Betroffenen wird umsomehr den Verursacher treffen, wenn der Mangel erst mit Verzögerung sichtbar wird.

Diese so beschriebene *Bringschuld* kann dermaßen selbstverständlich sein, daß manche deutsche Chefs gar nicht nach Problemen fragen. Sie gehen vielmehr – auf funktionierende, regelorientierte, internalisierte Kontrolle bauend – davon aus, daß alles planmäßig funktioniert, solange sie nichts Gegenteiliges hören. Sie rechnen mit der Selbständigkeit und Eigeninitiative der Mitarbeiter, daß diese bei Störungen auf sie zukommen. Deutsche Chefs sehen mitunter eine wesentliche Managementaufgabe darin, zunächst ihren Mitarbeitern viel Freiraum zu geben und erst dann einzugreifen, wenn diese allein nicht mehr weiterkommen – was in diesem Zusammenhang auch unter Delegation verstanden wird.

Die moralische Wertigkeit

Die Ausprägung regelorientierter, internalisierter Kontrolle ist *der* Maßstab für Engagement, Vertrauenswürdigkeit, Rechtschaffenheit und entsprechend mit Anerkennung verbunden. Erwartet wird ein besonderes Maß an Pflicht- und Verantwortungsgefühl bezogen auf der jeweils vorhandene Struktur, Vereinbarung und Rolle. Regelorientierte, internalisierte Kontrolle ist eine Normsetzung mit deutliche moralische Färbung.

Im Haus eines indischen Expatriate-Ehepaars wohnt eine 80jährige Frau. Zur großen Verwunderung der Inder putzt diese Frau, genau wie alle anderen Mieter das Treppenhaus im wöchentlichen Turnus. Die Dame ist unternehmungslustig und verreist viel. Sie plant eine dreiwöchige Reise und bittet ihre indische Nachbarin, ob diese nicht ausnahmsweise in der Zeit für sie die Reinigung übernehmen könne, dabei zückt sie ihren Kalender, um einzutragen, in welcher Woche das indische Ehepaar regulär an der Reihe wäre, damit sie dann für sie putzen kann. Die Inderin vertritt gern die alte Dame, will aber nicht mit ihr tauschen. Doch die Dame reagiert heftig: Wenn die indische Nachbarin dem Tausch nicht zustimmt, muß sie jemanden anderen bitten oder sie kann nicht verreisen. Die Inderin sagt also zu, ist aber völlig verwundert, als die Dame sich nach ihrer Reise mit einem Sträußchen Blumen bedankt und tatsächlich mit Eimer und Schrubber bewaffnet am Montag der Woche, in der die Inder an der Reihe gewesen wären, im Treppenhaus erscheint und mit ihr zu streiten entschlossen zu sein scheint, wer nun putzen darf. Ist das komisch, denkt sich die Inderin: Die Dame ist so fein, so gebildet, so betagt und will putzen?

Entsprechend der Ideale wohlerzogener und anständiger Deutscher gilt es in Deutschland Wort zu halten, gibt es keine Sonderrechte und Sonderbehandlungen, gelten für alle die gleichen Spielregeln ohne Rücksicht auf Position, Alter, Nationalität oder Beziehungsgefüge. Gleichwohl stimmt es auch, daß diesen Normen in individuell unterschiedlichem Ausmaß entsprochen wird. Je nach Person und/oder Situation gibt es bei Deutschen natürlich auch viel Nachlässigkeit. Aber häufig nimmt ein im Beruf unmotivierter Deutscher immer noch die Haltung Dienst-nach-Vorschrift ein, was heißt, er erfüllt gerade die Mindestanforderungen seiner Aufgabenstellung. Und das ist doch noch soviel, daß die Arbeit nicht zum Erliegen kommt.

Leider ist es bei weitem nicht für alle Deutschen selbstverständlich, eigene Fehler zuzugeben. Oft sind sie sich ihrer Sache zu sicher, oft möchten sie einfach nicht als »nachlässig« und »schlampig« oder als fachlich inkompetent gelten. Es leuchtet ein, daß ein sachlicher Fehler in einer Kultur, die sich durch *regelorientierte, internalisierte Kontrolle* mit ausgeprägter *Sachorientierung* und mit dem Anspruch fehlervermeidender Planung auszeichnet, natürlich schwerer wiegt als in einer personorientierten Kultur oder einer, die eher an dem Prinzip von Versuch und Irrtum orientiert ist. Nichtsdestotrotz gilt es in Deutschland als moralisch hochwertig, Fehler einzugestehen.

Die Geschäftsführerin einer tschechischen Firma schreibt einen Lieferschein und faxt ihn an das deutsche Partnerunternehmen. Der deutsche Geschäftsführer läßt die Ware nach Prag schicken. Es kommen jedoch statt der bestellten 122 nur 22 Teile an. Die Tschechin ruft daraufhin in Deutschland an und macht den Deutschen darauf aufmerksam, worauf dieser antwortet:»O, Gott, was habe ich gemacht! Ich habe mich verlesen.« Die tschechische Geschäftsführerin ist positiv überrascht: Warum gibt er zu, einen Fehler gemacht zu haben? Er hätte ja auch sagen können, daß das Fax nicht deutlich zu lesen war.

Der Kulturstandard *regelorientierte, internalisierte Kontrolle* legt außerdem den Tiefgang so mancher deutscher Engagements offen: *Sachorientierung* ist keinesfalls mit Oberflächlichkeit und Gefühllosigkeit gleichzusetzen, sondern bedeutet für eine motivierte Person ein großes Maß an Identifikation und Engagement. Manche Menschen identifizieren sich so sehr mit ihrer Aufgabe oder ihrem Anliegen, daß sie (sich selbst gegenüber) unter Hinnahme persönlicher Nachteile und (anderen gegenüber) sehr streng und fordernd alles tun, was in ihrer Macht steht, um ihre Aufgabe zum Erfolg zu führen.

Sie wirken dann missionierend, in mancherlei Weise rücksichtslos und fast fanatisch. Dabei ist es dann vielen Nicht-Deutschen nur schwer möglich, die tatsächlichen, oft menschlich sehr hehren Absichten hinter solch einer harten Fassade zu erkennen.

Zudem kann dieser Kulturstandard noch das Phänomen plötzlicher, negativer Gefühlsausbrüche erklären: Störungen verursachen bei hoher Identifikation mit einer Aufgabe Ärger – bei eigenen Fehlern Unzufriedenheit mit sich selbst, bei Fehlern anderer Ärger darüber, daß sie offensichtlich nicht dieselbe Disziplin aufgebracht haben. Diesen schlechten Gefühlen wird, je gravierender sie empfunden werden, umsomehr Ausdruck verliehen. Das gilt dann nicht als unhöflich, sondern als berechtigt. Schließlich gibt nicht die Rücksicht auf die andere Person den Ton an, sondern die Verbindlichkeit der Norm, Regel, Vereinbarung. Auch deshalb werden Deutsche oft als »Miesepeter« im Sinne von unzufrieden, kritisierend, aggressiv erlebt.

Vor- und Nachteile des Kulturstandards

Die *Vorteile regelorientierter internalisierter Kontrolle* liegen darin, daß Deutsche in der Lage sind, Systeme zielsicher, effektiv und verläßlich zu gestalten, weil sie sich mit ihrer Arbeit identifizieren, was von vielen anerkannt, geschätzt und als professionell apostrophiert und als positive deutsche Eigenschaft gesehen wird. Deutsche sind zuverlässig. Deutsche halten ihr Wort.

Umgekehrt besteht der *Nachteil* in der Gefahr der Übertreibung. Manchmal existiert überhaupt keine innere Distanz mehr zu den Aufgaben und jemand wirkt gesprächsunwillig, kompromißlos, stur und verbohrt. Das Festhalten am Prinzip, an der Struktur, an der Vereinbarung kann sich um so mehr steigern, wenn sie keinen Erfolg ihrer Bemühungen sieht.

Mitunter, so ist zu vermuten, führt auch die starke Internalisierung von Planvorgaben zu einer übertrieben ausgeprägten Überzeugung davon, daß bei einer Kooperation nur der deutsche Weg richtig ist. Deutsche haben oft kein Gespür dafür, daß man etwas nah ihrer Vorstellung oder genauso gut anders machen könnte. Das erschiene ihnen oberflächlich, da ihre Vorstellungen auf langen planerischen Überlegungen basieren.

Unsere Konsensliebe kann uns gelegentlich in eine ungünstige

Verhandlungsposition bringen, wenn wir ein Ergebnis als verbindlicher betrachten als der Verhandlungspartner, aber bereits während der Verhandlung Spielraum preisgegeben haben. Manchmal sind wir Deutsche in dem Sinn fast ignorant gegenüber geschickter Verhandlungsführung und Interessensdurchsetzung.

Empfehlungen

Für Nicht-Deutsche, die mit Deutschen arbeiten:
- Bitte nehmen Sie Regeln und Strukturen ernst. Das erhöht Ihr Ansehen als Kollege *und* Person.
- Wenn Sie sich unsicher sind, erfragen Sie bitte die Regeln, Normen, und üblichen Verfahren. Fordern Sie Gespräche ein zum Verstehen Ihnen unklarer Zusammenhänge und zur Erarbeitung einer gemeinsamen Lösung. Das verschafft Ihnen Respekt als gewissenhafte Persönlichkeit und weist Sie aus als interessierten, motivierten Mitarbeiter.
- Wenden Sie sich bei Problemen an Ihren Chef. So versteht er auch seine Rolle, weil er schlicht mehr Kompetenzen hat. Wie kann Sie Ihr Chef unterstützen, damit Sie die Anforderungen an Sie erfüllen können? Deutsche sehen die Suche um Hilfe an dieser Stelle nicht als Schwäche oder Untergraben der Autorität des Chefs an, sondern als Zeichen, die Aufgabe erfüllen zu wollen!
- Die Steigerung des auf diese Art gezeigten Verantwortungsbewußtseins besteht darin, aufzuzeigen, was Sie schon unternommen haben, um das Problem zu lösen. Deutsche mögen es, wenn jemand Initiative zeigt (und darüber spricht!).
- Treffen Sie keine Absprachen und machen Sie keine Pläne aus Freundlichkeit deutschen Kollegen gegenüber, nur weil Sie ihnen im Moment entgegenkommen und ihnen einen Gefallen tun möchten, außer Sie sind sich absolut sicher, daß Sie diese Absprachen auch einhalten können und wollen! Vereinbarungen, Absprachen, Zusagen gelten für Deutsche als verbindlich. Wenn Sie Ihre Absprache nicht einhalten, weil Sie sie nicht wirklich ernst genommen, sondern nur zur Beruhigung der anderen eingegangen sind, dann verschlimmern Sie die Situation. Denn jetzt fühlt sich der Deutsche nicht nur sachlich im Regen stehen

gelassen, sondern auch auf der Beziehungsebene im Stich gelassen und schlimmstenfalls sogar betrogen.

- Sagen Sie Bescheid, wenn etwas nicht wie vereinbart funktioniert! Nur dann haben die Deutschen eine Chance zu reagieren und sich einen anderen Weg der Zielerreichung zu überlegen. Außerdem vermeiden Sie so den großen Knall, der am Ende folgt, wenn das Ziel nicht erreicht wird.
- Deutschen ist es sehr wichtig, daß sich jemand an seine Rolle hält. Deshalb ist es wichtig, diese zu klären, wenn Sie sich nicht sicher sind: Was wird von Ihnen erwartet? Die Antwort können Sie für bare Münze nehmen: nicht weniger, aber eben auch nicht mehr.

Für Deutsche, die in internationalen Zusammenhängen arbeiten:

- Der Schlüssel zur Motivation liegt sehr oft im persönlichen Bereich. Suchen Sie hier nach motivierenden Ansätzen! Der Verweis auf den Plan oder die Struktur hilft dagegen oft nicht, sondern wirkt autoritär.
- Wo immer es um die Erstellung von Strukturen und Plänen geht, ist es natürlich am besten, die Beteiligten in die Planung mit einzubeziehen und die Vorhaben gemeinsam voranzutreiben. Lassen Sie Diskussionen über den Sinn einer von Ihnen vorgeschlagenen Maßnahme zu. Fragen Sie, was man wie machen könnte und geben Sie Raum für Initiativen. Setzen Sie von anderen eingebrachte Ideen auch um und diskutieren Sie nicht nur zum Schein. Gestehen Sie unter Umständen zwei Wege zur Lösung zu, um die Prozesse zu prüfen. Dabei ist es ein guter Kommunikationsstil, zusammen mit einem nicht-deutschen Kollegen etwas zu entwickeln, statt dozierend aufzutreten: »Wie könnte man das machen? Ich würde vorschlagen, das könnte man ... Was halten Sie davon? Geht das bei Ihnen?« Bei neuen Aufgaben ist immer Widerstand zu erwarten. Eine gemeinsame Prozeßgestaltung, die auch mehr Zeit in Anspruch nimmt, kann dabei gute Überzeugungsarbeit leisten. Auch die Darstellung des favorisierten eigenen Weges als _eine_ Alternative, die wie andere diskutiert wird, eröffnet ein Feld der fairen Auseinandersetzung.

Historische Hintergründe

Das *römische Recht* hat mit seiner universalistischen Rationalität den Partikularismus von Familie und Clan eingeschränkt (Nipperdey 1991). Nicht die Beziehungen zu konkreten Menschen sind mehr oder weniger bindend, sondern das Gesetz als solches. Mit dem Recht sollte Gerechtigkeit hergestellt werden. Das war das tiefste Anliegen und bedeutete Vorhersagbarkeit, Eindeutigkeit, Redlichkeit. Daher spielen bereits bei den Römern Verträge eine entscheidende Rolle (Dinzelbacher 1993). Und die römische Rechtsauffassung breitete sich in mehreren Phasen über ganz Kontinentaleuropa aus.

Im *Judentum* gibt es gottgegebene gesellschaftliche Gesetze, die *jeder in gleicher Weise* zu befolgen hat: die Zehn Gebote des Alten Testaments, die ohne Rechtfertigung gegeben wurden. Sie sind ohne Wenn und Aber, ohne Lohn, unbedingt einzuhalten. Ein monotheistischer Schöpfergott verfügt über genügend Autorität, das zu fordern (Cahill 2000).

Außerdem ist bereits hier angelegt, daß jeder einzelne Mensch (und niemand sonst) für seine eigenen Sünden verantwortlich ist. Um richtig zu handeln, muß er sich an Gottes Gesetz halten. Wie die Zehn Gebote in konkreten Lebenssituationen zu interpretieren waren, mußte der einzelne den Auslegungen der religiösen Führer, aber auch seinem Gewissen entnehmen, denn hier sprach die Stimme Gottes auch zu ihm. Der jüdische Gott ist damit nicht ein Gott der Äußerlichkeiten, sondern ein Gott des Gewissens; er verlangt keine äußerliche Frömmigkeit, sondern Gehorsam, die Herzen der Menschen, ihr Inneres (Cahill 2000).

Im *Urchristentum* kam der Gewissensbildung noch größere Bedeutung zu, da die jüdischen Gesetze zunächst durch das Gebot der Gottes- und Nächstenliebe abgelöst wurden, was dazu beitrug, die Urteilsinstanz, was gut und was böse ist, jedem einzelnen Christen zu übertragen. Im folgenden entfaltete die Institution Kirche mit zunehmender Missionierung viele kultische und Lebensgebote, schwächte damit die freie Gewissensentscheidung, erreichte aber mit der »Beichte« der Verstöße gegen diese Gebote eine gewisse Internalisierung *ihrer* Vorschriften. Der Protestantismus verstärkte schließlich wiederum die Gewissensbildung und die Internalisierung der Autorität, weil er die Kirche als Vermittlungsinstanz zwischen Menschen und Gott ausschaltete (es gibt keine Sündenvergebung) und Heilige als Fürsprecher für das Leben im Jenseits abschaffte. Jeder Mensch ist nun Gott, also vor allem seinem Gewissen verantwortlich (Mensching 1966).

Für die besondere Ausprägung des Kulturstandards *regelorientierte, internalisierte Kontrolle* in Deutschland kommen weitere Aspekte hinzu.

In den *Klein- und Kleinststaaten* bestand eine relative Nähe zwischen Herrschern und Volk. Das führte (a) weniger aus Überzeugung als vielmehr aufgrund der Unausweichlichkeit der Autorität zu einem höheren Grad an Internalisierung der Wünsche und Befehle der Herrschenden als in einem größeren Staatsgebilde (Molz 1994). Zudem waren (b) viele Fürsten weit davon entfernt, despotisch zu sein. Häufig sahen sie sich – vielleicht sogar in der Tradition des germanischen Treuebegriffs der bedingungslosen Gefolgschaft gegen Schutz und Geborgenheit (Sana 1986; Kindermann) – eher als Landesvater, der patriarchalisch seine Untertanen regierte.

Obwohl also die Stämme des Deutschen Reiches im Lauf der Jahrhunderte die formalen und institutionellen Elemente des griechisch-römischen Rechtsbegriffs übernahmen, lösten sich aufgrund der geringen Größe der Territorien die alten Bindungen nicht unbedingt auf. Vielmehr verstärkten Treue, Gesetze und die schiere Unausweichlichkeit die Bereitschaft zur Regeleinhaltung. Zudem ließen die Schrecken der Kriege die Bereitschaft entstehen, den von oben gesetzten Regeln selbst unter ausbeuterischen Bedingungen Folge zu leisten, nur um derartige Katastrophen zu verhindern.

Mit dem Aufstieg des Absolutismus begann die Herrschaft des verhöflichten Militär- und Beamtenadels, die die Bürger in die zweite Reihe stellte hinter Fürsten, höfischen Adel und Militäradel (Elias 1992; Pross 1982). Weil sich die bürgerlichen Elite an der adeligen Oberschicht ausrichtete, konnten militärische Modelle im Sinne von Pflicht und Gehorsam um so mehr in den deutschen Habitus einfließen. Das Ende der Territorialstaaten bedeutete keinesfalls das Ende der Ausrichtung an den etablierten Pflicht- und Gehorsamswerten. Denn die deutsche Einigung war 1848 auf bürgerliche Initiative hin gescheitert und statt dessen 1871 militärisch zustande gekommen. Die bürgerlichen Industriellen waren weiterhin nicht Teil der Oberschicht, sondern fügten sich – jetzt im Nationalstaat – in der Hoffnung auf gesellschaftlichen Aufstieg »in die Gesellschaftsordnung des Kaiserreichs ein ... und adoptierten dessen Modelle und Normen« (Elias 1992,

S. 23; Wagner 1996). Ein wesentliches Moment lag dabei auch darin, daß nahezu allen Männern als Wehrpflichtige militärische Grundwerte wie Befehl und Gehorsam vermittelt wurden (Pross 1982).

Diese Werte waren auch für die Disziplinierung der aufgrund der Industrialisierung in die Stadt strömenden Massen von Bedeutung. Die Produktion in den Fabriken wurde ebenfalls nach dem Befehl- und Gehorsam-Modell organisiert. Warum diese auf hierarchischer Ordnung basierenden Arbeits- und Lebensverhältnisse so weitgehend widerstandslos hingenommen wurden, ist darüber hinaus auch im Protestantismus begründet.

Speziell das *Luthertum* dürfte in bezug auf die deutsche Ausprägung *regelorientierter, internalisierter Kontrolle* von ausschlaggebender Bedeutung gewesen sein und zwar in zweifacher Hinsicht: Es forcierte (a) eine Internalisierung christlicher Normen im Sinne von »Gewissenhaftigkeit« und es formulierte (b) den Gehorsam gegenüber jeglichen weltlichen Normen. Luther führte das selbständige Bibelstudium ein und ermöglichte auf diese Weise mehr Autonomie und Unabhängigkeit von theologischen Experten. Ein Mittler zwischen Gott und Mensch wurde fortan als unnötig erachtet. Jedes Individuum wird in der protestantischen Tradition als Konkretion des göttlichen Geistes angesehen, das nur für sich und durch sich selbst (Selbstbeherrschung, Impulskontrolle) das Heil finden kann. Die Freiheit des Christenmenschen im Protestantismus besteht in der freien Bindung an das Wort Gottes aus persönlicher Entscheidung (Mensching 1966). Die Menschen fühlen sich damit ethisch für ihr Schicksal verantwortlich und erfüllen ihre täglichen Aufgaben gewissenhaft (Nuss 1992). Denn »das Leben ist auf das Gewissen gegründet, und das Gewissen ist Gewissen des einzelnen« (Nipperdey 1991, S. 42).

Dabei galt dem Protestantismus der Beruf als vorrangiges Feld christlicher Bewährung, mehr noch, er heiligte das Berufsleben: Berufe gehen auf einen göttlichen Ruf zurück, alle bieten die gleichen Möglichkeiten zur Bewährung (Mensching 1966; Nipperdey 1991) und jeder Mensch ist von Gott zur Leistung für das Ganze verpflichtet (Troeltsch 1925). »Der Anspruch dieser religiösen Ethik war es, mit großem Ernst, größtmöglicher Sorgfalt und hoher Konzentration alle Aufgaben, besonders die berufsspezifischen zu erledigen« (Molz 1994, S. 116). Dabei ist jeder an seinen Platz in einem traditionell festgelegten Gefüge berufen und hat sich hier seinen Pflichten anzupassen (Münch 1993).

Angemerkt sei, daß die Wertschätzung von Berufsarbeit und Fleiß bis in älteste christliche und patriarchale Herrschaftsmodelle zurückgeht, der Protestantismus aber dafür die ausgearbeitete Theologie lieferte und sie zu bürgerlichen Tugenden werden ließ (Münch 1984). Diese Arbeitsethik führte dazu, daß protestantische Gegenden Deutschlands in der wirtschaftlichen Entwicklung eine Zeit lang einen deutlichen Vorsprung gegenüber den katholischen Gegenden hatten (Kindermann).

Luther predigte allem revolutionären Potential seiner Theologie zum Trotz die Gehorsamspflicht gegenüber der weltlichen, genauso wie gegenüber der göttlichen Autorität. Freilich war es ihm ursprünglich um die Abschaffung der Vorherrschaft der Kirche über den Staat gegangen. Gegen die päpstliche Verfolgung suchte und fand er als Mönch Zuflucht bei seinem Landesherrn Herzog Friedrich von Sachsen. Der Protestantismus Luthers wurde daher von Anfang an den Machtinteressen des Fürsten untergeordnet, der gewährte Schutz honoriert durch die Legitimation des Gehorsams der Protestanten (Engelmann 1977; Münch 1993). Luther lehrte, Gott lenkt das Weltgeschehen durch die weltliche Macht, weshalb diese zu respektieren sei. Die Gesetze können zwar geändert werden, aber es geht für einen Christen nicht an, sich gegen sie aufzulehnen oder Widerstand gegen politische Machthaber zu leisten (Nuss 1992; Kalberg 1988).

Es kann somit festgehalten werden: Die protestantisch motivierte Selbststeuerung und Autonomie (Gewissenhaftigkeit) wurde in der deutschen Geschichte durch starke (ebenfalls christlich geprägte) autoritäre und obrigkeitsstaatliche Kräfte gefördert. Gleichsam vereint scheinen diese beiden Entwicklungsstränge in den Bildungs- und Sozialreformen des preußischen Staates, die Fortschritt brachten, aber das absolutistische System unangetastet ließen. Untertanen wurden – vor allem auf calvinistischen Einfluß in Preußen hin – »aktiv gehorsam« und zu »mitverantwortlichen Staatsbürgern« (Böhm 1995, S. 83), die selbständig und eigenverantwortlich den Vorgaben des Staates gehorchten (Craig 1985). Bereits Luther forderte, daß man nicht mechanisch einfach das verrichten solle, was einem befohlen wird, sondern mitdenken, seine Aufgaben sinnvoll ausführen und alles zum Besten kehren solle. Und in Preußen war es dann so weit: Der Beamte haftet durch sein Gewissen für Sorgfalt und Güte seiner Arbeit. Mit zunehmender Säkularisierung werden die protestantischen Tugenden dann zu bürgerlichen »innerweltlichen Transzendenzen« (Nipperdey 1991, S. 50): Arbeitseifer, Sparsamkeit, Demut, Bemühen, materieller Erfolg (Nuss 1992).

Im Feld der Berufsarbeit konvergiert die protestantische »Ethik der Gewissenhaftigkeit« mit den Pflicht- und Gehorsamswerten der absolutistischen Staaten (Klages 1987): »Pflicht war ein moralischer Imperativ für jeden, vom Straßenkehrer bis zum General. . . . Er bezog sich auf alle sozialen Beziehungen« (Pross 1982, S. 46). Pflicht bedeutete dabei Selbstkontrolle *und* Leistung, Dienst *und* sachliche Kompetenz, befohlen vom eigenen Gewissen (Pross 1982). Und die Staatsethik hieß: Gehorsam sichert die Harmonie und eine funktionierende Gesellschaft. Störungen hatten in dieser Philosophie ihren Ursprung in menschlichen Schwächen und Fehlern, und das galt es zu überwinden, um das Wohl der Gemeinschaft zu sichern.

Selbst Arbeiter und Sozialdemokraten hielten Disziplin und Gehorsam für Tugenden und erachteten Ordnung als wünschenswert (Pross 1982). Das steigende Klassenbewußtsein führte nicht zu Revolten, sondern erhöhte den Organisationsgrad der Arbeiterschaft.

Übrigens: Diese Werte des Protestantismus ergriffen die katholischen Gegenden ebenfalls, weil in der Gegenreformation die Konfessionen nicht nur kriegerisch, sondern auch durch eine beharrliche und intensive Erziehungs- und Bildungsarbeit wetteiferten und so in pastorale Konkurrenz traten, wodurch der Katholizismus ebenfalls innerlich reformiert wurde und es insgesamt zu einem Mehr an Religiosität kam (Bausinger 2000; Kindermann).

Dieses Modell erfuhr nochmals eine Verstärkung durch den wirtschaftlichen Aufschwung zwischen 1871 und 1914, denn es schien als bewiesen: autoritäre Strukturen sind effizient (Pross 1982)! Tüchtigkeit ermöglichte den gesellschaftlichen Aufstieg (Gelfert 1983), was Eigeninitiative und Selbstdisziplin erforderte (Molz 1994). Das deutsche Volk war motiviert aufzuholen und endlich Anschluß zu finden an die europäischen Nachbarn – eine durchaus tiefgehende, positive *existentielle* Erfahrung (Kindermann).

Eine Übertragung dieser Ethik auf eine ganz neue Situation stellten die Materialschlachten des Ersten Weltkriegs dar: Trennende Momente wurden nivelliert angesichts individueller und kollektiver Not, überkommene Milieu- und Schichtszugehörigkeitsgrenzen (Konfessionen, Ideologien) wurden, wie es viele wünschten, durchlöchert und relativiert, und ein neues Gefühl von Volksgemeinschaft entstand. Aber: Pflicht und Gehorsam tat das keinen Abbruch, im Gegenteil, sie wurden weiter verstärkt (Klages 1987).

Diese unhinterfragten Pflicht- und Gehorsamswerte trugen mit bei zur Katastrophe der Nazi-Diktatur und des Zweiten Weltkriegs. Die Verbrechen und die Schrecken dieses Krieges waren für alle Betroffenen unbeschreiblich und ein radikaler Einschnitt für die deutsche Geschichte. Wie stellt sich nun dieses Werteszenario heute dar? Hat sich etwas geändert? Die Antwort lautet: ja und nein.

Nein: Mit dem Wiederaufbau der zerbombten deutschen Städte ging in den Nachkriegsjahren erneut eine massive Aufwertung des *Pflicht*gefühls einher (Klages 1987). Die Wiederherstellung einer ökonomisch-technischen Funktionsordnung war überwältigend evident. »Und daß die eigene alltägliche Mitwirkung ... im Sinne einer pflichtbewußten Rollenübernahme und -ausübung erforderlich war«, war klar. »›Ordnung‹ und ›Pflichterfüllung‹ waren Lebenswerte in dem allerunmittelbarsten Sinn, der sich denken läßt. Auch eine Hochwertung von Effizienz und Effektivität gehörte unmittelbar in die Werteland-schaft der Wiederaufbauperiode hinein« (Klages 1987, S. 216). Zudem waren Werte in Nachbarschaft zur »regelorientierten Kontrolle« entscheidend: »... der Wille zur Gemeinschaftsarbeit, sich einem allgemein verbindlichen Modell zu unterwerfen ...« (Sauzay 1986, S. 59).

Ja: Autoritäre Werte *(Gehorsam)*, die in der Öffentlichkeit für Jahrhunderte gefordert waren und durch eine entsprechende Erziehung in Familie und Schule unterstützt wurden, haben sich nach dem Zweiten Weltkrieg nachhaltig verändert. Denn der Schock, daß unter anderem mit eben dieser Mentalität der Naziterror hatte stattfinden können, hat sie radikal in Frage gestellt und die Deutschen diesbezüglich viel tiefgreifender erschüttert, als das von außen wahrgenommen wird. In der Folge expandierten Selbstentfaltungswerte, und Selbständigkeit ist inzwischen eines der wichtigsten Erziehungsziele. Kinder sollen »nicht fügsam, nicht grundsätzlich gehorsams- und unterordnungsbereit werden« (Pross 1982, S. 85), sondern sich behaupten, sich durchsetzen, eigene Rechte wahrnehmen, sich nicht unterkriegen lassen. Selbständigkeit meint Urteilsfähigkeit, Kritikfähigkeit, Selbstvertrauen, eigenen Willen, Konkurrenzfähigkeit.

Ja und nein: Andererseits, so die Erziehungszielforschung, sollen Kinder sachbezogene Fertigkeiten und Geschicklichkeiten erwerben. Genau hier treten nun alte Tugenden wieder auf den Plan: »Wissenserwerb setzt Ordnung, Disziplin, Selbstkontrolle voraus. Ohne sie ist die ... hochbewertete Sachkompetenz nicht erreichbar« (Pross 1982, S. 88). Kompetenz und Tüchtigkeit blieben also Erziehungsziele, *aber* sie sollen »vor allem im Dienst des Individuums und seines Glücks, seiner Interessen stehen und nicht im Dienst einer als übergeordnet angesehenen Sache ...« (Pross 1982, S. 88). Der traditionelle Wert *Tüchtigkeit* geht jetzt eine nichttraditionelle Verbindung mit dem Wert *persönliche Unabhängigkeit* ein (statt wie bisher mit blindem Gehorsam): Unabhängigkeit und Selbständigkeit soll durch Leistung erreicht werden. Auch die Arbeit verliert den Rang einer Lebensaufgabe zugunsten einer instrumentellen Arbeitsauffassung. Gleichwohl bleibt sie für eine große Mehrheit »Quelle der Selbstachtung, Urheberin von Befriedigung, Weg zu sozialen Kontakten, Grundlage von Ansehen« (Pross 1982, S. 95). Und: Als Konstante bleibt ein prinzipielles Mißtrauen gegenüber Autoritäten – auch im beruflichen Umfeld. Umfragen zufolge legt kein anderes Volk (West-) Europas Autoritäten einen derart durchgängigen Begründungszwang auf. Anordnungen haben an Einsicht gekoppelt zu sein (Noelle-Neumann 1987).

Kurz und prägnant formuliert heißt dieses Werteszenario heute: Gehorsamkeit hat ausgedient, Disziplin nicht. Heute existieren »Pflicht- und Akzeptanzwerte und die Selbstentfaltungswerte bei großen Bevölkerungsteilen« (Klages 1987, S. 222) nebeneinander. Wer Erfolg haben will, wird in ausgeprägter Weise regelorientiert und internalisiert kontrolliert arbeiten und *dadurch* an seinem Glück schmieden. Deshalb trifft die Zuschreibung von außen, Deutsche seien *autoritätshörig* zwar im Kern die historische Entwicklung der Phänomene, die damit beschrieben werden sollen, aber nicht mehr die aktuelle Selbstdefinition: Für uns Deutsche steht heute *vor* der Bereitschaft zur Disziplin die prinzipielle Einwilligung in die jeweilige Sache, Übereinkunft, »Struktur«. Ohne dieses Ja, das auf Basis der persönlichen Interessen oder Einsichten in die wie immer geartete »Sache« ausgesprochen wurde, ist Disziplin sehr brüchig geworden.

Diese widersprüchlichen Werte *Pflicht* und *Selbstentfaltung* repräsentieren die psychischen Niederschläge unterschiedlicher Entwicklungsphasen Deutschlands und bilden eine Gemengelage, »so daß es zu keiner fest ausgeprägten, situationsüberdauernden ›Identität‹ der Menschen mehr kommen kann« (Klages 1987, S. 223): Was das heißt, wird im Kapitel »Trennung von Persönlichkeits- und Lebensbereichen« aufgegriffen.

■ Zeitplanung

So sehen andere die Deutschen

pünktlich (auch privat)	Australier, Belgier, Brasilianer, Briten, Franzosen, Inder, Japaner, Koreaner, Polen, Portugiesen, Südafrikaner, Tschechen, Ungarn
für alles sind Termine nötig (auch privat), Terminkalender diktiert das Leben, keine Spontaneität, Gastfreundschaft auf Anmeldung	Brasilianer, Briten, Chinesen, Inder, Japaner, Koreaner, Polen, Spanier, Ungarn, Taiwanesen, Türken
geregelte Ruhezeiten, langweilige Sonntage	Australier, Chinesen, Briten, Japaner
Öffnungszeiten überall (Ärzte, Geschäfte, Büros)	Australier, Chinesen, Franzosen, Japaner, Mexikaner, Portugiesen, Schweden, Singapurianer, Taiwanesen, US-Amerikaner
grundlos ungeduldig	Brasilianer, Franzosen, Inder, Spanier
zielorientiert	Spanier, Tschechen, Ungarn
arbeiten seriell, machen nur eine Sache (die aber spezifisch)	Australier, Inder
arbeiten langsam, aber gründlich; wenig Streß bei der Arbeit	Inder, Italiener, Polen, Spanier, Taiwanesen, Türken, US-Amerikaner
feste Pause für Small talk, dann wieder konzentrierte Arbeit	Franzosen
termintreu	Türken
kurze Arbeitszeiten	Inder, Japaner, Mexikaner
wenig Zeit, immer in Eile	Chinesen, Russen
Urlaub ist lang, heilig und unverrückbar, Pausen und Feierabend sind wichtig	Inder, Japaner, Koreaner, Spanier
Freizeit ist durchgeplant, auch hier immer beschäftigt, Ausruhen ist mit Aktivität gekoppelt (z. B. durch Sport)	Mexikaner, Polen, Ungarn, Türken

Zeit kann auf unterschiedliche Art strukturiert und genutzt werden: Es gibt Kulturen, in denen die Menschen ihre Vorhaben ganz grob planen und in ihren Vorgehensweisen dann fast ausschließlich situativ arbeiten. Sie lassen die Dinge auf sich zukommen und reagieren adaptiv auf die ihnen wichtig erscheinenden Notwendigkeiten im Hier und Jetzt. So wechseln sie oft und schnell zwischen verschiedenen Aktionssträngen, mal zugunsten der Zielverfolgung eines grob geplanten Vorhabens, mal, um kurzfristigen, aktuellen Erfordernissen gerecht zu werden. Von außen erscheint ihr Verhalten nicht planvoll, sondern überwiegend spontan. Die Menschen dieser Kulturen verplanen ihre Zeit weniger, sondern erledigen die Dinge nach aktuell empfundener Dringlichkeit.

Andererseits gibt es Kulturen in denen die Menschen, um ihre Ziele zu erreichen, wesentlich genauere Zeitpläne erstellen und auch einzelne Zeiteinheiten betonter strukturieren (z. B. durch terminierte Absprachen). Sie bemühen sich dann um die Einhaltung ihrer Pläne, so gut es geht, und verharren ausdauernder bei ihren in Zeitfenster eingeteilten Aktionssträngen. Sie konzentrieren sich zu einer bestimmten Zeit auf bestimmte Dinge. Dieses Verhalten erscheint von außen als planvoll, ist aber relativ unflexibel. Letzteres charakterisiert die deutsche Tendenz, mit Zeit umzugehen.

Definition »Zeitplanung«

Sidney Porter aus den USA arbeitet in Deutschland in einem Forschungslabor. Sie erlebt es nun schon zum wiederholten Mal, daß sie von ihren deutschen Kolleginnen und Kollegen während der Woche eine Abfuhr bekommt, wenn sie fragte, ob er/sie denn nicht abends in eine Kneipe, auf eine Party oder zu einem Konzert mitkäme. Zu ihrer Überraschung hört sie Antworten wie: »Ich kann leider nicht, da ich morgen wieder sehr früh im Labor sein muß und deshalb auch früh ins Bett gehen will.« Oder es galt, Haus- und Gartenarbeiten zu erledigen. Einer sagte zu ihr sogar, er hätte leider die nächsten zwei Wochen keine Zeit, da er gerade an einer Veröffentlichung seiner Forschungsergebnisse schreibe. Dieses Verhalten der Deutschen ist für Frau Porter kaum zu verstehen.

Der chinesische Manager einer Textilfirma versucht immer wieder, einen deutschen Kollegen nach Feierabend zum Essen einzuladen. Doch dieser lehnt Einladungen immer mit der Begründung ab: »Tut mir leid, aber heute abend bin ich schon ausgebucht, mein Terminkalender ist voll. Vielleicht können wir für nächste Woche einen Termin ins Auge fassen.« Dieses lange Planen im voraus bereitet dem Chinesen Probleme, auch ist er sich nicht sicher, ob sich nicht dahinter eine Strategie verbirgt, um ihn auf Distanz zu halten. Er ist verunsichert. Die Schwierigkeit, so hart in den Lebenskreis der Deutschen aufgenommen zu werden, frustrieren ihn.

Ein Professor aus Prag hat eine Einladung an eine deutsche Universität. Die wichtigsten Termine sind seit langem vereinbart. Eine Woche vor seiner Abreise erhält er einen Plan mit den Details: Wann er sich mit wem um wieviel Uhr treffen wird; Inhalt der Begegnung, Raum, eine Wegbeschreibung dorthin und so weiter. Da er schon mehrmals in Deutschland war, weiß er inzwischen, daß sein Aufenthalt tatsächlich diesen Verlauf nehmen wird. Das gefällt ihm, denn er kann sich darauf verlassen. Allerdings engt ihn dieser Plan auch ein: So soll er an einem bestimmten Tag um 10 Uhr in ein Büro kommen, um ein bestimmtes Formular zu erhalten. Er ahnt, wenn er nicht zu dieser Zeit in diesem Büro sein kann, daß er dann das Formular womöglich nicht bekommt. Er muß also seine eigenen Interessen sehr streng nach dem vorgegebenen Plan ausrichten.

Ein Japaner benötigt einen deutschen Führerschein, den er beim Landratsamt beantragt. Man sagt ihm, der könne den Führerschein bald bekommen, wenn er ein Foto von sich und eine Übersetzung seines japanischen Führerscheins mitbringen würde. Als er mit beidem ein zweites Mal in die Behörde kommt, erklärt man ihm, er brauchte eine offizielle Übersetzung, diese würde nicht genügen. »Wo kann ich die bekommen?« – Beim ADAC. »Wo ist der ADAC?« »Da müssen Sie im Telefonbuch nachschauen.« Beim ADAC sagt man ihm, die Übersetzung würde eine Woche dauern. Nach einer Woche entschuldigt man sich, aber die japanische Übersetzung dauert länger, er solle in einem Monat wiederkommen. Wieder beim Landratsamt sagt man ihm: »Jetzt haben Sie alles. Jetzt dauert es noch einen Monat, um den offiziellen Führerschein zu bekommen. Denn es ist Ferienzeit und viele Sachbearbeiter sind in Urlaub.«

Der künftige spanische Produktionschef ist für ein Jahr in Deutschland bei der Mutterfirma zur Fortbildung. Er ist in die Kontakte zu den deutschen Kunden, die die spanischen Produkte seiner Fabrik abnehmen, miteinbezogen. Kundengespräche werden zu seiner Verblüffung zwei Monate im voraus vereinbart. Eher ist den Beteiligten kein Termin möglich.

Zeit ist für Deutsche nicht nur ein wichtiges Thema, sondern Deutsche erscheinen auch, anders als Menschen aus vielen andern Kulturen, in Terminen und Zeitplänen gefangen, auf zeitliche Planungen geradezu versessen, auf Termineinhaltung pochend, im Umgang mit Zeit hochgradig unflexibel. Die positive Erfahrung lautet: Oft sind zeitliche Absprachen mit Deutschen verläßlich. Und es ist tatsächlich so: Grundsätzlich meinen Deutsche, Zeit sei ein kostbares Gut und darf nicht nutzlos vergeudet werden, sondern muß effektiv genutzt werden. Dazu dienen langfristige, genaue Zeitplanungen und ein präzises Erfüllen des Zeitplans. Im Tun will man sich dann nicht mit Nebensächlichkeiten aufhalten. Es gilt vielmehr, sich auf das Wesentliche zu konzentrieren und sich nicht ablenken zu lassen.

Was aber verstehen Deutsche unter »wesentlich«?

Die Sache als roter Faden

Die eine zentrale Komponente dieser Definition kennen wir schon: Wesentlich ist, was *sachlich* geboten erscheint. Ein Zeitplan soll dazu verhelfen, daß auf der wie immer gearteten inhaltlichen Ebene engagiert und möglichst störungsfrei vorangeschritten werden kann. Deshalb kommt man schnell und direkt zur Sache, ohne sich mit Small talk aufzuhalten. Man erstellt Agenden und Tagesordnungen und trifft Absprachen, worum es in welcher Sitzung gehen soll. Man fertigt Protokolle an und bittet um Bestätigung. Auch beim Auftauchen von Problemen wird systematisch vorgegangen, in einer für Deutsche logischen Reihenfolge: Zunächst werden die Ursachen diskutiert, danach wird nach Lösungen gesucht und die Umsetzung der Lösungsschritte an die zuständigen Personen delegiert. Vielfach ist der aus der sachlichen Notwendigkeit entstehende Druck Ursache für selbstgemachten Zeitdruck.

Konsekutivität als Takt

Darüber hinaus gibt es eine mächtige Tendenz, entsprechend den im Plan festgelegten Schritten zu handeln. Ausnahmen sind Notfällen und Auszeiten wie Urlauben vorbehalten.

Für längerfristige Projekte bedeutet das: Man teilt sich die Arbeiten, die zur Zielerledigung nötig sind, vergleichsweise vorausschauend, prophylaktisch planend in Schritte ein und möchte diese Schritte dann ohne Hektik und *rechtzeitig* erledigt haben. Daher machen Deutsche oft Besprechungen zu Themen, obwohl noch mehrere Wochen oder Monate bis zur Abgabe oder Implementation der Ergebnisse vergehen werden. Sie möchten alles in Ruhe überdenken und nicht Gefahr laufen, in letzter Minute Fehler zu machen, weil doch etwas übersehen wurde. Deutsche möchten nicht »schlampen« müssen, weil die Zeit fehlt, etwas gründlich zu erledigen.

Personen aus anderen Kulturen nehmen Deutsche deshalb entweder als langsam wahr oder als Menschen, die sich völlig unnötig Sorgen machen, über Dinge, die noch in weiter Zukunft liegen.

Deutsche zeigen dann eine über die Zeit relativ gleichbleibende Motivation bei der Bearbeitung eines Vorhabens. Sie fühlen sich beruhigt, wenn sie einen vernünftigen, realistischen Zeitplan haben. Sie bevorzugen ein gleichbleibendes Arbeitstempo, das ein Durchhalten erlaubt und Fehler vermeiden hilft.

Im akuten Tun konzentrieren wir Deutsche uns oft auf eine Sache und widmen uns erst einer anderen, wenn die erste zu einem (sinnvollen) (Zwischen-) Abschluß gebracht ist. Dinge unmittelbar gleichzeitig zu erledigen, wird schnell als stressig erlebt und nach Möglichkeit vermieden.

Ein Japaner möchte in Deutschland eine Uhr kaufen. Er geht in ein Geschäft. Der Verkäufer ist gerade dabei, einen anderen Kunden ausführlich zu beraten und läßt den Japaner warten. Der tut das auch geduldig, macht jedoch ab und zu Anstalten, den Verkäufer anzusprechen, weil er seinen Zug erreichen muß. Doch jedes Mal reagiert der Verkäufer darauf nur mit Bemerkungen wie »gleich« oder »einen Moment bitte.« Letztlich ist es zu spät: Der Japaner muß zum Zug.

Ein brasilianischer Fertigungsplaner geht durchs Werk. Er benötigt von den Arbeitern Informationen zu den Maschinen, an denen sie arbeiten. Jedes Mal, wenn er einen anspricht, unterbricht dieser seine Arbeit, wendet sich dem Brasilianer zu und spricht mit ihm. So gerät der Arbeitsablauf ins Stocken und schon bald kommt auch schon der deutsche Meister und ermahnt den Fertigungsplaner, seine Leute bitte nicht bei ihrer Arbeit zu behindern. Die brauchen doch wegen einer kleinen Auskunft nicht ihre Arbeit zu unterbrechen, denkt sich der Brasilianer verständnislos!

Ein Mitarbeiter aus Korea will seinen neuen deutschen Kollegen sprechen. Er geht in sein Zimmer, doch der Deutsche telefoniert gerade. Der Koreaner geht auf ihn zu und erwartet kurz begrüßt zu werden. Doch der Deutsche schenkt ihm keine Aufmerksamkeit und begrüßt ihn erst, nachdem er sein Telefonat beendet hat. Der koreanische Kollege fühlt sich unfreundlich behandelt und ist gekränkt.

Eine Engländerin arbeitet als Lehrerin an einer deutschen Schule. Im ersten Jahr ihrer Tätigkeit ist ihr noch nicht klar, wie Zeugnisnoten zu berechnen sind. Also beschließt sie einen Kollegen zu fragen, während das Kollegium in der Mittagspause zusammensitzt. Der Kollege hält bei seiner Brotzeit kurz inne und fragt, ob die Beantwortung diese Frage nicht bis nach seiner Pause Zeit hätte, er würde gerade essen. Nachdem er den letzten Bissen aufgegessen hat, wendet er sich ihr zu und erläutert ihr mit großer Hilfsbereitschaft, was sie zu tun hat.

Eine Polin charakterisiert die Verhandlungen mit Deutschen so: »Die deutsche Seite macht immer einen Plan. Sie haben verschiedene Punkte, die sie von vornherein nennen. Und sie halten sich auch an diese Reihenfolge. Wenn etwas dazwischenkommt, was nach dem Plan später zu besprechen ist, obwohl es auch jetzt passen würde, sagen sie: ›Sprechen wir später darüber.‹« Die Polin findet diesen Stil befremdlich.

Deutsche haben ein Ziel und verfolgen dies, indem sie ihr Handeln linear auf die Zielerreichung hin organisieren. Umwege zur Zielerreichung wie Verzögerungen, Vermittlungen oder Nebenpfade werden nur in Ausnahmesituationen akzeptiert. Deutsche wollen meist die Handlungen, die sie begonnen haben, auch zu Ende bringen. Nur bei einem gewichtigen Hindernis, kann von einem Vorhaben vorläufig abgewichen werden.

Deutsche sind sorgfältig, meint eine in Deutschland arbeitende Französin. Man scheint lieber etwas noch heute zu erledigen, als es auf morgen zu verschieben, oder lieber am Freitag eine halbe Stunde länger im Büro zu bleiben, als etwas übers Wochenende »mitzunehmen«. Normalerweise hören ihre deutschen Kollegen pünktlich auf, aber wenn sie ihren Plan noch nicht erfüllt haben, dann ist es kein Problem, ein halbe oder eine Stunde länger zu arbeiten. Sie sind scheinbar glücklich, wenn sie etwas erledigt haben.

Nicht nur Pläne werden konsequent verfolgt, auch auftauchende Probleme werden oft zergliedert und nach und nach abgearbeitet. Pläne sind langfristig angelegt, wenn sie sich auf eine Unternehmensstrategie beziehen. Der kurzfristige Gewinn wird dabei unter Umständen zugunsten der Gesamtstrategie geopfert, wenn sich das Management dann mehr Erfolg verspricht.

Es wäre optimal, das Leben auf eine konsekutive Art organisieren zu können, in der man sich (1) über eine anstehende Handlung Gedanken machen und sie planen kann, (2) diese Planung dann ohne Unterbrechungen und Störungen umsetzen kann, um (3) schließlich sein Ziel zu erreichen. Wenn das möglich ist, gehen Deutsche so vor und arbeiten kontinuierlich und beständig und sind zufrieden, daß das »ein richtig schönes Arbeiten« war.

Termine als Regulativ zwischen Aufgaben und Personen

Ganz besonders fällt an uns Deutschen auf, daß wir für alles und jedes Termine machen und haben: Im Beruf, für Treffen in der Freizeit, beim Friseur oder beim Arzt. Ohne Termin scheint in Deutschland nahezu nichts möglich zu sein. Spontane Aktionen dagegen werden häufig als unpassend bis störend empfunden und oft genug werden diejenigen, die solche Ideen haben, abgewimmelt.

Ein japanischer Mitarbeiter hat einen Vorschlag für den Fertigungsbereich. Er wendet sich an seinen deutschen Kollegen, der antwortet:»Lassen Sie uns das morgen besprechen.« Der Japaner wartet höflich den ganzen nächsten Tag, sagt aber nichts. Der Kollege greift das Thema nicht mehr auf. Es passiert nichts. So geht der Japaner gegen Abend zu seinem Chef mit der Bitte, etwas zu besprechen. Der sagt:»Okay, kommen Sie morgen um 11 Uhr.« Tatsächlich findet dann das Gespräch statt, sogar zusammen mit dem angesprochenen Kollegen. Der Japaner denkt: Deutsche sind nicht hilfsbereit, sondern rücksichtslos. Sie machen etwas von Anfang bis Ende und lassen sich nicht unterbrechen.

Um sich in Deutschland am Standort der Mutterfirma ein Bild machen zu können, erhält der spanische Manager, der zukünftig in Spanien die Produktion leiten soll, eine Projektliste mit den Namen der zuständigen Mitarbeiter. Er nimmt die Liste, sucht sich die erste Abteilung und marschiert unangemeldet zu einem deutschen Kollegen. Dieser schaut den Spanier überrascht an, meint, er hätte jetzt leider keine Zeit für seine Fragen und läßt ihn mehr oder minder unbeachtet stehen, weil er wegen eines laufenden Projekts angesprochen wird. Mit dem nächsten ergeht es dem spanischen Manager ebenso, leider auch mit den dritten. Er kehrt irritiert und enttäuscht in seine Abteilung zurück und wendet sich an einen seiner Kollegen. Der rät ihm, mit allen Personen zunächst telefonisch Kontakt aufzunehmen und einen Termin zu vereinbaren. Nach einigen Wochen Wartens und manchen Terminverschiebungen erhält der Spanier dann auch etliche Informationen und Antworten, die er sucht. Doch selbst nach drei Monaten ist es ihm noch immer nicht gelungen, alle Kollegen seiner Liste persönlich zu sprechen.

Natürlich werden wir, wenn wir an einem Zeitplan hängen, alles andere als flexibel wahrgenommen. Und laufend kränken wir Menschen aus vielen Kulturen, wenn wir sagen »Ich habe jetzt keine Zeit« – sei damit der Moment des unmittelbaren Jetzt oder der heutige Tag oder diese Woche/n gemeint.

Die französische Mitarbeiterin geht zu ihrer deutschen Kollegin ins Büro, um ein Schwätzchen zu halten, da sich beide inzwischen gut verstehen und ein freundschaftliches Verhältnis pflegen. Sie steckt den Kopf in die Tür und fragt, ob die Kollegin gerade Zeit habe. Die Deutsche antwortet: »Nein, gerade nicht« und wendet sich wieder ab. Die Französin ist wie vor den Kopf geschlagen. Sie grübelt den ganzen Tag darüber nach, was sie wohl getan hat, daß die Deutsche so beleidigt reagiert.

Die japanische Managerin einer Computerfirma erhält Besuch vom General Manager ihrer Firma, der Verhandlungen mit deutschen Geschäftspartnern führen will. Die Sekretärin versucht ein Treffen mit den deutschen Verhandlungspartnern zu organisieren, was nicht funktioniert, da das Treffen sehr kurzfristig anberaumt werden soll und die deutschen Verhandlungspartner keine Lücke mehr in ihrem Terminkalender finden. Der japanische General Manager ist unzufrieden mit seinen Angestellten und durch die Absage der Deutschen, die er als unfreundliche Behandlung erlebt, vor den Kopf gestoßen. Auch die japanische Managerin kann das Verhalten der Deutschen nicht verstehen, da ihr General Manager eine äußerst wichtige Person ist, für die man, wie sie meint, immer Zeit haben muß.

Wie kommen diese Geschichten zustande, in denen wir als schroff, unhöflich, beleidigend, abwimmelnd erlebt werden? Wieso handeln wir Deutsche so? Wir denken nicht einmal daran, daß wir verletzen könnten, *weil wir in unserer deutschen Logik der Zeitorganisation unser soziales Verantwortungsgefühl mit dem Zeitplan koppeln!* Wir erweisen uns gerade dadurch als den Mitmenschen gegenüber pflichtbewußt, *indem* wir uns an den Zeitplan halten! Zeitpläne haben für uns eine wesentliche *soziale* Funktion. Denn jeder, so unsere Vorstellung, ist in gewisse Pläne eingebunden, und die zwischen den Personen vereinbarten Termine stellen den Kitt für die gemeinsamen Aktivitäten und Schnittstellen dar, weil sie die individuellen Ablaufpläne und Zeitpläne verzahnen. In Übereinstimmung mit dem Kulturstandard *Sachorientierung* haben sich daher Personen mit ihren momentanen Bedürfnissen oder spontanen Ideen oft zugunsten der durch einen Termin definierten *Sache* zurückzunehmen. Die Gegenwart mit all ihren Angeboten muß sich der in den Plan gegossenen Zukunft beugen. Andererseits: Wenn mit Deutschen ein Termin vereinbart ist, dann widmen wir uns jetzt wirklich dem Partner! Dann ist diese Zeit wirklich für ihn reserviert! Alles andere wäre sehr unhöflich!

Pünktlichkeit und Termintreue stellen also nicht nur auf der Sachebene sicher, daß relativ störungsfrei gearbeitet werden kann.

Damit wird auch die Beziehungsebene gepflegt: Wenn sich jemand um zeitliche Zuverlässigkeit bemüht, erweist er sich dem anderen gegenüber rücksichtsvoll, da er ihm keine unnötigen Schwierigkeiten verursacht. Unpünktlichkeit wird dagegen als Geringschätzung der Sache und der Person gewertet, denn durch die Wartezeit werden dem Wartenden Verzögerungen oder Probleme innerhalb seines Zeitbudgets verursacht.

Zeitliche Zuverlässigkeit ist ein wesentlicher Faktor zur Vertrauensbildung und ist eine kaum zu überschätzende Variable für den Erhalt eines positiven Images als verläßlich, interessiert, professionell. Dabei ist zu beachten, daß sich zeitliche Zuverlässigkeit auf den in der Absprache vereinbarten Zeitpunkt bezieht. Kommt es zu Änderungen, müssen die Absprachen geprüft und womöglich revidiert werden.

Ein großes Problem für polnische Unternehmen besteht in der Forderung nach Termintreue. So ist die Lieferung einer Ware zu einem bestimmten Termin vereinbart. Die Deutschen wollen wieder einmal einige Änderungen und die Polen sagen sie zu. Die Umsetzung der Änderungen kostet aber Zeit und deshalb kommt die Lieferung in Deutschland ein paar Tage nach dem vereinbarten Termin an. Darauf reagiert die deutsche Seite mit Unzufriedenheit, einmal sogar mit Abschlägen. Das ärgert die Polen sehr: Zunächst überschütten uns die deutschen Geschäftspartner mit Änderungswünschen, die wir alle umsetzen und dann strafen sie uns dafür ab, weil die Termine natürlich nicht mehr eingehalten werden können.

Unterbrechungen und Störungen (außer wenn sie gar nicht zu vermeiden sind, weil wesentliche Probleme aufgetreten sind) signalisieren ebenfalls eine Geringschätzung der Person, denn damit wird ihr Zeit genommen, die sie anderweitig verplant hat.

Eine lange Anwärmphase in beruflichen Besprechungen ist Zeitverschwendung. Schnell zum Punkt zu kommen, zeigt auch Respekt vor der wertvollen Zeit des Gesprächspartners.

Zeitliche Unzuverlässigkeit bedarf einer gewichtigen Begründung, sonst stellt sie eine deutliche Kränkung dar. Wenn es also zu einem Zeitverzug kommt (was auch Deutschen, häufiger als ihnen lieb ist, passiert), dann ist es geboten, den Partner darüber sobald als möglich zu informieren, so daß (gemeinsam) eine Lösung für die entstehende Problemsituation gefunden werden kann. Denn: Berufliche (und vielfach auch private) Termine und Zeitpläne, sind verbindlich, sonst gerät ein ganzes System aus den Fugen, weil bereits andere ihre Planung auf der Einhaltung dieses Termins oder Zeitplans aufgebaut haben. Ein unpünktlicher Partner beispielsweise verärgert keineswegs nur seinen Partner, sondern bringt diesen in Nöte, wie er als Lieferant wiederum seine Kunden, die mit seinem Produkt rechnen, zufriedenstellen kann. Ist auch dieser Kunde nicht der wie immer geartete Endverbraucher, setzt sich die Kette fort. Störungen in den geplanten oder eingeschliffenen Handlungsabläufen lösen deshalb Verärgerung aus und verursachen handfeste, teilweise massive Probleme, weil mit der Einhaltung von Zeitplänen eine Menge an Verpflichtungen verbunden ist. Daher hat die zeit- und plangerechte Erledigung von sachbezogenen Aufgaben und Vorhaben Vorrang vor persönlichen Interessen und Bedürfnissen; deshalb läßt ein voller Terminkalender auch für spontane, kurzfristige Begegnungen, Gespräche oder Besuche keinen Spielraum; und deshalb muß man in Deutschland für (fast) alles einen Termin vereinbaren, selbst für Freizeitaktivitäten oder Arztbesuche.

Zeit erhält aufgrund beider Hintergründe – des sachlichen und des sozialen – einen enormen Symbolwert: Sie steht für die Wichtigkeit einer Sache und/oder einer Person. Wichtigen Dingen und wichtigen Personen wird Zeit gewidmet. Im beruflichen Leben treffen sich Vertreter von verschiedenen Abteilungen oder Firmen nicht grundlos, das heißt ohne sachliche Notwendigkeit, sondern normalerweise zur Zielerreichung eines gemeinsamen Vorhabens oder (seltener) als besondere Wertschätzung zur wechselseitigen Beziehungspflege (wie bei Arbeitsessen). Im Privatleben schenken Vielbeschäftigte ihre rare Freizeit nur Menschen, die ihnen wirklich etwas bedeuten. Zeit wird sehr zielorientiert verwendet. Gespräche zum Aufwärmen und Small talk können daher bereits als Zeitverschwendung erlebt werden.

Hierher gehört leider auch ein unschönes Phänomen, das vielen in Deutschland auffällt, die eigentlich mit der deutschen Pünktlichkeit rechnen: Bei manchen Chefs gehört es zur Insignie ihrer Macht, chronisch unpünktlich zu sein. Doch das gilt auch bei Chefs als unhöflich und ist keineswegs immer mit dringenden anderweitigen Terminen zu rechtfertigen.

Zeitplanung auch privat

Auch die Zeiten, die für den Beruf, und die, die für das Privatleben vorgesehen sind, werden möglichst genau eingehalten. So ist eben oft Geschäftsschluß Geschäftsschluß.

Der chinesische Manager einer Spielwarenfirma bittet seine chinesischen und deutschen Arbeiter am Abend Überstunden zu machen, da sonst der anstehende Auftrag nicht fristgerecht erledigt werden kann. Die chinesischen Mitarbeiter sind sofort dazu bereit, die Deutschen jedoch weigern sich geschlossen. Sie argumentieren, sie würden acht Stunden konzentriert für die Firma arbeiten, nach diesen acht Stunden hätten sie aber Feierabend und sie würden dann ihre Freizeit selbst gestalten wollen. Die Deutschen betonen, daß sie eine Familie haben und die Freizeit gern mit dieser verbringen möchten. Außerdem hätten sie zu Hause auch noch viel zu erledigen. Einer sagt, scheinbar um seiner Position Nachdruck zu verleihen, er habe seiner Frau versprochen, die Beaufsichtigung der Kinder zu übernehmen, damit sie einen wichtigen Termin wahrnehmen könne. Er könne deshalb unmöglich bleiben! – Der chinesische Manager weiß nicht, wie er mit der Situation umgehen soll.

Zeitplanung setzt sich aber auch ins Privatleben hinein fort. Man will auch hier die Zeit effektiv nutzen und auskosten und seinen kleinen Gewohnheiten frönen. Das ist man seiner Familie, seinen Freunden und Bekannten und sich selbst (z. B. zur Gesundheitspflege) schuldig.

Der Amerikaner Tom fragt Susanne, eine deutsche Mitstudentin, ob sie auf ein Bier mitkommt. Susanne verneint, es täte ihr leid, sie »müsse« jetzt reiten gehen, sie habe einen Termin ausgemacht. Auch bei anderen deutschen Bekannten beobachtet Tom, daß sie eigentlich immer etwas zu tun haben, entweder für das Studium oder für ihr Hobby oder sie haben ein Treffen mit Freunden vereinbart und so weiter. Daß Susanne so reagiert, findet Tom ganz typisch: Einfach Zeit zu haben scheint niemand, sondern jeder »muß« immer etwas tun. Und wenn er sich das so überlegt, wir ihm klar, daß sogar seine deutsche Freundin ihm oft einen »Termin« gibt, was ihn doch sehr enttäuscht.

Der Feierabend ist den Deutschen wichtig. Dabei scheint der Abend wie das Wochenende fest verplant zu sein. Man erzählt sich im Büro, was man tun wird: Rasen mähen, Blumen pflanzen, Fenster putzen, Wochenendprogramm und so weiter. Die Kollegin einer in Deutschland arbeitenden Französin macht beispielsweise immer freitags pünktlich Schluß, denn der Nachmittag ist ihr Putztag. Kommt nun eine Person nicht dazu, das zu tun, was sie sich vorgenommen hat, erzählt sie auch das im Büro und beklagt sich. Gelingt es nicht den

Freizeitplan einzuhalten, scheint sie das richtiggehend zu beunruhigen. Die französische Kollegin wartet schon auf solche Erzählungen und amüsiert sich.

Ein in Deutschland lebender, unverheirateter Amerikaner hatte bei einer Tagung einen Deutschen kennengelernt und sich mit ihm angefreundet. Dieser lebte in einer süddeutschen Stadt und lud den Amerikaner häufiger zu sich nach Hause ein, weil dieser geäußert hatte, sich gern möglichst viel von Deutschland ansehen zu wollen. Jedes Wochenende, das der Amerikaner bislang bei seinem Bekannten verbrachte, lief nach einem ähnlichen Muster ab: Er wurde empfangen mit einem Essen; dann wurde ihm gesagt, was der Vorschlag für dieses Wochenende sei und ob er spezielle Wünsche einzubringen hätte. Dann ging man schlafen, um am anderen Tag frühmorgens aufzustehen und den jeweiligen Ausflug anzutreten: Bergtour, Radtour, Besichtigungen. Der Deutsche kannte jeweils den Weg, wußte sogar die besten Plätze für eine Pause oder Mahlzeit, hatte ein Nachtquartier vorbestellt. Am Sonntag gab es nach der Rückkehr noch Kaffee und Kuchen und dann wurde der amerikanische Gast wieder verabschiedet und gefragt, ob er das nächste Mal lieber in die Berge, zum Radeln oder etwas besichtigen möchte und für jeden dieser Fälle hatte der Bekannte schon wieder eine Idee (und vermutlich einen genauen Plan). Für den Amerikaner war das Ganze ziemlich ungewohnt.

Time-Management

Deutsche haben ein ausgeprägtes Zeitbewußtsein. Und Zeitmanagement nach deutschem Verständnis gilt somit als Voraussetzung für effektives Handeln überhaupt und als sehr wesentlicher Bestandteil von Professionalität. Ein Mitarbeiter muß in der Lage sein, sich für seinen Verantwortungsbereich zeitliche Strukturen zu geben, realistische Einschätzungen für die einzelnen Zeitfenster vorzunehmen und sich dann zeitlicher Disziplin zur Einhaltung des Plans zu unterwerfen. Time-Management als eine wesentliche Voraussetzung zur Erfüllung professioneller Aufgaben wird in Seminaren gelehrt, fließt in die Personalbeurteilung mit ein, wird von Controllern überprüft. Und das bedeutet eben meist: Man plant Zeitfenster für bestimmte Aktionen, will sich zu bestimmten Zeitpunkten dann auch auf bestimmte Dinge konzentrieren können und möchte sich dabei nicht stören lassen.

Es gibt sehr viele Tätigkeiten, die auch Deutschen keine längeren Planungsmöglichkeiten einräumen, sondern Ad-hoc-Handeln abverlangen. Diese Menschen bewältigen ihre Arbeit natürlich auch, obwohl sie ständig, wie sie sagen, »am Rotieren« sind. Es beschäftigt sie sehr, daß Zeitpläne in ihrem Berufsfeld einfach so gut wie nicht funktionieren und sie begründen und entschuldigen ihre Verspätungen und ihre Unstetigkeit permanent. Das müssen sie auch, denn nur dann wird die Beziehungsebene nicht getrübt und erscheint ihr Verhalten nicht als Respektlosigkeit. Das Ideal in Deutschland heißt nach wie vor: Zeit ist so gut wie möglich zu planen.

Und bezüglich der zeitlichen Verzahnung der Sachebene und der Beziehungsebene Ebene gilt: »Erst die Arbeit, dann das Vergnügen.« Im Sinn der des Kulturstandards *Trennung der Lebensbereiche* sind diese beiden Elemente hintereinander geschaltet: Zuerst wird gearbeitet, dann wird Small talk gehalten. Zuerst erweist sich jemand als zuverlässiger Kollege, dann freundet man sich mit ihm an. Zuerst wird auf das Ziel hingearbeitet und dann wird gefeiert. Viele Nicht-Deutsche formulieren das so: Man muß sich die Zuneigung eines Deutschen zuerst durch Arbeit verdienen.

Störungen

Als *Störung* im weitesten Sinne, also als Streß, als Belastung, aber auch als tatsächliches Aus-dem-Plan-geworfen-Werden werden Ereignisse erlebt, die *unerwartet* passieren. Die erforderliche situative Anpassung kostet dann viel Energie. Sie verursacht Ärger, wenn eigentlich planbare und vorhersehbare Dinge unzureichend geplant wurden. Von Ausländern werden Deutsche in solchen Fällen als Menschen erlebt, die unflexibel sind und nicht improvisieren können, sondern »Panikreaktionen« zeigen.

Eine in Deutschland im Hotelgewerbe arbeitende Tschechin ist völlig verwundert über ihre sonst effektiv arbeitenden deutschen Kollegen: Eine Reisegruppe kommt eineinhalb Stunden früher von ihrem Ausflug zurück als erwartet und bittet darum, eher essen zu können, um dann noch ins Theater gehen zu können, was sich außerhalb der ursprünglichen Planung kurzfristig ergeben hat, weil Karten frei geworden sind. Das Hotel entspricht der Bitte. Und nun herrscht Panik in allen Arbeitsbereichen. Der Tschechin scheint, es geht ein bißchen drunter und drüber und die professionelle Souveränität ist wie weggeblasen.

Verstöße gegen die Zeitplanung

Wann stoßen Deutsche ihr Zeitpläne um? Die Antwort wird Sie, lieber nicht-deutscher Leser, womöglich wundern: Deutsche tun das laufend. Nach unserem Gefühl werden wir ständig in unseren Plänen unterbrochen und gestört, funktioniert nichts, wie es sein sollte, müssen wir permanent Krisenmanagement und Flickschusterei betreiben. Eigentlich hinken wir unseren Plänen immer hinterher. Ob Sie das sehen, ist fraglich. Doch für uns ist die Kluft zwischen unseren Vorstellungen, wann etwas wirklich gut läuft, und der Realität meist groß. Das beweist auch auf paradoxe Art, wie stimmig meine Ausführungen *Zeitplanung* sind, weil *Zeitplanung* ein Ideal ist, das wir verfolgen und nur selten erreichen. Aber auf dem Weg dorthin mühen wir uns redlich.

Für das »Umplanen« unserer Pläne haben wir im Zeitmanagementseminar einen Begriff gelernt: priorisieren. Wir Deutsche ändern unsere Pläne angesichts absolut vordringlich erscheinender Prioritäten spontan und verstoßen gegen die sonst so hoch geschätzte Termintreue. Aber wir tun das nicht einfach so, sondern gewissermaßen planvoll. So definieren wir Flexibilität: Das oder jenes ist nun vordringlich und wird zuerst erledigt. Dann kommen die Aufgaben, die in zweiter Reihe stehen. Priorisieren ist für uns ein Werkzeug der Zeitplanung.

In einem ungarischen Werk steht in sechs Wochen ein Audit bevor. Der deutsche Verantwortliche gibt den Ungarn daher einen Plan, bis zu welcher Woche welche Aufgaben zu erledigen sind. In der ersten Woche haben die Ungarn andere Dinge zu tun, ebenso in der zweiten. Immer wieder weist der Deutsche darauf hin, was alles zu tun ist und daß seine Mitarbeiter immer mehr in Verzug kämen. Die Ungarn haben inzwischen mit Punkt 1 der ca. 40 Punkte umfassenden Liste begonnen und arbeiten eine Woche vor dem Audit an Punkt 2. Der Deutsche ist völlig aufgebracht, seine Liste sei auf diese Weise unmöglich bis zum Audit zu erfüllen. Er stößt daraufhin seinen Plan völlig um, nennt nun wenige Aufgaben, die unbedingt erledigt werden müssen und meint, daß man die anderen Aufgaben dann einfach entfallen lassen solle. Die Ungarn sind gänzlich perplex: Wie bitte!? Sind die ursprünglich aufgelisteten Punkte nun wichtig oder nicht?!

Ein völliges Umstoßen der Pläne ist etwa bei Schwierigkeiten in der Produktion regelmäßig der Fall: Die Verantwortlichen lassen dann sämtliche andere Vorhaben zugunsten der Behebung dieser Schwierigkeiten fallen und ignorieren alle anderen Verpflichtungen. Anschließend knüpfen sie dann wieder an die zuvor unterbrochenen Tätigkeiten an.

Auch »softe« Vereinbarungen werden zugunsten »harter« Sachzwänge kurzfristig abgesagt: Besprechungstermine oder Weiterbildungsmaßnahmen werden ohne weiteres aufgekündigt, wenn die »normale Arbeit« wichtige Dinge zu tun gebietet. Die Sachorientierung ist stets die Siegerin im zeitlichen Wettstreit mit sozialen Verpflichtungen.

Vor- und Nachteile des Kulturstandards

Ein *Vorteil* des deutschen Kulturstandards *Zeitplanung* besteht darin, zur Qualität von Handlungsergebnissen in dem Sinne beizutragen, daß durch die Konzentration auf jeweils eine Sache die wesentlichen Elemente einer Aufgabenstellung beachtet und ausgeführt werden und nur wenig übersehen wird oder aus Zeitmangel entfallen muß.

Ein *Nachteil* ist die geringe Flexibilität: Deutsche geraten vielfach in Schwierigkeiten, wenn sie sich aus ihrem Zeitplan geworfen fühlen. Denn aufgrund der terminlichen Verzahnung des einen Plans mit anderen Plänen sowie den Plänen anderer Personen, können sie nicht flexibel reagieren, ohne gleichzeitig anderen zeitlichen Vereinbarungen gegenüber nachlässig und anderen Personen gegenüber unzuverlässig zu sein.

Die Fixierung der Deutschen auf den geplanten Umgang mit der Zeit, schränkt auch – das ist ein weiterer Nachteil – ihr Sozialleben ein, denn Deutsche leiden chronisch unter Zeitnot, versuchen soviel wie möglich in einen Tag zu erledigen und fühlen sich fast ständig unter Streß. »Ich habe keine Zeit . . .« ist eine oft gebrauchte und von allen, denen es ähnlich geht, akzeptierte Entschuldigung. Und, glauben Sie mir, das wird in den allermeisten Fällen wirklich ohne Hintersinn gesagt und ist keine Ausrede.

Empfehlungen

Für Nicht-Deutsche, die mit Deutschen arbeiten:
- Halten Sie sich bitte an Termine, die Sie mit Deutschen vereinbaren und informieren Sie sie (so bald wie möglich) über Verspätungen. Termine auf die leichte Schulter zu nehmen, ist dermaßen unakzeptabel, das sich daraus mit Sicherheit ein großer Konflikt ergibt.
- Vereinbaren Sie einen Termin, wenn Sie etwas besprechen möchten. Die Gefahr, daß Sie entweder als Störenfried empfunden werden oder daß Sie mangels Zeit zurückgewiesen oder kurz abgefertigt und damit enttäuscht werden, wenn Sie Deutsche spontan ansprechen, ist groß. Als Terminabsprache kann bereits genügen: »Ich möchte mit Ihnen diese Angelegenheit besprechen. Geht das jetzt oder besser zu einem anderen Zeitpunkt? Wenn nein, wann?«
- Nehmen Sie Tagesordnungen ernst und sorgen Sie dafür, daß Ihre Themen und Ihre Anliegen aufgenommen werden.
- Machen Sie auch im Alltag mit Deutschen Termine – für private Besuche und Einladungen genauso als wollten Sie Dienstleistungen in Anspruch nehmen.
- Richten Sie sich darauf ein, daß Ihnen die ungeteilte Aufmerksamkeit eines Deutschen gehört, wenn Sie endlich mit ihm einen »Termin« haben. Jetzt hat er für Sie Zeit. Und jetzt wäre es beleidigend und unhöflich, wenn er sich parallel etwas anderem widmen würde. Das gilt beruflich wie privat.
- Erwarten Sie von Deutschen keine Flexibilität. Sie werden die Dinge der Reihe nach erledigen und Ihnen des öfteren sagen: »Jetzt mal langsam. Eins nach dem anderen.«
- Rechnen Sie damit, daß Deutsche einmal getroffene Entscheidungen nicht so schnell wieder ändern. Bringen Sie daher Ihre Ideen und Vorschläge in die Planung ein.

Empfehlungen für Deutsche, die in internationalen Zusammenhängen arbeiten:
- Erwarten Sie von anderen keine sklavische Pünktlichkeit.
- Bauen Sie sicherheitshalber von vornherein Zeitpuffer ein (die Sie aber für sich behalten!).
- Wenn Sie etwas unbedingt benötigen, befleißigen sie sich des

Instruments des Follow-ups (nachhaken) und verdeutlichen Sie dabei Dringlichkeit und Wichtigkeit Ihres Anliegens, indem sie die Zwänge, in denen Sie stecken, offenlegen. Das Wort »Zeitpunkt« ist in viele Sprachen gar nicht zu übersetzen, ein Symptom dafür, daß es nicht nachvollziehbar ist, daß Termine einen derartigen Druck darstellen können.

- Seien Sie sich dessen bewußt, daß »Ich habe keine Zeit« für Menschen aus vielen Kulturen eine schallende Ohrfeige ist, die sie sich überhaupt nicht erklären können.

Historische Hintergründe

Zeitplanung generell basiert auf einer linearen Zeitauffassung, nur dann macht sie Sinn. Woher rührt nun diese Auffassung in den westlichen Kulturen? Eingeführt wurde die Vorstellung von zeitlich aufeinander folgenden Abläufen im *Judentum*. Die Juden haben das zyklische Denken durchbrochen (Cahill 2000), was damit zusammenhängt, daß der jüdische Gott als real verstanden wird, nicht als archaisch: Er greift in den Weltablauf ein und verändert ihn. Damit ist der Vorstellung von Geschichte ihre auf Zyklen beruhende, immer wiederkehrende Vorhersehbarkeit genommen. Der monotheistische Schöpfergott ist aktiv. Das ist die religiöse Erfahrung des jüdischen Volkes, die es in der Bibel niederschreibt. Der Prozeß ist dabei zielgerichtet, obwohl niemand sagen kann, worin dieses Ziel besteht. Das Christentum übernimmt diese Auffassung in der Vorstellung einer Heilsgeschichte (Nipperdey 1991). So ist beispielsweise das Wochenende ein jüdisch-christliche Einrichtung, in der ein Ruhetag für Gebet, Studium und Erholung genutzt werden soll.

Auf Deutschland bezogen erscheint der Kulturstandard *Zeitplanung* als zeitliche Variante von *Wertschätzung von Strukturen und Regeln*, und ist als weitere Konsequenz der im Kapitel »Wertschätzung von Strukturen und Regeln« dargestellten historischen Bedingungen zu interpretieren. In der einschlägigen Literatur werden zum Thema »Zeit« unter historischer Perspektive zudem folgende Argumente ausgeführt:

Das Leben in den *kleinräumigen* deutschen Staaten förderte auch eine Strukturierung der Zeit, spätestens seit die absolutistischen, aufgeklärten Staaten ihren Bürgern auch zeitliche Vorschriften zur Regulierung des Alltags machten. Mit ihren sozialpolitischen Reglementierungen setzten sie »eine vergleichsweise kleinkarierte und starre gesellschaftliche Zeitorganisation« durch (Althaus et al. 1992b, S. 78).

Im *Protestantismus* kommt es durch das Wegfallen einer organisierten vermittelten Kultfrömmigkeit und die Rückbindung des Handelns allein an die persönliche Entscheidung auch zu einer Verschärfung einer linearen Zeitnutzung (Mensching 1966). Plastisch formuliert würde das bedeuten: Am jüngsten Tag steht jeder allein und ganz für sich vor Gottes Gericht und hat sich für sein Leben zu rechtfertigen, ohne Wenn und Aber. Das fördert eine geradlinige und konzentrierte Lebensplanung. Zeit ist knapp und muß genutzt werden! Stützt schon das Christentum im Gegensatz zu anderen Kulturen generell eine lineare Zeitnutzung (es gibt nur *ein* Leben, das Gericht über dieses Lebens und dann entsprechend das Ewige Leben), so wird diese Tendenz im Protestantismus noch deutlich verschärft.

Da in protestantischen Gebieten Europas und Nordamerikas (der Protestantismus gilt teilweise geradezu als der Erfinder des Kapitalismus) der Übergang von der agrarischen zur Industriegesellschaft früher erfolgte als in katholischen oder Gebieten mit überwiegend anderen Glaubensrichtungen, wurde eine konsekutive Zeitnutzung und lineare Zeitplanung dort besonders gefördert, bedingte doch die industrielle Produktionsweise dieses Muster. Die erste Industrialisierungswelle ergriff Deutschland zwar erst im 19. Jahrhundert, aber dafür um so massiver, um so erfolgreicher und umfassender. Seither werden auf der einen Seite marktwirtschaftliche Bedingungen von Deutschen stets so interpretiert, daß sie eine exakte Zeitplanung geradezu unabdingbar machen. Der wirtschaftliche Erfolg und der soziale Aufschwung, der sich erstmals im 19. Jahrhundert und auch nach dem Zweiten Weltkrieg einstellte, wird andererseits als Beweis dafür angeführt.

Trennung von Persönlichkeits- und Lebensbereichen

So sehen andere die Deutschen	
im Beruf korrekt und die Rolle perfekt erfüllend, aber neutral, wenig persönlich, zeigen keine Emotion	Inder, Polen, Südafrikaner, Tschechen, Ungarn
informelle Besprechungen sind schwierig	Inder
lächeln auf der Straße niemanden an, lächeln nicht im Geschäft	Briten Japaner
wenig Plaudern am Arbeitsplatz	Franzosen, Inder, Russen, Türken
öffentlich (im Beruf und im Alltag): nur manche sind freundlich, meistens nicht nett, nicht emotional, wenig Small talk *beruflich:* Kollegen sind oft freundlich und nett *privat und wenn man sich kennt:* sehr nett, gastfreundlich, hilfsbereit	Inder, Japaner, Mexikaner, US-Amerikaner
ein Kollege ist kein Freund (auch wenn er freundlich ist)	Brasilianer, Inder, Indonesier, Japaner, Spanier, Türken
Leben spielt sich zu Hause ab, gehen wenig aus, sehr privat	Brasilianer, Briten, Spanier
urlaubs- und freizeitorientiert, Feierabend und Wochenende sind scharfe Grenzen	Chinesen, Finnen, Inder, Italiener, Singapurianer
bei Festen tauen Deutsche auf	Inder
ausgeprägte Rollenteilung Mann – Frau: Kind oder Beruf, keine Kombination (da fehlende Kinderbetreuung), keine Ingenieurinnen; Chefs sind immer Männer	Franzosen, Niederländer, Polen, Schweden, Spanier Inder Belgier, Briten, Niederländer

oft schlechter Stimmung, nicht zufrieden, nicht positiv eingestellt, nicht glücklich, meckern viel	Brasilianer, Inder, Südafrikaner, Spanier, Türken, US-Amerikaner
überheblich, angeberisch, herablassend, eingebildet, arrogant	Bulgaren, Chinesen, Franzosen, Polen, Schweden, Schweizer, Tschechen, Ungarn
wenig Kontakt zwischen Menschen, distanziert, reserviert, steif, kalt, nicht offen, zurückhaltend, wenig Small talk, höflich (aber nicht herzlich), vorsichtig; Freundschaft zu schließen ist schwer	Australier, Brasilianer, Bulgaren, Chinesen, Inder, Italiener, Mexikaner, Spanier, Tschechen, Türken, Ungarn, US-Amerikaner
kaum Kontakt zwischen Nachbarn	Brasilianer, Inder, Türken
sehr formal: Du/Sie, Herr X/Frau Y, bitte/danke	Australier, Belgier, Brasilianer, Briten, Chinesen, Franzosen, Inder, Niederländer, Schweden, Singapurianer, Spanier, Südafrikaner, US-Amerikaner
wenig Freunde	Inder
wenn Freunde, dann aber wirklich	Bulgaren

Definition »Trennung von Persönlichkeits- und Lebensbereichen«

Deutsche nehmen eine strikte Trennung der verschiedenen Bereiche ihres Lebens vor. Sie differenzieren ihr Verhalten sowohl deutlich danach, in welcher Sphäre sie mit einer anderen Person zu tun haben, wie auch danach, wie nahe sie einer anderen Person stehen.

Dabei ist die Unterscheidung folgender Sphären wesentlich:

- beruflich – privat,
- rational – emotional,
- Rolle – Person,
- formell – informell.

Ein Brasilianer hat einen deutschen Kollegen. Da beide häufig miteinander zu tun haben, ist der Brasilianer um Kontakt zu seinem deutschen Kollegen bemüht. Aber er hat das Gefühl, daß er mit ihm nicht so richtig warm wird. Eines Abends trifft er ihn beim Squash. Plötzlich wirkt der Deutsche ganz anders auf ihn, er lacht, winkt seinem brasilianischen Kollegen, fordert ihn zu einem Spiel auf und zum Schluß trinken beide noch etwas zusammen. Es ist ein wirklich angenehmer Abend und der Brasilianer denkt sich: Jetzt ist das Eis geschmolzen. Ich dachte mir schon, daß dieser Deutsche eigentlich ganz nett ist, aber jetzt weiß ich sicher, daß es so ist. – Am nächsten Tag im Büro freut er sich, als er den deutschen Kollegen wieder sieht, geht lächelnd auf ihn zu und spricht ihn mit einem Witz zum gestrigen Squash an. Doch der Deutsche scheint wie ausgewechselt: Er ist wieder kurz angebunden, erwidert den Witz nicht, sondern sagt: »Es tut mir leid, ich habe jetzt gleich eine Besprechung. Ich bin in Eile, denn ich muß noch etwas vorbereiten.« Und schon wendet er sich wieder ab. Der Brasilianer ist konsterniert: Sein deutscher Kollege hatte nicht nur wieder einen Anzug an, er war auch wieder zugeknöpft. Wie ist das möglich? War das gestern ein anderer Mensch?

Ein spanischer Ingenieur ist zur Einarbeitung in ein bestimmtes Produktionsverfahren, das er später in Spanien betreuen soll, nach Deutschland gekommen. Er gehört zu einer Gruppe deutscher Kollegen, die alle sehr freundlich zu ihm sind. Eines Tages lädt ihn einer zu sich zum Abendessen ein. Der Spanier nimmt die Einladung gern an. Es ist ein angenehmer Abend bei dem Kollegen und seiner Familie, die Gespräche, auch mit der Frau des Kollegen, und das Spielen mit dessen Kindern. Sie unterhalten sich über vieles, berufliches bleibt ausgespart. Man sieht sich. Am nächsten Morgen treffen sich die beiden wieder im Büro. Zur Verwunderung des Spaniers ist der Kollege zwar nach wie vor recht freundlich zu ihm, aber er bleibt auf der rein beruflichen Ebene – kein privates Wort. Der Spanier fragt sich, ob die Gastfreundschaft des Kollegen echt gemeint war oder ob er nur aus einem Pflichtgefühl heraus eingeladen wurde, weil er allein in Deutschland lebt.

Trennung von »beruflich« und »privat«

Deutsche arbeiten während der Arbeit und »leben« in ihrer Freizeit, also am Feierabend, am Wochenende, im Urlaub. Am Arbeitsplatz hat die Arbeit Vorrang und alles andere tritt zurück. Im Privatleben nehmen wiederum Beziehungen, Familie, Freunde, persönliche Neigungen und Interessen die ganze Person in Anspruch. Im Beruf ist ein Deutscher sachorientiert, privat beziehungsorientiert. Im Beruf ist ein Mitarbeiter zielstrebig, privat will und muß er entspannen. Im Beruf widmet einer sich den jeweiligen Sachinhalten, im Privatleben frönt er unter Umständen ganz anderen Neigungen und schafft seinem Gemüt Ausgleich. Manchmal scheint es einem Nicht-Deutschen, als hätte er es mit zwei verschiedenen Menschen zu tun – im äußeren Erscheinungsbild, im Verhalten, in der Stimmung.

Kollegen werden in erster Linie als *Arbeits*kollegen betrachtet, nicht als potentielle Freunde. Deutsche setzen ihren Kontakt mit Kollegen im Privatleben am Feierabend oder an Wochenenden nur unter der Bedingung fort, daß jemand zum persönlichen Freund wurde. Freundschaften im Kollegenkreis sind keine selbstverständliche Erwartung. Auch Geschäftspartner stehen einander normalerweise nicht so nahe, daß sie sich privat treffen. Einladungen von Geschäftspartnern nach Hause stellen eher einen Ausnahmefall dar und sind dann sehr förmlich. Sie erfolgen nur, wenn es dazu einen besonderen Anlaß gibt oder wenn diese Einladung mit einer konkreten Intention verbunden ist.

Herr Chudy hat in Prag etliche deutsche Expatriates als Kollegen. Sie verstehen sich eigentlich gut und können sich recht gut leiden. Doch noch nie ging ihre Beziehung über die Arbeit hinaus, noch nie haben sie nach Feierabend ein Bier miteinander getrunken. Ihre Beziehung scheint mit der Arbeitszeit zu enden. Hier läuft alles perfekt, bis es 17 Uhr ist. Danach grüßt man sich, wenn man sich sieht, aber mehr auch nicht, was Herr Chudy sehr bedauert.

Herr Wang, chinesischer Hotelmanager, bemerkt bei seinem Kontakt mit deutschen Geschäftspartnern immer wieder, daß es schwierig ist, in ihren Kreis aufgenommen zu werden. Obwohl er sich seit fünf Jahren in Deutschland aufhält, wurde er nur einmal zu einem Deutschen nach Hause eingeladen, und das auch nur, weil er bei der Bank, in der der Deutsche Geschäftsführer ist, einen Millionen-Kredit aufgenommen hat. Es fällt ihm schwer zu begreifen, daß sich die Deutschen nie ohne wichtige Anlässe zu Hause besuchen, nur um ein bißchen zu plaudern. Statt dessen muß meist eine formelle Einladung erfolgen. Er glaubt, daß es nie zu solchen persönlichen Beziehungen wie in China kommen kann.

Eine Geschäftsfrau aus Taiwan erhält von ihrem deutschen Steuerberater eine Einladung zum Essen. Sie kennt ihn schon sehr lange und hat eine fast freundschaftliche Beziehung zu ihm aufgebaut. Beim Essen beginnt sie nach einigen höflichen Floskeln sofort über geschäftliche Angelegenheiten zu sprechen. Der Steuerberater hingegen unterbricht sie und bittet sie, bei einem privaten, freundschaftlichen Essen nicht über Geschäfte zu sprechen. Er fordert sie auf, ihre Fragen am nächsten Tag in seinem Büro zu stellen. Für die taiwanesische Geschäftsfrau ist dieser Wunsch sehr ungewöhnlich.

In Deutschland entstehen Freundschaften selten bei der Arbeit vielmehr bei allen möglichen Freizeitaktivitäten, in Sportvereinen, Interessengemeinschaften, Initiativen. Die gemeinsame Interessensbasis dort stellt bereits eine gewisse erste Annäherung dar.

Im Berufsalltag hat die Arbeit Vorrang. Das Privatleben bleibt mehr oder weniger ausgespart. Kollegen wissen daher voneinander kaum etwas, außer offensichtlichen persönlichen Merkmalen (z. B. Familienstand, öffentliche Ämter, offensichtliche Hobbys, augenscheinlicher Gesundheitszustand). Über private Dinge und daraus resultierende Gefühle wird am Arbeitsplatz häufig nicht gesprochen, man erkundigt sich nach ihnen auch weniger (und erst bei einer vertrauteren Beziehung). Zum einen ist das nicht der Ort dafür, zum anderen könnten aus persönlichen Umständen resultierende Leistungseinbrüche in Konkurrenzsituationen zum Nachteil für die betroffene Person verwendet werden. Auch ein Chef wird sich hüten, sich für das Privatleben seiner Mitarbeiter zu interessieren, es könnte als Einmischung verstanden werden, deren Beweggründe nicht klar sind.

Ein Pole arbeitet bei einem Unternehmen in Deutschland in einer leitenden Position. Einer seiner Mitarbeiter ist erkrankt. Nach zwei Tagen ruft er daher bei diesem Mitarbeiter zu Hause an, um sich zu erkundigen, wie es ihm gehe. Der Mitarbeiter reagiert darauf überhaupt nicht erfreut, wie der polnische Chef das erwartet hätte, sondern betont distanziert und antwortet, daß er doch seine Krankmeldung ordnungsgemäß dem Unternehmen geschickt habe. Der polnische Chef weiß nicht, wie ihm geschieht: Er wollte freundlich sein, hatte ehrliches Interesse an diesem Mitarbeiter und wird wie ein Kontrolleur abgefertigt!

Die starre Linie zwischen Beruflichem und Privatem, die normativ ganz klar geregelt ist (vgl. *Wertschätzung von Strukturen und Regeln*), dient nicht nur dazu, der Forderung Nachdruck zu verleihen, sich bei der Arbeit auf die Inhalte zu konzentrieren, sondern auch dazu, daß die Freizeit wirklich ausgeschöpft werden kann, um sich wieder zu regenerieren und dann *für* die Arbeit wieder leistungsfähig zu sein. Oft ist jemand in beiden Lebensbereichen sehr aktiv und hochmotiviert, weshalb es vorkommt, daß bei Personalentscheidungen auch ein engagiertes Verhalten aus dem Privatbereich als Kriterium herangezogen wird.

Aufgrund der extremen Trennung von beruflichem und privatem Bereich und dem immer noch unzureichenden Angebot an Betreuungsmöglichkeiten für Kinder ist es in Deutschland besonders schwer, Kinder und Beruf miteinander zu vereinbaren. Die landläufige Alternative lautet: Kinder oder Karriere. Da es in Deutschland eine traditionelle Geschlechtsrollenverteilung gibt und das Schulsystem auf einen Halbtagsbetrieb ausgerichtet ist, sind Frauen mit Kindern selten ganztags berufstätig. Einzig die Möglichkeit in Teilzeit zu arbeiten erlaubt dann ein Weiterarbeiten im Beruf, was aber sicherlich nicht der Karriere förderlich ist. Andere Varianten der Vermischung beider Sphären stoßen in der Arbeitswelt fast durchgängig auf Ablehnung.

Eine Tschechin ist Geschäftsführerin eines tschechischen Betriebs, der Deutschen gehört. Als ihre Tochter erkrankt und mit hohem Fieber im Bett liegt, bleibt sie zu Hause, zunächst einen Tag, dann wird daraus eine Woche. Plötzlich bekommt sie einen Anruf des deutschen Eigentümers, wo sie denn bliebe, die Firma würde sie brauchen. Sie antwortet, ihr Kind sei krank und sie müsse sich darum kümmern. Darauf der deutsche Besitzer: »Und das eine Woche lang? Wie wäre es denn, wenn auch einmal Ihr Mann zu Hause bliebe und Sie in der Krankenpflege ablösen würde oder wenn Sie sich um einen Babysitter kümmern würden? Sie sind schließlich Geschäftsführerin!« Die Tschechin ist perplex: Sie hat immer betont, sie habe ein Kind, das sie gegebenenfalls auch zu Hause versorgen muß, wenn es krank ist, obendrein sei das auch mit den Eigentümern so vereinbart. Den vorwurfsvollen Ton kann sie nicht nachvollziehen.

Rational – emotional

Deutsche bemühen sich, ihre Gefühle und die objektiven Fakten aus-
einanderzuhalten. Dabei ist Rationalität vor allem im Berufsleben angesagt, wo es als professionell gilt, sich sachlich zu zeigen (vgl. *Sachorientierung*) und Gefühle in mancherlei Hinsicht fast als Schwäche zu
deuten. Rationalität ist somit der Persönlichkeitsbereich, der beruflich
aktiviert wird und die Basis für Sachorientierung darstellt. Emotionalität dominiert hingegen das Privatleben, wo es wichtig ist, Mitgefühl
mit und Verständnis für andere zu haben sowie sich seiner eigenen
Gefühle bewußt zu sein und sie ausleben zu können.

Deutsche trennen persönliche Freundlichkeit, die dem Menschen
hinter der Rolle gilt, von objektiver beruflicher Leistungsbeurteilung
oder fachlicher Kritik, die sich auf die Sache und die Qualität der
Rollenerfüllung bezieht. Auch freundliche Menschen können daher
hart sein im Urteil und in ihren Forderungen.

Ein Umschalten vom Anspruch auf Rationalität und Objektivität
auf emotionales Verhalten erfolgt, wie unter *regelorientierte, internalisierte Kontrolle* gezeigt, wenn sich Deutsche dazu legitimiert sehen,
weil beispielsweise etwas nicht nach der (vereinbarten) Struktur
funktioniert. Dann zeigen Deutsche vor allem in negativer Hinsicht
ihre Emotionen: Sie ärgern sich offen, äußern Ungeduld und Unzufriedenheit, zeigen Wut und Enttäuschung. Beleidigungen und aus-
fälliges Verhalten sind aber dennoch tabu, dafür sorgt das Bemühen
um die Rolleneinhaltung.

Fehlschläge im Beruf und berufliche Niederlagen schmerzen natürlich auch Deutsche sehr. Doch sie zwingen sich während der Arbeitszeit zur Disziplinierung persönlicher Gefühle und zum Leben
mit dem Mißerfolg. Schwächen gilt es, nur dosiert zu zeigen und statt
dessen Handlungsbereitschaft in den Vordergrund zu stellen. Be-
harrlichkeit und Weitermachen gilt als produktiv. Sachlich-inhaltlich
wird selbstverständlich in Krisensitzungen nach Ursachen gesucht.

Doch auch Deutsche können sich beispielsweise in freundschaftlichen Kontakten emotional geben. Die dann gezeigte Gefühlsintensität
halten wiederum etwa Italiener oder Tschechen, für (viel zu) intensiv,
die zu Tage tretende Offenheit für peinlich, den Seelenstriptease für zu
intim. Eine atmosphärisch andere Variante, auf die Deutsche sich
durchaus auch einlassen können, ist Humor: Wenn Witz und Albern-
heit angesagt ist, amüsieren sie sich durchaus ausgelassen.

Rolle – Person

Deutsche definieren Rollen im Sinne von Zuständigkeits- und Kompetenzbereichen deutlich und klar. Solange die so gesetzten Strukturen gelten, wird erwartet, daß die Rollen ausgefüllt werden. Professionalität bedeutet, um seine Rolle in allen Facetten zu wissen, bis hin zu Kleinigkeiten. Die Rolle ist einzuhalten solange man sie ausfüllt (vgl. *regelorientierte, internalisierte Kontrolle*).

Tschechen arbeiten bei einem deutschen Unternehmen in Prag schon geraume Zeit, so daß sie die Entwicklung des Unternehmens bereits über mehrere Etappen miterlebt haben: Zuerst fusioniert ihr Unternehmen mit einem andern, dann wird dieses Geschäft wieder aufgelöst, dann gibt es einen weiteren Firmenzusammenschluß. Das ist Marktwirtschaft, denken sich die Tschechen. Aber was sie völlig verblüfft, ist, daß ihr deutscher Chef ihnen jede Veränderung mit den Worten verkauft: »Das ist vermutlich das Beste, was uns passieren kann.« Der Mann leidet doch auch unter der erneuten Umstrukturierung und der aufkommenden Unsicherheit! Warum äußert er sich derart loyal? Warum stellt er sich hinter jede diese Entscheidungen?

Beruflich heißt das: Jemand ist korrekt, etwas distanziert, mit entsprechender fachlicher Qualifikation, in der Sache engagiert. Die Person, die hinter der Rolle steht, ist häufig in vielerlei Hinsicht schillernder. Doch sie kann, will sie beruflich anerkannt sein, nur einen Teil ihrer Persönlichkeit in ihrer Rolle ausleben: am besten die Seiten, die der Rolle förderlich sind und den Rolleninhaber damit überzeugend erscheinen lassen. »Aus der Rolle zu fallen« und die eigene Persönlichkeit mehr als in einer diese Rolle unterstreichenden Art zu zeigen, wird negativ bewertet.

Die einzelnen hierarchischen Ebenen sind in ihrer Rollendefinition voneinander getrennt. Jede hierarchische Ebene hat bestimmte Aufgaben und Personen einer höheren Ebene mischen sich normalerweise in die Aufgaben der untergebenen Ebene nicht ein. Mitarbeiter der rangniedrigeren Ebene nutzen ihren Spielraum und füllen ihn verantwortlich aus, worauf sich die der ranghöheren Ebene auch gern verlassen, haben sie doch bestimmte Teilbereiche ihres übergeordneten Zuständigkeitsgebiets delegiert und sind nur noch im Konfliktfall zuständig. Durch gewisse Rituale, wie die Einhaltung der Zeichnungsberechtigung, der Entscheidungsbefugnis, des Dienstwegs und der Zuständigkeit wird das Rollengefüge immer wieder bestätigt.

Von besonderer Wichtigkeit für eine Führungskraft ist die Tatsache, daß sie durch ein Verwischen der Grenzen von beruflicher Rolle und ihren sonstigen Persönlichkeitsanteilen Gefahr laufen würde, die Autorität als Chef zumindest zu einem Teil einzubüßen. Denn die Logik ist folgende: Eine Führungskraft hat für die Zielerreichung zu sorgen, indem sie ihre Mitarbeiter dazu anhält, ihre Rollen innerhalb der Struktur einzunehmen und damit der gemeinsamen Sache möglichst effektiv zu dienen. Nähe bewirkt aber für den Mitarbeiter und für den Chef ein tendenzielles Verlassen der Rolle und erfordert verstärkte Berücksichtigung der Belange einer Person (vgl. »Distanzdifferenzierung« in diesem Kapitel). Somit würde im Konfliktfall zwischen objektiver sachlicher Notwendigkeit und persönlicher emotionaler Befindlichkeit die Effektivität des Systems womöglich Schaden nehmen. Und genau das soll im Sinne der Vorrangstellung der Sachorientierung und der sie stützenden Strukturen nicht passieren. Entsprechend wird einer Führungskraft besonders daran gelegen sein, sich auf ihre Rolle zu konzentrieren und persönlichere Beziehungen (zu Mitarbeitern) auf Distanz zu halten, denn nur dann kann sie im Konfliktfall Forderungen im Sinne der Sache in vollem Umfang durchsetzen.

Auch gleichrangige Kollegen begegnen einander vor allem in ihren Rollen. Der gesamte Umgangston in einer Firma ist davon weitgehend geprägt.

Ein indischer Manager ist mit seiner Familie nach Deutschland gezogen. In Indien ist er innerhalb der Firma eine hochgestellte Führungskraft und auch in Deutschland bekleidet er eine angesehene Position, die ihn befähigen soll nach dem Kennenlernen der Mutterfirma als Koordinator der indischen Tochter zu fungieren. Er freut sich auf Deutschland und war bei seinen früheren Besuchen stets sehr zuvorkommend behandelt worden: Man hatte ihn vom Flughafen abgeholt, man bot ihm ein Programm in der Firma, wie auch in seiner Freizeit, diverse Mitarbeiter hatten sich für ihn und seine Delegation Zeit genommen. Seit seinem Umzug nach Deutschland aber fühlt er sich von der Firma gar nicht gut behandelt – er ist bitter enttäuscht: Niemand hat ihn besonders willkommen geheißen, niemand umsorgt seine Familie, niemand nimmt sich für ihn Zeit. Man hat ihm lediglich eine Wohnung besorgt, die Adresse mitgeteilt, den Schlüssel hinterlegt, ihn im Büro an seiner Arbeitsstelle begrüßt, ihn den wichtigsten Damen und Herren seiner Abteilung vorgestellt, mit ihm über seine Aufgabe gesprochen und ihm angeboten, daß ihm bei generellen Fragen die internationale Personalabteilung behilflich. Bei Fragen zu seiner Tätigkeit könne er sich an die örtlichen Kollegen wenden, was auch stimmt. Aber sonst hat man ihn für sein Gefühl völlig allein gelassen. Alle sind zwar freundlich, aber keiner kümmert sich so richtig um ihn und seine Familie.

Der Schlüssel zum Verständnis dieser Szene liegt in der Trennung der Lebensbereiche in Deutschland: Der indische Manager war jetzt kein Gast mehr, sondern ein weitgehend normaler Kollege mit zugewiesener Rolle, der hier ist, um zu arbeiten und dessen Privatleben eben seine Privatsache ist.

Formell – informell

Deutsche trennen auch zwischen formellen und informellen Situationen. Die wünschenswerte Norm heißt dabei: Die wichtigen Dinge des normalen Arbeitsalltags laufen in den formellen Kanälen, in offiziellen Meetings. Hier ist der Ort für Meinungsäußerungen und für Mitbestimmung, denn hier wird inhaltlich diskutiert und entschieden. Damit sind die Inhalte einsehbar, nachvollziehbar und allen zugänglich. Was Deutsche unter *Wertschätzung von Regeln und Strukturen* organisieren, hat auch für den beruflichen Alltag tatsächlich Bedeutung. Deshalb finden in Deutschland viele Sitzungen und Besprechungen statt. Das ist der Ort für Informationsweitergabe, für Diskussionen, Meinungsäußerungen und für gemeinsame Entscheidungen. Inhaltliche Wiederholungen können auftreten, weil man wichtige Dinge nochmals eigens im dafür vorgesehenen Rahmen benennt: Informell Gesagtes wird in der Besprechung erneut aufgegriffen. Erst jetzt gilt es und erst jetzt kann sich der Sprecher sicher sein, daß es nicht überhört wird. Selbst Teamsitzungen finden ganz offiziell statt und es wird unter Umständen sogar protokolliert, was dort besprochen wird. Wer etwas zu sagen hat, soll hier seine Stimme erheben, denn dann wird entschieden und hinterher ist es zu spät (vgl. *Zeitplanung*).

Schwacher Kontext, konsekutive *Zeitplanung* und die Bevorzugung der formellen *Strukturen* hängen eng miteinander zusammen: Deutsche registrieren Dinge dann, wenn sie auf der Tagesordnung stehen und sie sich formell auf sie konzentrieren.

In deutsch-polnischen Verhandlungen kommt man nicht voran, und die Stimmung ist richtiggehend schlecht. Ein Grund dafür ist folgender, wie die

Dolmetscherin erklärt: »Die Deutschen bestehen auf diversen Informationen und Unterlagen, die sie laut einem Protokoll erhalten sollen. Doch die Polen haben den Deutschen das alles bereits gesagt oder gegeben – aber zu verschiedensten Zeitpunkten und ganz unsystematisch, mal da, mal dort, mal sagte der eine etwas, mal der andere, mal sagten sie etwas dem einen Deutschen, mal dem anderen Deutschen. Die Deutschen scheinen das jedoch vergessen oder nicht registriert zu haben, sondern bemängeln seit Wochen das Fehlen eben dieser Informationen und Unterlagen. Sie bestehen auf der Erfüllung des Protokolls in der aufgelisteten Reihenfolge der Punkte und halten die Polen für unprofessionell. Die Polen sind verärgert, wenn sie alles zusammenstellen und erneut weiterleiten sollen und halten die Deutschen für pedantisch und autoritär.«

Für viele Abläufe werden formelle Informationskanäle eingerichtet (Verteiler, Protokollwesen, Berichtssysteme, Infopost usw.). Diese werden ernst genommen und in ihnen laufen auch tatsächlich die wichtigen, für den Arbeitsablauf nötigen Informationen. Für Besprechungen gibt es eigene Besprechungs- und Tagungsräume. In den Meetings soll der Informationsfluß alle Beteiligten auf denselben Wissensstand bringen oder, wenn nötig, in die Problemlösung miteinbeziehen. Auf diese Weise kann sich jeder auf dieselbe (faire) Art einbezogen fühlen, seine Meinung äußern und an gemeinsamen Entscheidungen mitwirken.

Wenn es etwas zu besprechen oder auszumachen gibt, dann treten Deutsche miteinander über die offiziellen, formellen Kanäle in Kontakt gemäß der Rollen, die die einzelnen einnehmen, dazu bedarf es im Normalfall keiner Vermittlung auch muß man sich vorher nicht schon kennen.

Herr Morak, Marketingverantwortlicher eines kleinen Betriebs in der Tschechischen Republik, ist zu einem Kurzbesuch in Deutschland bei der Mutterfirma. Er braucht unbedingt eine bestimmte Information aus der dortigen Marketingabteilung. Deshalb wendet er sich dort an eine Person, die gerade in diesem Büro ist, die er aber bisher nicht kennt, und bittet sie, ihm diese Information bis 12 Uhr zu besorgen, weil er dann zurückfährt. Der angesprochene Deutsche erledigt diesen Wunsch tatsächlich für ihn. Herr Morak findet das beeindruckend! Der Mitarbeiter hat das für ihn getan, obwohl er ihn gar nicht persönlich kennt.

Weil in Deutschland die Betonung auf formalen Strukturen liegt, ist eine deutsche Hierarchie sehr sichtbar bis in sämtliche Teile ihres Funktionierens hinein. Dabei wird offen gehandelt, daß sich die Ver-

antwortlichen einer Ebene erst mit denen höherstehenden absprechen müssen, bevor etwas umgesetzt werden kann. Das ist weder besonders autoritätshörig noch ängstlich, sondern schlicht die Einhaltung des korrekten Dienstwegs, den man bedenkenlos offenlegt.

Zu den informellen Strukturen, die es natürlich auch in Deutschland gibt, ist folgendes zu sagen:

1. Im Berufsleben sollen informelle Beziehungen formelle nicht ersetzen! Formelle Beziehungen haben Vorrang und gelten als die
üblichen zur Abwicklung der alltäglichen Arbeit.

2. Informelle Beziehungen spiegeln hingegen Sympathiebeziehun-
gen wider. Daher bemühen sich Deutsche, die korrekt sein wollen,
diesen Beziehungen in ihrem beruflichen Tun keine Sonderstel-
lung zukommen zu lassen, sondern streng sachlich zu bleiben, um
nicht in den Geruch zu kommen, Vetternwirtschaft zu betreiben.
»Bier ist Bier und Schnaps ist Schnaps« ist ihre Devise. – Es werden
also die formellen Strukturen trotz der bestehenden informellen
Beziehungen ausführlich und ordnungsgemäß bedient.

3. Informelle Beziehungen werden dann offiziell genutzt, wenn formelle Strukturen wegen der hohen Strukturierung selbst zur Barriere geworden sind, was in manchen Großunternehmen der Fall
ist, und die informellen Strukturen daher vereinfachend und
kompensatorisch wirken können. Das wird dann auch so akzeptiert.

4. Das Nutzen von Beziehungen ist in Deutschland eng an tatsächlich persönliche Bekanntschaft gebunden – eine Vermittlung über
Dritte reicht nicht aus –, hinzu kommt, daß ein bestimmter Ver-
trautheitsgrad besteht (vgl. Distanzdifferenzierung »Freundschaft«).

5. Ferner ist das bestehende Beziehungsnetz relativ klein und be-
grenzt. Es ist nur in sehr eingeschränktem Maße möglich, Interessen über Beziehungen zu verfolgen. Für vieles ist der offizielle,
formelle Weg tatsächlich der einzige, der zu beschreiten ist.

6. Geschenke aller Art werden sehr schnell als korrumpierend betrachtet.

7. Informelle Beziehungen werden ausgiebig bemüht bei dem, was
Mitarbeiter »Politik« nennen, also etwa bei Machtkämpfen. Daher
rührt ihr oft negatives Image des Hinterhältigen, Intriganten, gegen
die Norm Verstoßenden. Doch »Politik« hat nur selten unmittelbar
etwas mit der normalen Arbeit normaler Beschäftigter zu tun.

Selbstsicherheit in der Rolle

Deutsche erscheinen vielen Menschen aus anderen Kulturen als sehr selbstsicher oder weniger schmeichelhaft formuliert als arrogant. Die Selbstsicherheit ist wohl auch in den allermeisten Fällen eine zutreffende Interpretation, solange ein Deutscher in seiner beruflichen Rolle agiert. Er fühlt sich als Fachmann auf seinem Gebiet, hat sicher auch dieses Image in seiner Firma, sonst würde man ihn nicht mit dieser Aufgabe betrauen, und er ist von größeren Zweifeln an seinen Fähigkeiten unangefochten. Und so tritt er auf: Er sagt seine Meinung – auch ungefragt. Er erweckt (durch Langatmigkeit oder Detailorientierung) den Eindruck, Experte zu sein. Er bedient sich des direkten deutschen Kommunikationsstils (er widerspricht, er korrigiert, er läßt sich auf Streitgespräche ein). Und wenn Deutsche in Verhandlungen dann auch noch die Macht des Kapitals auf ihrer Seite haben, dann gilt das um so mehr.

Doch, ob Sie es glauben können oder nicht, verehrter nicht-deutscher Leser, diese Seite an uns Deutschen ist nicht gleichzusetzen mit Nationalstolz! Es gibt auch noch eine andere Seite: die deutsche Unsicherheit. Sie bleibt vielen von Ihnen verborgen, solange der Kontakt beruflicher Natur ist und sich allein in Rollenkonstellationen bewegt. In der *Beziehung* zu vielen europäischen Nachbarvölker werden wir Deutsche sehr wohl von allerhand Unsicherheiten eingeholt und zwar je bemühter und korrekter eine Person ist, um so mehr. Die Geschichte lastet auf uns Deutschen schwer; ein positives Nationalbewußtsein gibt es höchstens als Stolz auf die wirtschaftlichen Leistungen, aber keinesfalls als ungebrochene nationale Identität. Doch die Trennung zwischen Beruf und Privatem erlaubt den Rückzug auf die *Rolle* und beide Parteien, Sie und wir Deutsche, sind somit nicht mit dieser unsicheren Seite konfrontiert. Wir diskutieren diesen Teil der Identität nur unter uns (aber das in jedem interkulturellem Training, in dem wir uns auf eine Kultur vorbereiten, die geschichtlich unter Deutschen zu leiden hatte). Mancher kritische deutsche Zeitgenosse meint, wir würden mit Leistung vieles zu kompensieren versuchen, manchmal ganz bewußt, manchmal ohne daß uns das selbst klar ist.

Distanzregulierung

Außerdem spielt bei der Kontaktgestaltung mit Deutschen Nähe eine entscheidende Rolle. Es sind bei ein- und derselben Person ganz unterschiedliche Verhaltensweisen beobachtbar, je nachdem, ob ihr Interaktionspartner ein Fremder, ein Bekannter/Kollege, ein guter Bekannter oder ein echter Freund ist. Die Entwicklung von Freundschaften ist eine (angenehme) Ausnahme. Als durchgängiges Muster kann für Deutsche gesagt werden, daß sich (a) der Kontakt vom Distanzierten und Formellen zum Vertrauten hin bewegt, daß (b) die anfängliche Sachlichkeit und Rationalität zunehmend größerer Emotionalität, Herzlichkeit und Personenorientierung weicht, daß (c) Nähe eine Herzenssache und nicht von Zweckrationalität bestimmt ist. (d) Das Interesse, ständig neue Leute kennenzulernen, ist gering; viele Kontaktchancen werden daher nicht wahrgenommen, aktive Kontaktanbahnung oder ungebetene Einmischung wird leicht als aufdringlich empfunden; statt dessen gelten Abstand und Zurückhaltung als höflich und erstmalige Kontakte bleiben weithin ohne Folgen. Auch Kunden werden zwar freundlich und höflich, aber doch distanziert behandelt. (e) Diese Differenzierung nach Distanz findet ihren Niederschlag auch in den Anredeformen »Sie« und »Du«.

Die Annäherung erfolgt Schritt für Schritt: neutrales Verhalten zu Beginn – schrittweises Sich-näher-Kommen mit zunehmender emotionaler Öffnung – Freundlichkeit bis Herzlichkeit. Und diese Annäherung dauert, je nach Alter und Sympathie der Beteiligten, zwischen ein paar Wochen und Jahren.

Das Annäherungsverhalten Deutscher läßt sich in Stufen darstellen.

Umgang mit Fremden

Zu Fremden nehmen Deutsche meistens keinen Kontakt auf. Jemanden einfach anzusprechen, bedarf eines Grundes, sonst wird es leicht als unhöflich oder distanzlos empfunden. Es besteht keineswegs immer Interesse, neue Leute kennenzulernen. Wird überhaupt Kontakt aufgenommen, verhalten sich Deutsche zunächst reserviert und neutral. Oftmals bewegen sie sich auf der reinen Sachebene und agieren ausschließlich in (z. B. beruflichen) Rollen. Das wird von vielen als kalt, steif, verschlossen oder schlecht gelaunt erlebt, geht Deutschen doch kaum ein Lächeln über die Lippen. Die Anredeform ist auf jeden Fall das »Sie«.

Ein französischer Manager fährt in Deutschland gar nicht gern mit der U-Bahn, denn dort herrscht Totenstille: Die Menschen unterhalten sich nicht miteinander. Wenn sich Bekannte treffen, dann sprechen sie leise miteinander, so als wollten sie das Schweigen der anderen nicht stören. Er hat das Gefühl, in der deutschen U-Bahn hat man sich an ein Gebot der Ruhe zu halten, ähnlich wie in einer Bibliothek.

Ein Indonesier wohnt in Deutschland in einem Mietshaus. Jeden Morgen müssen fünf Personen aus diesem Haus zu einer bestimmten S-Bahn-Haltestelle. Sie verlassen daher fast gleichzeitig das Haus, grüßen sich, gehen zur S-Bahn und warten eine oder zwei Minuten. Schweigend! Ohne Kontakt zueinander!

In der Kantine sitzen zwei Deutsche an einem Tisch. Ein mexikanischer Expatriate setzt sich zu ihnen. Er grüßt. Die beiden grüßen kurz zurück und unterhalten sich weiter. Er versucht immer wieder, mit den beiden ins Gespräch zu kommen, doch die scheinen ihn zu ignorieren: Sie antworten ihm jeweils nur kurz und setzen dann ihre Unterhaltung fort. Der Mexikaner ist sehr enttäuscht. Er hätte sich ein Gespräch am Mittagstisch gewünscht!

Ein Amerikaner leidet darunter, daß er im Büro nur äußerst schwer Kontakt zu seinen deutschen Kollegen bekommt. Man begrüßte ihn zwar anfangs höflich, man spricht auch mit ihm, wenn es die Arbeit erfordert, aber einfach geplaudert wird nicht mit ihm. Auch wird er nicht eingeladen. Niemand scheint ihm Interesse entgegenzubringen und ihn etwas Persönliches, über die Zusammenarbeit Hinausgehendes fragen zu wollen. Der Amerikaner ist irritiert. So hatte er sich das Eingewöhnen in Deutschland nicht vorgestellt. Dieses Verhalten erlebt er als rüde!

Geeignete Themen, um überhaupt miteinander in Kontakt zu kommen, sind sachbezogen, sie betreffen nicht Persönliches oder Familiäres *(Sachorientierung)*. Das hat aus deutscher Sicht nichts mit Gleichgültigkeit gegenüber dem Befinden anderer zu tun, sondern mit der allmählichen Entwicklung und dem Aufbau einer persönlicheren Beziehung.

Ein französischer Mitarbeiter findet es schwer, zu Deutschen Kontakt aufzubauen. Seine Kollegen kennen sich untereinander und besprechen ihre Hobbys, Hausbau, Anschaffungen, Erlebnisse mit ihren Kindern und so weiter. Der Franzose ist eben kein Insider und kann lange nicht mitreden. Sagt er von sich einmal etwas Persönliches, etwa daß seine Schwester heiratet oder seine Mutter 60. Geburtstag hat, dann schauen die deutschen Kollegen ihn erstaunt an: »Ach, ja?« Er hat das Gefühl, Deutsche brauchen länger, bis sie mit einem Menschen so vertraut sind, daß sie auch einmal persönlichere Dinge besprechen.

Die Kontaktaufnahme kommt häufig erst auf Initiative des neu hinzukommenden Ausländers zustande. Manche (höfliche) Deutsche wollen sich nicht aufdrängen, manche wissen einfach nicht, was sie sagen könnten. Beide Probleme existieren für sie im Umgang mit Bekannten nicht mehr.

Maggie Raley, eine Amerikanerin, ist seit kurzem in Deutschland und wundert sich immer wieder über ihre deutschen Kollegen: Wenn sie in dem Aufenthaltsraum (mit kleiner Küche) ihrer Abteilung ist, sprechen die Kollegen solange nicht mit ihr, bis sie selbst etwas sagt. Immer wenn sie sich unterhalten will, muß sie den Anfang machen. Wenn sich die Deutschen miteinander unterhalten, schließen sie Frau Raley erst in ihr Gespräch mit ein, nachdem auch sie etwas zum jeweiligen Thema geäußert hat. Aber selbst dann ist es oft sehr schwierig für sie, da meistens über Politik gesprochen wird und die Amerikanerin von diesem Thema nicht viel versteht. Wenn dagegen ein anderer Deutscher in den Raum kommt, beziehen die Kollegen denjenigen sofort in das Gespräch mit ein. Für Maggie Raley ist dieser Umgang sehr ungewohnt und es schmerzt sie, hatte sie doch gedacht, in Deutschland neue Freunde finden zu können.

Umgang mit Bekannten/Kollegen

Die Reserviertheit der Deutschen geht etwas zurück. Das Benehmen ist freundlicher und entgegenkommender. Ein Bekannter hält aber immer noch Abstand und zeigt keine Gefühlstiefe. Er agiert immer noch vornehmlich in seiner Rolle und wird nur bei wirklicher Sympathie auf die Idee kommen, private Treffen mit Menschen dieses Nähegrades aufzusuchen. Geschäftliche Verpflichtungen, die über die Bürozeiten hinausgehen, werden weithin noch als Opfern von Freizeit aufgefaßt. Im Büro ist diese Ebene vielfach der normale Umgangston.

In jungen und lockeren Teams wird zwar bereits das »Du« gepflegt, verbreitet ist aber weiterhin die Anredeform »Sie«, zumal wenn die Kommunikationspartner im Alter weiter auseinander liegen. Das »Sie« an dieser Stelle signalisiert Selbst- und Fremdachtung und legt den Charakter einer Beziehung offen: Man hält sich an seine Rollen und verhält sich korrekt, wenngleich durchaus freundlich. Auch Kunden werden zwar höflich, aber doch distanziert behandelt.

Prinzipiell ist es so möglich, auch mit weniger sympathischen Kollegen gut zusammenzuarbeiten, wenn man mit ihnen eben auf dieser Ebene verbleibt. Immer ist diese Ebene aber auch die Startposition für das Erkunden, ob einem jemand interessant erscheint, weil er oder sie dies oder jenes tut oder denkt oder weiß.

Lieblingsthemen sind, wenn man sich mag, neben arbeitsbezogenen Inhalten oft die Bereiche Gesundheit/Krankheit, Reisen und Hobbys.

Eine Inderin amüsiert sich köstlich in den Kaffeepausen, die sie mit ihren deutschen Kollegen verbringt: Sie können stundenlang über ihre vermeintlichen Krankheiten sprechen. Jeder scheint an irgend etwas zu leiden, und man erörtert gesundheitliche Problem bis ins Detail.

Fragen zum Privatleben sind Kollegen gegenüber mit Vorsicht zu stellen und oft unangebracht; das gilt gegenüber dem Chef ganz besonders.

Ein junger Amerikaner, der gerade seinen Universitätsabschluß hinter sich hat, arbeitet als Sachbearbeiter. Wegen einer Unterschrift geht er ins Büro seines deutschen Abteilungsleiters, der sich zufällig gerade im Vorzimmer bei seiner Sekretärin aufhält. Der Abteilungsleiter nimmt sein Anliegen auf und wechselt ein paar Worte mit ihm. Bei dieser Gelegenheit fragt er ihn, woher er käme, wie es ihm in Deutschland gefalle, wie lange er bleiben werde, was er hier vor hätte. Da der amerikanische Mitarbeiter den Abteilungsleiter durchaus sympathisch findet, fragt er ihn, ob er am Abend nicht mit ihm zu einer Party kommen wolle. Dieser antwortete, daß das nicht möglich sein, weil er nach München fahren müsse. Als der Amerikaner daraufhin wissen will, was er dort zu tun habe, beendete der Abteilungsleiter die Unterhaltung, indem er kurz und knapp antwortete: »Privat.« Der Amerikaner fühlt sich zurückgestoßen: Eben noch hatte er dem Abteilungsleiter bereitwillig Auskunft über sein Privatleben gegeben, da sich dieser ja offensichtlich mit ihm unterhalten wollte, und jetzt reagierte der Mann so abweisend.

Chef-Mitarbeiter-Beziehungen bewegen sich üblicherweise auf dem Distanzlevel von Bekannten. Und hier erhält die Anrede per »Sie« eine wesentliche Bedeutung: Mit ihr wird die Aufgabenorientiertheit sichergestellt, weil verhindert werden soll, daß sich Privates und Berufliches vermischt. Bei einem Näherkommen würde sich die Distanz verringern und die Mitarbeiterführung wäre schwieriger. Denn Freundschaftlichkeit oder Herzlichkeit ist im Privatbereich angesiedelt und verpflichtet zu einer Berücksichtigung persönlicher und emotional motivierter Belange. Das würde den Chef darin einschränken, seinen Mitarbeitern das sachlich Optimale abzuverlangen und den Mitarbeiter dazu ermutigen, weniger strikt die Erfordernisse der Rolle als vielmehr eigene (momentane) Befindlichkeiten im Auge zu haben.

Clive Baker, ein Engländer, arbeitet in Deutschland als leitender Ingenieur bei einer Hoch- und Tiefbaufirma. Er trägt viel Verantwortung, da die Firma die Berechnungen für Großprojekte wie Autobahnbrücken durchführt. Er ist sehr darauf bedacht, daß aus seiner Abteilung keine fehlerhaften Berechnungen zu den ausführenden Baufirmen gelangen, weil Ingenieurfehler Ursache für besonders große Schäden sein können. Da er mit seinen Mitarbeitern ein gutes Verhältnis hat und außerdem aus England das Duzen und die Anrede per Vornamen gewohnt ist, duzen sich alle in seiner Abteilung auch mit ihm. Kürzlich hat einer seiner Ingenieure einen wesentlichen Fehler gemacht. Als Herr Baker davon erfährt, geht er sofort zu diesem Mitarbeiter, um ihn zur Rede zustellen. Der deutsche Mitarbeiter hört zu, sagte aber dann: »Komm' Clive, reg' dich nicht auf. Wir gehen auf ein Bier und dann ist die Sache erledigt.«

Ein in Deutschland lebender Inder arbeitet als Softwareentwickler. Wegen eines Liefertermins gibt es Aufregung, da die Software noch nicht abschließend getestet worden ist. Der Inder und sein deutscher Kollege haben deshalb eine Besprechung mit ihrem Chef, dabei stellt sich heraus, daß für den erforderlichen Test eine besondere Anlage erforderlich ist, die vor Ort nicht zur Verfügung steht und eine Dienstreise in eine andere Stadt erforderlich macht. Der Inder ist überrascht über die Situation, vor die sein Kollege jetzt gestellt ist. Als der Kollege meint, es sei für ihn vertretbar, sich für einige Tage in der andere Stadt aufzuhalten, aber längere Zeit dort zu bleiben sei schwierig, weil er das mit seiner Frau, die ihr kleines Kind zu versorgen hat, genauer absprechen müsse, entgegnete ihm der Chef prompt: »Darauf können wir keine Rücksicht nehmen. Vielleicht müssen Sie zwei Wochen oder drei Wochen dort bleiben. Das kann ich Ihnen nicht versprechen, daß es nur ein oder zwei Tage dauert. Sie sind hier, um zu arbeiten. Es ist mir egal, wie Sie den Termin schaffen, aber er muß eingehalten werden. Vielleicht müssen Sie auch samstags oder sonntags arbeiten. Es läßt sich jetzt nicht sagen.« – Für den Inder wäre das kein Problem, denn er ist ledig. Außerdem hat er nichts dagegen, ein paar Tage auf Dienstreise zu sein. Aber sein deutscher Kollege! Er versteht dessen Schwierigkeiten. Wie kann ihr Chef nur so sein? Warum nimmt er keine Rücksicht auf die familiären Belange seines Mitarbeiters und reagiert so schroff?

Geschichten wie diese gehören für viele Deutsche – vor allem in gehobeneren Positionen – zur normalen beruflichen Realität. Ob das

Gespräch freilich derart kompromißlos abläuft, ist individuell verschieden. Inhaltlich wird mit dieser Szene aber der wesentliche Aspekt deutlich: Der Chef will der Sache zum Erfolg verhelfen und die Rücksichtnahme auf den Mitarbeiter hält sich in Grenzen.

Auch Nachbarschaftsbeziehungen in Deutschland bewegen sich häufig auf dem Niveau wie unter Kollegen und Bekannten: Man kennt sich vom Sehen, grüßt und wechselt unverfängliche Worte. Ein engerer Kontakt besteht meist nicht.

Ein indischer Manager wohnt mit seiner Familie seit drei Jahren in Deutschland in einem Mehrfamilienhaus. Er kennt inzwischen den Hausmeister, ein Ehepaar (der Mann ist Italiener, sie ist Deutsche), alle brasilianischen und amerikanischen Mitbewohner des Hauses, aber er kennt keine einzige deutsche Familie, obwohl sie sich jeden Tag sehen. Der Inder hat nur einen sehr kleinen Kreis von deutschen Freunden. Es hat lange gedauert, bis er sich daran gewöhnt hat.

Umgang mit guten Bekannten/Freunden

Einen qualitativen Sprung im Verhalten Deutscher stellt das Vordringen in den Kreis *guter Bekannter oder Freunde* dar. Die Zusammenhänge lassen sich so skizzieren:

Ein Individuum hat sehr bewußt ausgewählt, mit wem es sich anfreundet. Das sind durchweg Menschen, mit denen er/sie sich gut versteht und die er/sie gern mag. Nun ist auf jeden Fall das »Du« angesagt. *Gute Bekannte* offenbaren einander zunehmend ihre Persönlichkeit, also ihre Einstellungen, Haltungen oder Probleme. Sie vereinbaren Treffen in ihrer Freizeit. Gastfreundschaft, Beziehungsorientierung, private Hilfsbereitschaft und Emotionalität sowie Geschenke zu bestimmten Anlässen (z. B. Geburtstag) sind angesagt. Körperliche Berührungen sind durchaus üblich und unterstreichen die Nähe. Zu diesen Menschen herrscht eine Vertrauensbeziehung, die verpflichtet, ihnen bei Schwierigkeiten beizustehen. Hier besucht man einander selbstverständlich auch zu Hause, bei entfernterer Bekanntschaft eher nicht.

Die Steigerungsform *Freundschaft* bedeutet, sich jemand mit allen Gefühlen, Sorgen und Freuden zu öffnen. Freundschaften sind mit Gefühlstiefe verbunden und langlebig. Eine Freundschaft ist emotional motiviert und beruht ausschließlich auf Sympathie. In einer Freundschaft einen persönlichen Vorteil zu suchen (z. B. materiell, über Beziehungen usw.), wirkt oft tief verletzend. Die betroffene Person fühlt sich ausgenutzt.

Wichtige freundschaftsstiftende Elemente sind etwa ähnliche weltanschauliche Einstellungen, gemeinsame Interessen und Hobbys, ähnliche Lebenserfahrungen. Deshalb erleichtert die Mitgliedschaft in diversen (Freizeit-) Zirkeln eine Freundschaftsanbahnung auch enorm. Man überspringt damit quasi das Stadium »Fremder« und durchläuft bei Sympathie auch das Stadium »Bekannter« schneller.

Ein lediger Inder lebt für drei Jahre in Deutschland. Er sieht zufällig einen Aushang am Schwarzen Brett vor der Kantine der Firma, daß sich die »Wandergruppe« ab jetzt wieder regelmäßig trifft und für kommendes Wochenende einen Ausflug plant. Da er keine Lust hat, die Wochenenden allein zu verbringen, denkt er sich, da könnte er doch anrufen. Natürlich könne er mitmachen, gern, wird ihm mitgeteilt. Der junge Inder macht die erste Wanderung seines Lebens. Alle sind nett und freundlich und guter Laune und man scheint sich zu freuen, daß es ihm gefällt. Ob er nächstes Wochenende wieder mitkomme, wird er gefragt, dann brauche er aber bessere Kleidung. Und schon wird er eingeladen, der eine hat einen Anorak, der andere Bergstiefel für ihn. Er kann sich vor Freundlichkeit kaum noch retten. Inzwischen hat er eine perfekte Ausstattung, er hat jedes Wochenende andere um sich, und er wird auch während der Woche laufend eingeladen, weil es Fotos anzusehen gilt, die nächste Tour zu planen oder man einfach miteinander ausgeht. Er hat eine Reihe echter Freunde gewonnen, die ihm auch bei seinen Eingewöhnungsproblemen helfen. Man mag sich gegenseitig richtig gern.

Pendeln zwischen den Polen

Was die *Trennung von den Lebens- und Persönlichkeitsbereichen* betrifft, ist generell zu sagen, daß sie in den verschiedenen Sphären um so klarer aufrechterhalten wird, je ferner sich Personen stehen und die Grenzen um so verschwommener sind, je näher sie sich sind. Wir Deutsche unterliegen ausgeprägten Schwankungen:

Die Startposition im beruflichen Kontext heißt stets: Kollegen begegnen sich in der Arbeit (nicht privat), betonen ihre Rationalität (nicht die Emotionalität), halten sich korrekt an ihre Rolle (ohne ausgeprägte persönliche Note) und an die formelle Struktur.

Im Prozeß des Kennenlernens und Sichanfreundens (falls das passiert!) wechseln die Kollegen als Bekannte und Freunde tendenziell jedoch auch die Position: Der Kontakt wird privater, Emotionalität gewinnt mehr Raum, die Persönlichkeit des anderen wird in allen Schattierungen sichtbar, informelle Settings und Strukturen bilden sich heraus. Als gute Freunde kommt man schließlich dort an, was ich mit »privat«, »emotional«, »Person«, »informell« umschrieben habe.

Trotzdem gibt es immer wieder eine Verschiebung der Gewichtung:

— Wenn einer einen Freund am Arbeitsplatz trifft, konzentriert er sich auf die Arbeit; wenn er ihn privat trifft, auf Privates.

— Der Freund wird in einer offiziellen Besprechung unter Umständen sogar von einem betont korrekten Menschen wieder gesiezt, um zu zeigen, wie ernst beide ihre Rolle nehmen und daß sie sich keinesfalls informell verstricken lassen.

— In der normalen Arbeitszeit begegnet man sich in Rollen, bei Geburtstagsfeiern (während der Arbeitszeit) oder beim Betriebsausflug wird dagegen die Beziehung gepflegt und andere Teile der Persönlichkeit werden sichtbarer.

— Immer dann, wenn es um wichtige Fragen geht, wird wieder unterschieden zwischen dem, was man sich rational und vernünftigerweise zu einer Sache denkt, und dem, was man emotional und aus dem Bauch heraus meint. Beides ist dann gegeneinander abzuwägen, um zu einem Handeln zu kommen.

— Auch zwischen engen Vertrauten bleiben gelegentlich Reste von Förmlichkeit (z. B. Höflichkeitsgesten, förmliche Worte) als Ausdruck von Respekt erhalten.

Was an uns Deutschen zu beobachten ist und irritiert, ist das Umschalten von einem Bereich zum anderen.

Ein indischer Expatriate kommt ins Büro und erfährt, daß gestern der Chef des Teams, der bereits längere Zeit an Krebs erkrankt war, gestorben ist. Alle Kollegen sitzen zu Dienstbeginn in einem Büro und sprechen sehr betroffen über diesen Todesfall, denn der Chef war beliebt. Doch nach einiger Zeit sagt jemand: »Nun gut, das hilft nichts. Wir können nichts machen. Laßt uns arbeiten, wir müssen das Projekt bis übermorgen fertig haben.« Daraufhin löst sich tatsächlich die Runde auf und die Kollegen beginnen, sich an ihre Arbeit zu machen. Ab jetzt, so scheint es dem Inder, herrscht wieder der ganz normale Alltag. Nur er ist nicht fähig zu arbeiten, so sehr beschäftigt ihn dieser tragische Todesfall. Doch er scheint der einzige zu sein, dem es so geht.

Während dieses Beispiel zum Stereotyp einer gewissen deutschen Hartherzigkeit paßt, widerspricht dem diese Beobachtung: Deutsche können extrem lieb und nett sein. Als Gastgeber beispielsweise können sie sehr freundlich, sehr positiv, sehr höflich, sehr zuvorkommend, sehr aufmerksam, als Freunde sehr dankbar, sehr herzlich sein. Sie können diese Seite deutlich leben, wenn sie sich sozusagen darauf konzentrieren. Eine Slowakin formulierte das so: »Wir sind auch höflich und bemühte Gastgeber. Aber so höflich und so bemüht wie Deutsche, die sich das vorgenommen haben, sind wir nie.«

Vor- und Nachteile des Kulturstandards

Die *Vorteile* der *Trennung von Persönlichkeits- und Lebensbereichen* liegen einmal mehr darin, daß so die Arbeitseffektivität gesteigert werden kann. Denn das, was beruflich, in der Rolle, rational, mit Menschen, zu denen wenig freundschaftliche Verpflichtungen bestehen, getan werden muß, kann konzentriert durchgeführt und werden. Für etwaige Entbehrungen, die damit verbunden sind – in emotionaler Hinsicht und als gesamte Person – gibt es eine Kompensation im Privatleben mit Familie und Freunden.

Ein großer *Nachteil* dieses Merkmals ist damit bereits angesprochen: Das System ist hart für die, die keine Kompensationsmöglichkeiten, also kein Nest zum Auftanken haben.

Eine weitere Gefahr in der Trennung von Lebensbereichen liegt darin, daß sie mitunter zu weit geht und die Authentizität einer Person bedroht. Menschen aus anderen Kulturen erscheint denn auch diese Diskontinuität im Verhalten Deutscher als Falschheit oder schizophren. Deutsche selbst konstatieren ebenfalls häufig eine gewisse Einseitigkeit und eine fehlende Integration ihrer Zeitgenossen.

Ein bedeutsamer Nachteil der Betonung formeller Strukturen und Rollen besteht weiterhin darin, daß jeder vor allem seine Ziele, Vorgaben und Aufgaben sieht, aber Schnittstellen und Überlappungen zu Kollegen in ähnlichen Feldern oft nicht kennt – wie auch, wenn kein Kontakt besteht. Auf diese Art bleiben viele Informationen gänzlich ungenutzt. Das darüber hinaus bestehende informelle System kann entsprechende Informationsdefizite mangels differenzierter Ausprägung oft nicht ausgleichen.

Empfehlungen

Für Nicht-Deutsche, die mit Deutschen arbeiten:

- Sie irren, wenn Sie meinen, Deutsche seien nur diese »kalten Roboter«, wie Sie Ihnen beruflich oft begegnen. Auch Deutsche verlieben sich ineinander, ziehen mit Hingabe ihre Kinder groß, sind einander treue Freunde und engagieren sich in vielerlei Weise karitativ und sozial. Nur ihr Herz hat eben vor allem in diesen Bereichen seinen Platz und an anderer Stelle wird geschuftet, fast als ginge es darum, sich Herzenswärme leisten zu können.

- Wenn Sie Kälte zu spüren bekommen, gehen Sie zunächst einmal davon aus, daß sie nicht Ihnen gilt. Höchstwahrscheinlich liegen Sie richtig mit der Annahme, in dem Fall wolle sich jemand nur korrekt verhalten: beruflich verläßlich (Arbeit), sach- und zielorientiert (rational), seine Aufgabe ernst nehmend (Rolle), Strukturen einhaltend (formell).

- Rechnen Sie damit, daß es länger dauert, bis Sie mit einem Deutschen näheren Kontakt aufnehmen können. Er muß erst warm werden. Sind Sie sich sicher, diese Zeitspanne gilt nicht Ihnen persönlich! – Und seien Sie bitte solange vorsichtig mit persönlichen Fragen.

- Ergreifen *Sie* die Initiative zu Kontakten, vor allem dann, wenn Sie in Deutschland leben. Es ist kein böser Wille, sondern schlicht eine Tatsache, daß Ihre Kollegen über ein Beziehungsnetz verfügen und deshalb weniger Interesse an neuen Kontakten haben als Sie. Schließen Sie sich am besten einem Freizeitzirkel an, denn hier ist die Barriere am niedrigsten.

- Wenn Sie Ihrerseits gemeinsame Veranstaltungen (z. B. mit Landsleuten) organisieren, laden Sie dazu auch Ihre deutschen Kollegen bewußt und nachdrücklich ein. Hier lassen sich Beziehungen installieren. Denn die Deutschen, die kommen, tun das in ihrer Freizeit und sind allein dadurch schon offener und ungezwungener.

- Gewöhnen Sie es sich an, Ihnen wichtige Punkte im formellen Rahmen zu sagen (z. B. bei Besprechungen). Und zwar am besten dann, wenn Sie an der Reihe sind und Ihr Punkt auf der Tagesordnung steht. (Daß er darauf steht, dafür sorgen Sie bitte im Vorfeld, indem Sie ihn auf die Agenda setzen lassen). Dann werden Sie gehört und zur Kenntnis genommen – informell Gesagtes geht unter! Denn Deutsche registrierten einfach nicht, daß das Ihre Meinungsäußerung und Ihr Beitrag war (vgl. *schwacher Kontext*).

Für Deutsche, die in internationalen Zusammenhängen arbeiten:
• Seien Sie freundlich und höflich – nicht nur korrekt.
• Lassen Sie andere auch Ihre andere Seite spüren, indem Sie zumindest davon erzählen oder sie auch mal zeigen. Sie ist es, die Sympathien wecken und damit für viele die notwendige Beziehungsbasis schaffen kann.
• Seien Sie aufmerksam gegenüber Ihren unmittelbaren Partnern. Merken Sie sich Dinge aus dem Leben Ihrer Mitarbeiter und Kollegen und nehmen Sie daran ein bißchen Anteil. – Genießen auch Sie vice versa die Freundschaftlichkeit, wenn sie Ihnen entgegengebracht wird.
• Helfen Sie, wenn Sie um Hilfe gebeten werden – auch bei privaten Problemen.
• Seien Sie etwas weniger distanziert, etwas lockerer, persönlicher. Ihre Rolle perfekt auszufüllen beeindruckt nur, wenn Sie sie mit einer persönlichen Note versehen. Das kann eine menschliche Geste, eine lockere Bemerkung oder etwas Humor sein – je nachdem, was zu Ihnen paßt.
• Lernen Sie, mit informellen Strukturen zu arbeiten. Vergegenwärtigen Sie sich, daß die Neigung Deutscher, für alles formelle Meetings einzuberufen, auf alle Partner ziemlich umständlich, auf viele sogar autoritär wirkt.
• Drängen Sie sich aber nicht in eine informelle Gruppe! Lassen Sie sich und den anderen Zeit! Zeigen Sie sich unterdessen hilfsbereit und an den Problemen interessiert.
• Lassen Sie es zu, daß die Trennwände zwischen den Lebensbereichen dünner werden, deren Aufrechterhaltung Ihnen strenggenommen viel Energie abverlangt. Es genügt, die Löcher dort zu flicken, wo für Sie die Wand tatsächlich unentbehrlich ist. An den anderen Stellen darf sie bröckeln und kann sogar zur Brükke werden: Schwäche wirkt oft sympathisch, Emotionen menschlich, Privates als zum Glück absolut unentbehrlich, Informelles einigend und Vertrauen schaffend, Persönliches öffnend.

- Machen Sie sich frei von der Vorstellung, daß wir Deutsche anderen als fleißig erscheinen. Das ist zumindest bei denen, die in Deutschland leben, nicht der Fall. Auf sie wirkt die Trennung von kurzer, intensiver Arbeitszeit und ausgeprägter Freizeitorientierung (»hard work and hard play«) sehr oft wie Kälte plus Faulheit.

Historische Hintergründe

Wie läßt sich die *Trennung von Persönlichkeits- und Lebensbereichen* erklären? Dieses scheinbar sehr spezifisch deutsche Merkmal, das wohl die generelle Tendenz zur »Sachorientierung« in den westlichen Ländern eindrucksvoll und besonders auffällig steigert und um diverse Elemente anreichert. Auch hier spielen verschiedene Ansatzpunkte eine Rolle.

In den Jahrhunderten der *territorialen Zersplitterung* war Enge und Kleinräumigkeit eine durchgängige Erfahrung. Die Grenzen in der Alltagsrealität wurden immer mehr auch zu »Grenzen in den Köpfen«. Schließlich gab es Mitte des 18. Jahrhunderts ca. 1600, zu Beginn des 19. Jahrhunderts rund 1000 Territorien auf deutschem Gebiet, deren Grenzen nicht ohne weiteres überschreitbar waren. »Sie bildeten selbständige rechtliche Einheiten, waren oft gleichzeitig Konfessionsgrenzen und modellierten einschneidend und unterschiedlich die Erfahrungen der Menschen. Fundamentale Entscheidungen im Leben des einzelnen hingen von den lokalen Besonderheiten ab: z. B. das Recht zur Eheschließung, Gewerbe- und Niederlassungsrecht, korporative und feudale Bindung, Erbrechtsgewohnheiten, Schulwesen, Armenfürsorge« (Althaus et al. 1992a, S. 46). Die Trennung von Innenraum und Außenraum wurde besonders prägnant: Man richtete sich ein in der kleinräumigen Lebenswelt und unter den Vertrauten.

Zudem bot nur der Rückzug in die Privatheit Schutz vor dem Zugriff des absolutistischen Landesherrn. Eine Trennung zwischen den Lebensbereichen »außen« und »innen«, wie auch eine damit einhergehende Trennung der Persönlichkeitsbereiche, die da (z. B. Pflicht, Gehorsam, Rolle) oder dort (z. B. reiche Innerlichkeit, Selbstentfaltung, Persönlichkeit) gefordert waren, wie auch eine feinabgestufte Distanzdifferenzierung von Fremden bis Vertrauten war eine verständliche Reaktion auf die politischen Verhältnisse:

– Mit den Reformen der Aufklärung erfolgte eine »Verstaatlichung« des gesamten Lebens. Mit der Fürsorglichkeit des Obrigkeits- und Wohlfahrtsstaats war man einverstanden, nicht aber mit seiner Tendenz, immer mehr auch das Privatleben zu regeln. Hier erwuchs »das Bedürfnis nach Abgrenzung, nach dem Schutz der Privatsphäre... (und) der Abwehr von staatlichen Interventionen ...« (Althaus et al. 1992c, S. 96). Während sich in vielen anderen europäischen Staaten die Bürger auf einem Höhepunkt ihrer Macht und ihres Einflusses befanden und das öffentliche Leben gestalteten, setzte in Deutschland die Restauration Entwicklungen in dieser Richtung ein schroffes Ende. »Eine gesteigerte Polarisierung, in der die Familie einerseits zum Ort des Vertrauens, des Mitleids, der Zuverlässigkeit und der Nähe wurde, und die bürgerliche Gesellschaft und der Staat andererseits zum Ort der sachlichen Beziehungen, in dem Herrschaft und formale Hierarchie das Miteinander regulieren, war das Resultat. (...) Es etablierte sich eine Art doppelte Moral (...). Angesichts der sachlichen und hierarchischen Art der Beziehungen in der öffentlichen Sphäre wurde eine Idealisierung des Privatbereichs, also der Familie und der Freundschaftsbeziehungen ...« eingeleitet (Kalberg 1988, S. 13 f.). »Das wahre deutsche Leben findet im Reich der Innerlichkeit statt, unter Ausschluß der Öffentlichkeit (...). Da ist der Deutsche in seinem Element, da blüht sein Wesen, und die deutsche Philosophie, die deutsche Literatur, die deutsche Musik und Kunst, den deutschen Ernst verdanken wir diesem Rückzug in die Innerlichkeit« (Sana 1986, S. 97). Im Biedermeier und der Restauration erreicht der Rückzug des geknebelten Bürgers ins Privatleben seinen Höhepunkt und wird ideologisch begleitet durch deutschen Idealismus und Romantik: Im Privatleben labt der Bürger Herz, Geist und Seele (Kalberg 1988; Münch 1993; Sauzay 1986). Eine intensive säkulare Innerlichkeit bildet sich aus. 1750–1850 war eine Blütezeit der deutschen Geisteskultur und Kunst, und die Phänomene der Aufklärung wurden in Deutschland weithin in (klassischer) Dichtung und idealistischer Philosophie begriffen (Kindermann). Vor allem zu einer Zeit als Deutschland politisch und militärisch unfähig war, sich im Konzert der europäischen Mächte zu behaupten und die Fürsten nur nach innen regierten, gab es als Gegenbewegung eine Hochstilisierung der inneren deutschen Werte (Nuss 1992).

– Als 1848 die Nationalversammlung in der Frankfurter Paulskirche mit ihren Reformen scheiterte, erhielt diese Entwicklung
nochmals einen Schub: Der Rückzug ins Private war Ausdruck
der Resignation und in manchen Ländern auch der Schutz vor
Verfolgung. Die bürgerlichen Schichten blieben bis zur Weimarer
Republik nachhaltig einflußlos auf politische Entscheidungen
und somit fehlte noch lange ein Impuls, den Rückzug aufzugeben.

Die sich bereits schwunghaft vollziehende Industrialisierung bewirk-
te eine ähnliche Entwicklung für die unteren Bevölkerungsschichten:
Sie riß die Großfamilien räumlich auseinander, der Vater war nun
nicht mehr zu Hause anwesend, später auch nicht mehr Mutter und
Kinder. Die Stärke und die Geschwindigkeit dieses Umbruchs, der
der Tradition der territorialen Familie völlig zuwidergelaufen ist,
wirkte als Schock. Die Gegenreaktion führte einmal mehr zum
Rückzug in Privatheit und familiäres Leben (Molz 1994).

Auch die ideologische Atmosphäre verstärkte den Trend:
– Als sich etwa um 1800 (europaweit) eine auf Gefühle und emotionalen Zusammenhalt konzentrierte Familie mit verinnerlichten El-
tern-Kind-Beziehungen herausbildete, war der Raum für diese Ver-
feinerung der Subjektivität und Emotionalität in Deutschland nur
in geringem Ausmaß der politische und soziale Raum, sondern
vielmehr der der Innerlichkeit: Familie, Literatur, Naturerfahrung,
Freundschaft heißen die Orte der eigentlichen Lebenserfüllung.
Das überhöht und bereichert die Privatsphäre um so mehr. Ab jetzt
bildet sich auch die Polarisierung der Geschlechtercharaktere heraus, und das in Deutschland mit einem besonderen Akzent wegen
des Fehlens einer bürgerlichen Öffentlichkeit (Bausinger 2000).
– Das deutsche Freundschaftsideal in der Romantik und im Idealismus war für alle Schichten von durchgreifender, spürbarer Effektivität. Es bestand aus einem »Höchstmaß an seelischer Vertrautheit, Gefühl und Wärme« (Kalberg 1988, S. 13) sowie le-
benslanger gegenseitiger Verpflichtung. Und das war wichtig:
Die Intellektuellen wurden nur durch echte Freunde in den aufgeklärten, autoritären Kleinstaaten aus ihrer Isolation befreit.
Den unteren Bevölkerungsschichten erlaubten Freunde die Wiederherstellung einer größeren Ersatzfamilie. Allen bringen das
Freundschaftsideal Orientierung und Stabilisierung im Zeitalter
massiven gesellschaftlich-wirtschaftlicher Umschwungs, der mit

der »Auflösung der alten sozialen Ordnungen und Bindungen«
einherging (Althaus et al. 1992, S. 102).

Der dritte Bereich zwischen Familie und Öffentlichkeit, das Vereins-
leben und das Festwesen, diente letztlich der Herstellung von Privatheit in der Öffentlichkeit (Althaus et al. 1992c; Kalberg 1988; Bausinger 2000) durch die Kombination eines harmonischen Gemein-
schaftsgefühls in der Welt Gleichgesinnter mit der – im Rahmen des
jeweils Möglichen – Formulierung und Vertretung diverser Interessen und der Übernahme öffentlicher Aufgaben in privater Regie: Bildung, Soziales, öffentliche Belange, politische Interessen. »In immer
neuen Wellen entfalten immer neue soziale Gruppen diese Gesellig-
keits- und Organisationsform für die Realisierung ihrer Interessen
und Bedürfnisse« (Althaus et al. 1992c, S. 103). Ihre politisch keineswegs neutrale Wirkung war nicht zu leugnen und sie unterlagen deshalb einer Menge Restriktionen.

Diese gesamte Entwicklung wäre vielleicht nicht so extrem ausgefallen, hätte nicht der *Protestantismus* dazu die Theologie geliefert: Luther trennt zwischen (a) »privater und religiöser Innerlichkeit« und
(b) »öffentlicher Welt« oder auch »gesellschaftlicher Äußerlichkeit«
(Münch 1993; Nipperdey 1991). Er entwickelte die Lehre von den
zwei Reichen:
a) Die Innerlichkeit bezieht sich auf das Neue Testament, die »Her-
zensmoral der Bergpredigt« (Troeltsch 1925), auf Gefühl, Glaube
und Vertrauen in Gott und ist zunächst einmal religiös definiert.
Eine Person verwirklicht sich in der Hingabe an Gott.
b) Die Äußerlichkeit bezieht sich auf die weltliche Lebensform, die
durch die Sünde notwendig wurde (Troeltsch 1925), also auf die
staatliche Ordnung und die beruflichen Normen. Die Politik
bleibt dem Landesherren überlassen. Der Untertan hat zu gehor-
chen bis auf die Anweisungen, die gegen die Gebote Gottes verstoßen – dann kann er darauf hinweisen oder fliehen, aber nicht
aktiv Widerstand leisten (vgl. *regelorientierte, internalisierte Kontrolle*). Hier hat eine Person zu funktionieren im Sinne des wie immer gearteten Gemeinschaftsgefüges.

Die beiden Sphären sind in der Folge streng voneinander getrennt:
Die Gesinnung muß sich nicht im Handeln äußern, wenn man das
Vertrauen auf Gott bewahrt. Das gesellschaftliche Handeln ist Rol-

lenhandeln – eine Zugabe aus der persönlichen Identität heraus ist dabei nicht notwendig (Münch 1993). Daher kann jemand in seinem Inneren ein ganz anderer sein, denn in der Innerlichkeit besteht Freiheit als Freisein von den Äußerlichkeiten des Lebens, den Kämpfen, dem Machtstreben, der Interessenverfolgung. »Innerlichkeit und christliche Gesinnung sind abgehoben vom äußeren Tun und Treiben der Welt, von der Welt der Institutionen, des Rechts, der Taten« (Nipperdey 1991, S. 43). Später lebt, wie wir gesehen heben, diese lutherische Innerlichkeit als Persönlichkeitsideal fort.

Eine letzte Welle, die das Phänomen *Trennung der Persönlichkeits- und Lebensbereiche* verstärkte, war der totale *Zusammenbruch* mit Ende des Dritten Reichs. Die moralische Verurteilung (außerhalb und innerhalb Deutschlands) allen politischen und öffentlichen Lebens dieser Zeit hatte noch einmal den gleichen Effekt: Abwendung vom Öffentlichen sowie Rückzug ins Private und in kleingruppenähnliche, familiäre Bezugsfelder als Ausdruck der Demütigung und als Versuch, mit dem Geschehenen irgendwie klarzukommen (Kalberg 1988; Klages 1987).

Vor allem die Niederlagen in den beiden Weltkriegen sowie die Rückständigkeit im Zeitalter der Territorialstaaten kulminierten in Deutschland zu einem immer wieder diskutierten negativen Selbstbild. Gleichzeitig werden Deutsche oft als arrogant und extrem selbstsicher wahrgenommen. Die Lösung des Widerspruchs lautet: Selbstsicherheit zeigt sich im Agieren in der *Rolle*, nicht generell und sicherlich nicht auf der Ebene einer nationalen Identität. Wo in der (kultur-) historischen Literatur überhaupt auf ein positives Selbstwertgefühl der Deutschen Bezug genommen wird, wird stets diese Ambivalenz thematisiert. Zwar bilden wirtschaftlicher Wohlstand, Achtung in der Welt aufgrund des politischen und wirtschaftlichen Wiederaufbaus und eine weitgehend normale Existenz als wohlhabender Industriestaat heute den positiven Lebensrahmen des deutschen Volks, doch wird der Frage nach der Identität als Deutscher mit Verlegenheit begegnet. Und das kann durch forsches Auftreten und Imponiergehabe überspielt werden (Krockow 1989). Denn der Stolz auf die prosperierende Ökonomie und damit verbundenen Leistungen ersetzt den Nationalstolz. »Daher die innere Unruhe, die sich hinter ihrer vordergründigen Selbstzufriedenheit und gelegentlichen Prahlerei verbirgt« (Sana 1994, S. 178).

■ »Schwacher Kontext« als Kommunikationsstil

So sehen andere die Deutschen

direkt, klar, ehrlich, aufrichtig, nicht diplomatisch (unfreundlich)	Australier, Brasilianer, Briten, Bulgaren, Chinesen, Inder, Japaner, Koreaner, Mexikaner, Spanier, Türken, Ungarn, US-Amerikaner
lieben Diskussionen, streiten in Meetings, widersprechen, unterbrechen, wenn sie einen Einwand haben	Brasilianer, Finnen, Japaner, Koreaner, Spanier
direkt mit Kritik	Spanier
wenig empfindlich, härter im Nehmen	Brasilianer
Hilfe wird nicht angeboten, man muß fragen	Brasilianer, Chinesen, Briten, Inder, Koreaner, Schweden, Spanier, Türken
antworten genau aus das, was gefragt wurde	Brasilianer
halten, was sie sagen	Brasilianer, Inder, Spanier
ja oder nein – keine Differenzierung	Inder, Japaner
gut einschätzbar, berechenbar, transparent	Chinesen, Tschechen
humorlos, nicht sarkastisch, nehmen alles wörtlich, keine Selbstironie	Briten, Koreaner, Spanier, Tschechen, Ungarn
machen alles schriftlich, viel Papier statt Kommunikation	Inder, Polen, Spanier
reden wenig, schweigen auch (z. B. beim Essen)	Brasilianer, Spanier, US-Amerikaner

Der Fachbegriff »Kontext« beschreibt das Phänomen, daß nie alle Informationen, die zur Orientierung in einer Situation erforderlich sind, mit Worten gesagt werden, sondern daß stets ein bestimmter Anteil unausgesprochen bleibt. Der Anteil des explizit und eindeutig Gesagten im Verhältnis zur Gesamtinformation, die in einer Situation vorhanden ist, variiert. Ist der Anteil der nicht-sprachlichen Botschaften hoch, dann handelt es sich um einen »starken« oder »Hoch-Kontext«. Ist der Anteil des verbal Formulierten und Nicht-Interpretationsbedürftigen hoch und damit der Kontextanteil gering, dann spricht man von einem »schwachen« oder »Niedrig-Kontext«.

Definition »schwacher Kontext«

Der deutsche Kommunikationsstil ist allseits bekannt für seine große Explizitheit und Direktheit: Deutsche formulieren das, was ihnen wichtig ist, mit Worten und benennen die Sachverhalte dabei klar und eindeutig. Die charakteristischen Elemente dieses Stils sind:

1. Das *Was* steht im Vordergrund, das *Wie* ist sekundär. Der Fokus ist vor allem auf die Sachebene gerichtet. Deutschen kommt es auf den Inhalt des Gesagten an (vgl. *Sachbezug*).
2. Daher reden Deutsche direkt, undiplomatisch, ohne Hintersinn, aber ehrlich und aufrichtig, ganz so, wie sie etwas sehen. Sie äußern ihre Meinung klar. Sie kommen ohne Umschweife und Umwege auf den Punkt.
3. Deutsche denken nicht daran, auf mögliche Empfindlichkeiten Anwesender besondere Rücksicht zu nehmen. So können ihre Aussagen verletzend wirken, obwohl das so nicht so gemeint und beabsichtigt war. Deutsche können sich schlecht herausreden, weil sie Ehrlichkeit als einen elementaren Baustein vertrauensvoller menschlicher Beziehungen ansehen.
4. Interpretationsspielraum zu lassen, ist kein Bestandteil dieses Stils. Deutsche wollen sich präzise, klar und unmißverständlich ausdrücken und daher formulieren sie das, was sie mitteilen wollen. Sie meinen das, was sie sagen; und sie sagen das, was sie meinen. Ergänzende Informationen müssen nur in einem sehr geringen Maß hinzugenommen, zusätzlich wahrgenommen oder aus dem Kontext des Gesagten entschlüsselt zu werden, um die Botschaft

zu verstehen. – Dieses Stils muß sich auch derjenige bedienen, der etwas will: Er muß es explizit sagen! Anspielungen oder Andeutungen werden schlicht nicht wahrgenommen.

5. Umgekehrt wird von Deutschen in die Dekodierung nur miteinbezogen, was ausdrücklich gesagt wird. Sie denken nicht daran, daß das, was ihnen gesagt wird, nur ein Teil der Botschaft sein könnte, der um weitere Signale ergänzt werden sollte, damit er verstanden werden kann. Sie hören explizit gesprochene Worte, halten das für den Inhalt, den man transportieren will und haben keine Ahnung, daß noch anderes zur zuverlässigen Entschlüsselung und Interpretation des Gesagten hinzu genommen werden muß.

6. Im Zusammenhang mit ihrer *Zeitplanung* und der Bevorzugung von *formellen Strukturen* zum Informationsaustausch denken sie zudem nicht daran, daß man ihnen Information eventuell an diversen Orten und zu diversen Zeitpunkten informell, nebenbei, in Form eines Small talks gegeben hat, und sie diese wie ein Puzzle selbst zusammensetzen müssen. Sie selbst streuen ihre Informationen nämlich nicht, sondern bringen sie gebündelt zum entsprechenden Tagesordnungspunkt der Besprechung oder verteilen sie zusammengefaßt per Arbeitspapier. Entsprechend fühlen sie sich ganz häufig nicht oder mangelhaft informiert.

Direkte Kommunikation: Keine Doppelbödigkeit

In einem interkulturellen Training zu Deutschland, bei dem die Teilnehmer am ersten Nachmittag in Rollenspielen ihre Haupteindrücke von Deutschland darstellen und Szenen nachspielen, die sie als ganz besonders typisch deutsch erleben, spielt eine Amerikanerin zusammen mit dem einzigen deutschen Gast im Seminar folgendes Erlebnis: Sie hat einen deutschen Freund, mit dem sie zusammenlebt. Sie hat sich in der Stadt einen neuen Pullover gekauft, kommt nach Hause, zieht ihn an und fragt ihren deutschen Freund: »Wie gefällt dir mein Pullover?« Dieser findet den Pullover einfach nur häßlich und antwortet: »Um ehrlich zu sein, ich find' ihn häßlich.« Alle lachen und sagen: »Genau. Das können wir uns gut vorstellen, daß das genauso passiert ist. Das ist typisch.« Der deutsche Protagonist ist verwundert und fragt die Amerikanerin: »Warum? Was hätte ich denn sagen sollen?« – »Na, ja, etwas Charmanteres. Daß das die neue Mode ist, daß er bunte Farben hat . . . Irgend etwas in dieser Richtung.« Der Deutsche läßt nicht locker: »Aber warum?« – »Weil ich dachte, daß du mich liebst.« Daraufhin der Deutsche ganz spontan: »Ja, wenn du mich gefragt hättest, ob ich dich liebe, hätte ich ja gesagt. Aber du hast gefragt, wie mir der Pullover gefällt!«

Ein Spanier bekommt als Projektleiter für ein Softwaresystem die verschiedenste Software auf den Tisch um sie zu prüfen. Eine Ingenieursgruppe liefert ihm eine Neuentwicklung ab, die gravierende Schwächen aufweist. Der spanische Projektleiter laviert daraufhin in der Besprechung hin und her, die getestete Software sei nicht elegant, ob man eventuell hier und dort etwas ändern könne. Die deutschen Ingenieure verstehen seine Äußerung so, daß die Software zwar nicht elegant sei, aber tauglich. Dem Spanier wird heiß: Wie kapieren das die Deutschen, daß ihre Arbeit offen gestanden schlecht ist? Während er nach einer Formulierung sucht, kommt ihm ein deutscher Kollege zu Hilfe, der klipp und klar sagt, dieses und jenes sei einfach schlecht und nicht gelungen. Der spanische Projektleiter zuckt zusammen und erwartet eine emotionale Entladungen, doch die bleibt zu seiner Überraschung aus. Die Deutschen beginnen vielmehr eine Diskussion über die Schwächen und deren Ursachen und etwaige Änderungsmöglichkeiten. Eine Eskalation bleibt aus, alle debattierten sachlich. Dieselben Worte würden in Spanien zu tiefen Haßgefühlen bei den Kritisierten führen, wohingegen die Deutschen sachlich sehr hart diskutieren, die Kritik aber nicht persönlich nehmen und bereits am Nachmittag wieder lachen und zusammen Kaffee trinken.

Das deutsche Muster, direkt zu sein, ist (für uns Deutsche) ziemlich einfach: Wir kommunizieren ohne doppelten Boden. Auf eine klare Frage gibt es eine klare Antwort. Auf eine klare Aussage gibt es einen klaren Kommentar – weithin ohne Schnörkel, ohne »Geschenkpapier«, ohne Umschweife. Das halten wir menschlich für ehrlich, aufrichtig, authentisch und glaubwürdig, beruflich für professionell, da zielführend und zeitsparend, und es erspart Mißverständnisse. Das sind für uns positive Werte! Möglich ist dieser Stil, weil der inhaltliche Fokus klar auf der Sachebene liegt (vgl. *Sachorientierung*).

Ein spanischer Manager arbeitet seit zwei Jahren in Deutschland in der Entwicklungszentrale einer internationalen Firma auf einem sehr speziellen Gebiet. Im gleichen Arbeitsbereich ist im Moment eine Stelle in Paris frei, die dringend besetzt werden soll. Die deutsche Zentrale spricht den spanischen Manager an, ob er Interesse an der Stelle in Paris hat, nennt ihm die Kontaktpersonen und deutet ihm das Verfahren zur Entlassung aus dem momentanen Arbeitsvertrag in den Pariser Arbeitsvertrag an. Der Spanier ist sehr erstaunt. Die Deutschen, mit denen er spricht, sehen nur die Stelle: Sie muß besetzt werden, dafür suchen sie jemanden; nimmt er sie, kriegt er sie; wenn nicht, suchen sie einen anderen. Sie berücksichtigen dabei überhaupt nicht und mit keinem Wort die Menschen: daß er bei einem Stellenwechsel seinen Chef oder einen Kollegen verletzen könnte, daß das ein Signal an seine spanische Firma wäre, offensichtlich andere Länder Spanien vorzuziehen und so weiter. Wie können Deutsche nur so undiplomatisch sein und Personen derart bei Seite lassen?

Wenn wir eine Aussage abpuffern, dann oft durch explizit ausgesprochene Hinweise: »Also wenn Sie mich um meine Meinung fragen, dann . . .« Oder: »Um ganz ehrlich zu sein, ich finde . . .« Und jetzt erst kommt die Aussage klar, eindeutig und »brühwarm«. Wenn wir das Gefühl haben, unsere Meinungsäußerung könnte kränken, dann schieben wir vielleicht voraus, daß die betreffende Person unsere nun folgende Aussage bitte »nicht persönlich nehmen« sollte oder wir »jetzt nur zur Sache X Stellung nehmen«. Wünsche und Anweisungen werden ebenso lediglich durch den Konjunktiv oder ein »bitte« abgeschwächt. Das alles sind Formen, mit denen wir uns als höflich und rücksichtsvoll erweisen und gleichzeitig unserer hochgeschätzten Ehrlichkeit und Wahrhaftigkeit nachkommen. Wir sagen (außerhalb des Liebeswerbens im Anfangsstadium) nur sehr selten etwas zur Verbesserung der Atmosphäre oder aus übertriebener Höflichkeit, was wir gar nicht meinen! Das hätte schnell den Geruch des Heuchlerischen und Falschen. Und eine Person, die nicht ehrlich und aufrichtig ist, behandeln wir vorsichtig und mißtrauisch: Was will derjenige? Was ist seine eigentliche Absicht? – Ein Koreaner, der bereits in Deutschland war und Tips an seine Landsleute weitergab, formulierte das einmal so: »Die Leute lügen nicht. Sie haben nicht zweierlei Gesinnung, eine zum Reden und eine zum Denken. Deshalb hegt man auch als Hörer keinen Zweifel daran, was der andere sagt oder denkt. Der Begriff ›geheime Absicht‹ existiert, so glaube ich, in Deutschland gar nicht.«

Die deutsche Hilfsbereitschaft basiert sehr oft ebenfalls darauf, daß derjenige, der etwas will, klar darum fragen oder bitten muß. Und wenn er mehr will, ist es nochmals angezeigt, auch nach weiteren Information oder weiterer Unterstützung zu fragen.

Eine Amerikanerin will sich einen kleinen Schraubenzieher kaufen, um ihren Walkman zu reparieren. Sie geht in die Uhrenabteilung eines großen Kaufhauses und fragte dort den Uhrmacher, wo man in diesem Geschäft ein solches Werkzeug bekommen kann. Der Mann antwortet nur: »Nein, hier können Sie so etwas nicht kaufen, im ganzen Haus gibt es keinen solchen Schraubenzieher.« Dann wendet er sich ohne ein weiteres Wort wieder seiner Arbeit zu. Die Amerikanerin hat in dieser Situation eigentlich erwartet, daß er ihr vielleicht einen Tip gibt, wo man in der Stadt ein solches Werkzeug besorgen kann. Sie ist sehr verärgert über diesen Mann und fragt sich, ob ein Geschäft es sich leisten kann, Kunden derart schlecht zu bedienen.

Frau Smetana hat ihre Stelle erst vor kurzem angetreten und braucht daher manchmal Hilfe der deutschen Kollegen, zumal ihr Deutsch auch noch nicht so gut ist. Sie wendet sich wieder mit einer Bitte um Formulierungshilfe an einen deutschen Kollegen. Der antwortet ihr: »Ich kann Ihnen jetzt bei diesem Problem nicht helfen, weil ich keine Zeit habe.« – Frau Smetana ärgert sich und hält den Kollegen für unsympathisch.

Ein problematischer Dauerbrenner mit uns Deutschen ist unsere Zeitnot (vgl. *Zeitplanung*) – das gilt grundsätzlich und auch weil wir das offen zugeben! In der deutschen Antwort »Ich habe keine Zeit« wird praktisch nie der Inhalt für bare Münze genommen, daß wir wirklich *jetzt* keine Zeit haben, sondern das wird immer als kalte und unhöfliche Abfuhr erlebt und entsprechend interpretiert. Noch ein Dauerbrenner:

Ein Franzose trifft einen ihm sympathischen deutschen Kollegen mit seiner Frau am Samstag beim Einkaufen. Sie unterhalten sich ein bißchen auf der Straße, als der deutsche Kollege sagt: »Wissen Sie was, ich hab' Hunger. Gehen wir essen in die Pizzeria dort?« Der Franzose ist einverstanden. Nachdem alle gegessen haben, zahlt der Deutsche für sich und seine Frau, wartet einen Moment und fragt dann den Franzosen, ob er noch nicht zahlen möchte. Dieser zahlt, ist aber innerlich empört. Er hatte den Vorschlag seines deutschen Kollegen als Einladung aufgefaßt.

Wenn Deutsche keine Einladung aussprechen (»Ich lade Sie ein«, oder: »Das geht auf meine Rechnung«), dann laden sie auch nicht ein. Umgekehrt kommen sie auch nicht auf die Idee, daß eine ausgesprochene Einladung keine sein soll, sondern ein höflicher »Streit« entstehen soll, wer zahlen darf.

Eine Geschäftsfrau aus China besucht Freunde in Bayern, die sie schon sehr lange kennt. Obwohl sie weiß, daß es bei Deutschen selten vorkommt, daß sie Bekannte einladen über Nacht zu bleiben, wird sie gebeten zu bleiben und zum Essen eingeladen. Da ihr der Besuch sehr gefällt, behält sie es bei, ihre Freunde jedes Jahr zu besuchen. Immer, wenn sie zufällig in der Nähe ist, macht sie halt und man geht ins Restaurant. Die Deutschen nehmen jedesmal, wenn sie eingeladen werden, dankend an. Die Chinesin ist jedoch sehr verwundert darüber, daß ihre alten Freunde sich jedesmal einladen lassen und nie daran denken, selbst Gastgeber zu sein.

In der Sprachabteilung eines deutschen Instituts gehen Beschwerden von Chinesen ein, daß die Studenten in ihren deutsche Gastfamilien nichts zu essen bekommen würden. Die Leiterin des Sprachunterrichts ist sehr verwundert darüber und geht der Sache nach. Ein typischer Fall: Eine Studentin kommt nach Hause und die Gastmutter bietet ihr etwas zu essen an. Die Studentin lehnt höflich ab. Die Gastmutter ist enttäuscht, daß die Chinesin scheinbar auch dieses Essen nicht mag und bietet ihr etwas anderes an. Die Chinesin lehnt höflich ab. Die Gastmutter hat noch etwas in Reserve und bietet jetzt diese Speise an. Die Chinesin lehnt höflich ab. Jede Ablehnung ist begleitet von Worten wie: »Machen Sie sich keine Umstände. Ich habe wirklich keinen Hunger.« Nun gut, denkt sich die Gastmutter, dann eben nicht. Und die chinesische Studentin bekommt wieder einmal kein Abendessen.

Derartige Szenen gibt es in abgeschwächter Form auch zwischen Deutschen und Osteuropäern und deren Einstellung lautet in solchen Szenen: Man hätte mich durchaus ein bißchen mehr »nötigen« dürfen.

Andersherum betrachtet heißt der Tip für Sie, verehrter nichtdeutscher Leser, daß Sie deutsche Aussagen im allgemeinen nicht interpretieren müssen, ich würde sogar sagen, nicht interpretieren dürfen. Die Botschaft ist formuliert. Auch schriftliche Aussagen und Briefe von Deutschen müssen im allgemeinen nicht mehr gedeutet werden. Das, was mitgeteilt werden soll, steht schwarz auf weiß. Ende.

Explizite Kommunikation: Was wichtig ist, wird auch in Worten formuliert

Deutsche fallen vielen auch auf als Personen, die bei beruflichen Begegnungen alles ausführlich und detailliert darlegen, ohne zu prüfen, ob der nicht-deutsche Partner diese Informationen braucht. Diese Eigenart mag aber ganz verschiedene Hintergründe haben:
– In einem Fall will der Deutsche durch exakte Erklärungen lediglich erreichen, daß alles glatt läuft, weil der ausländische Kollege die Hintergründe, die Ursachen und die Zusammenhänge kennen soll, um das ganze Arbeitsfeld zu beherrschen.
– In einem anderen Fall will jemand seine Kompetenz nur von neuem zeigen und beweisen, daß er seine Position aufgrund seiner Sach- und Fachkenntnisse zu Recht inne hat. Durch ausführliche

Erklärungen kann er sich in ein gutes Licht rücken und seinen Sachverstand beweisen (»Der hat was drauf!«).

Eine schwedische Professorin hat, wie jedes Jahr, deutsche Austauschstudenten in ihrem Seminar. Inzwischen wartet sie schon regelrecht auf Wortmeldungen der Deutschen, die dann mehrere Minuten lang sprechen, um am Ende eine relativ banale Frage zu stellen. Nach ihrem Empfinden geht es den Deutschen nicht um die Frage, sondern um die Möglichkeiten zur Selbstdarstellung.

– Im dritten Fall sollen alle Teilnehmer der Runde auf den gleichen Informationsstand gebracht werden, obwohl vielleicht nur ein paar Personen von einem bestimmten Tagesordnungspunkt betroffen sind, sitzen doch alle und sollen zuhören (Menschen mit einem anderem Kommunikationsstil sehen das als extreme Zeitverschwendung an.)
– In der nächsten Situation bieten Deutsche eine Menge ihres Know-hows explizit aufbereitet in schriftlicher oder in Präsentationsform an, um ihre Kooperationsbereitschaft zu signalisieren.
– Und schließlich fordern Deutsche für alles die Schriftform an, für Protokolle, Dokumentationen, Gesprächsnotizen etc.

Dennoch ist der gemeinsame Nenner all dieser Situationen der, daß eine Sache dann erledigt scheint, wenn sie explizit mit Worten bearbeitet und »abgearbeitet« wurde. Da Deutsche eindeutige Kommunikation bevorzugen, werden von ihnen auch schriftliche Nachrichten hoch geschätzt: Was wichtig ist, wird aufgeschrieben.

Explizit ist auch die Art, wie Deutsche Beziehungen aufbauen und pflegen: Mit Sprache wird die Wirklichkeit gefestigt. Ein Deutscher sagt, was er will, was er beabsichtigt, welcher Ansicht er ist, wie er sich fühlt. Zusammengefaßt: Deutsche definieren ihre Situation für andere mit Worten und gehen davon aus, daß die Angesprochenen das ernst nehmen und sich in ihren Reaktionen darauf einstellen. So ist es möglich, daß Individuen sich durch Gespräche kennenlernen, weil sich jeder der Partner in gewissem Sinne offenbart. So ist es möglich, daß sie Vertrauen aufbauen, wenn die Ansichten der beiden Partner in wesentlichen Punkten übereinstimmen. Beziehungen werden weithin über Sprache vermittelt, also über Meinungsaustausch oder Feedback. Beziehungen – und das gilt jetzt vor allem für engere Kontakte – werden weniger durch pures Zusammen*sein* hergestellt als durch Sprechen. Für Deutsche werden dabei auch die Gefühle, die man füreinander empfindet, nicht dadurch zerstört, daß man über sie spricht – im Gegenteil! Durch offene, auch gefühlsintensive Gespräche werden die Beziehungen noch enger und vertrauter. Es wird als schön erlebt, mit jemandem »über alles reden zu können« – auch über unangenehme, problematische Themen oder eigene Fehler und Schwächen. Menschen aus impliziten Kulturen finden diesen Stil oft geradezu als Zerstörung der lebendigen Gefühle und der guten Beziehungsebene: Wenn wir miteinander darüber reden, was wir empfinden, töten wir das Gefühl, sagen Russen. Tschechen benutzen für Feedback das Bild »Hier wird jemand bei lebendigem Leibe seziert.«

Außerdem gilt: Je vertrauter Individuen miteinander sind, je näher sie sich stehen (vgl. *Distanzregulierung*), um so schneller und offener sagen sie einander direkt die Meinung, zeigen einander explizit die Gefühle und besprechen sie miteinander.

Deutsche haben aufgrund ihres Kommunikationsstils die große Schwierigkeit, Kontextsignale, die Menschen aus anderen Kulturen senden, einfach nicht wahrzunehmen. In die Dekodierung des Gesprochenen wird nämlich nur miteinbezogen, was ausdrücklich gesagt wurde. Anspielungen, Andeutungen, Erwähnungen werden nicht registriert. Die Idee existiert nicht, daß solche Zeichen Bestandteil einer normalen Kommunikation sein könnten. Die Aussage »Ich habe das gesagt« stimmt für Deutsche nur, wenn diese Aussage tatsächlich so gesagt wurde und zwar zu einem Zeitpunkt, an dem für Deutsche dieser Inhalt das Thema war. Eine nebenbei hingeworfene Bemerkung oder eine informelle Information (vgl. *Trennung von Lebensbereichen*) wird vermutlich nicht registriert. Um so weniger beachten Deutsche Bedingungen, unter denen eine Aussage gemacht wurde, oder Umstände für das Verhalten als Bestandteil der Botschaft. Darauf wurde ja vom Sprecher überhaupt nicht Bezug genommen, insofern – so die deutsche Logik – haben sie mit dem Inhalt der Aussage nichts zu tun.

Deutsche Manager in Tschechien klagen immer wieder darüber, daß tschechische Mitarbeiter, ohne ihre Unzufriedenheit mitzuteilen, kündigen. Fragt man die Tschechen, warum sie sich nicht vorher äußern, erhält man durchgängig zur Antwort, sie würden das seit Monaten mitteilen, indem die Stimmung sinkt, informelle Kontakte weniger werden, der eigene Arbeitsplatz nicht mehr liebevoll ausgestattet wird und so weiter.

Eine Gruppe ungarischer Mitarbeiter ist in Deutschland, um ein neues Software-Programm kennenzulernen. Die deutschen Kollegen überlegen sich einen gemeinsamen Ausflug in die romantische Nachbarstadt mit Stadtbesichtigung, Bootsfahrt, Essen im Biergarten. Sie organisieren auch die finanzielle Seite, so daß die Ungarn eingeladen werden können. Das Wetter ist schön gemeldet, und so schlagen die Deutschen vor, diesen Ausflug doch am heutigen Abend zu machen. Die Ungarn sagen »ja«. Um 18 Uhr stehen allerdings nur die Deutschen am Treffpunkt. Sie warten, aber die Ungarn kommen nicht. – Am nächsten Tag sagen die Ungarn den ganzen Vormittag kein Wort dazu, warum sie am Vorabend nicht gekommen sind. Beim Mittagessen halten es die Deutschen nicht mehr aus und fragen: »Wo ward Ihr gestern? Warum seid ihr nicht gekommen?« Die Ungarn antworten, sie seien im Hotel gewesen und früh ins Bett gegangen, denn diese Woche sei sehr anstrengend, das neue Softwareprogramm und ständig alles in deutscher Sprache. Die Deutschen sind platt: Das Treffen am Abend war doch ausgemacht! – Nun ja, für die Ungarn war das nicht so klar. Was hätten sie denn anderes sagen sollen, als »ja« bei einer offensichtlich so freundlich gemeinten Geste? Sie hatten aber sonst wenig Begeisterung gezeigt, damit war ihre Botschaft doch klar. Niemand von ihnen hat nachmittags über den Ausflug gesprochen oder nachgefragt und um 17 Uhr hat sich sogar noch einer von ihnen eine Kopfschmerztablette geben lassen, was signalisierte, wie abgespannt dieser und wahrscheinlich auch die anderen waren.

Ein australisches Ehepaar hat sich mit seinem Nachbarn wirklich herzlich angefreundet. Der Deutsche hat bereits gelernt, daß er jederzeit und ohne Terminabsprache zu den Australiern kommen kann. Und er macht das gern: Oft schaut er abends vorbei. Doch, was er zum Leidwesen der Australier nicht bemerkt, sind die Signale, die ihn zum Gehen bewegen sollen. Wenn jemand unruhig wird, aufsteht und mit einer Arbeit beginnt, ist ihm das nicht das Zeichen zum Aufbruch. Die Lösung besteht darin, daß sich eines Tages der Australier ein Herz nimmt und für sein Empfinden ganz unhöflich sagt: »Es ist wirklich schön, dich als Freund zu haben und soviel Zeit mit dir zu verbringen. Aber jetzt haben wir beide noch etwas zu tun. Würde es dir etwas ausmachen, wieder zu gehen?« Das war für den Deutschen überhaupt kein Problem! Der Deutsche dankte für den klaren Hinweis, verabschiedete sich bis zum nächsten Besuch und fort war er.

Umgekehrt nehmen Deutsche nicht nur den Kontext der Botschaften anderer zu wenig wahr, sie bedenken auch als Sender den Kontext zu wenig, wenn sie selbst etwas sagen. Wird beispielsweise jemand nach seiner Meinung gefragt, äußert er diese. Er überlegt sich nicht, wie seine Aussage in einer bestimmten Situation wirkt oder was es bedeuten kann, wenn er als Inhaber einer bestimmten Position eine Aussage trifft. Er geht davon aus, daß derjenige, der ihm etwas zu entgegnen hat, sein Wort schon erheben wird. Denn jetzt ist ja offensichtlich Meinungsäußerung gefragt. Und hinterher ist der Deutsche über die Wirkung seiner Worte womöglich völlig erstaunt.

Ein deutscher Chef betreut mit seinen tschechischen Mitarbeitern den Stand seiner Firma auf einer Messe. Der Stand befindet sich in einer großen Halle direkt neben dem Eingang – einem äußerst günstigen Platz. Leider ist die Eingangsfront voll verglast, das Wetter ausnahmsweise schön und die Klimaanlage defekt. Alle schwitzen und irgendwann, schon gegen Abend, sagt der deutsche Chef:»Hier ist es ja kaum auszuhalten!« – Am nächsten Tag kann der Chef erst am Nachmittag zum Stand kommen. Doch der ist weg! Er findet ihn wieder am hinteren Ende der Messehalle. Völlig aufgebracht fragt er seine tschechischen Mitarbeiter, was das soll, und erhält zur Antwort, daß man eben heute sehr früh gekommen sei und den Stand an einen schattigen Ort verlegt habe. Im Verlauf des beiderseits durch Irritationen geprägten Gesprächs fragt der Deutsche:»Wer zum Kuckuck hat denn beschlossen oder gesagt, daß wir den Stand von dem günstigen Platz wegnehmen?«»Ja, Sie!«, erhält er zur Antwort.

Konfliktkonfrontation

Besonders verwunderlich und womöglich sogar beängstigend wirkt der deutsche Kommunikationsstil dann, wenn es um unangenehme Botschaften und Gespräche geht. Deutsche erscheinen oft recht konfrontativ und alles andere als konfliktscheu: Deutsche sprechen Fehler an, äußern Kritik, benennen und analysieren Probleme und Schwierigkeiten, vertreten ihre Meinung in Auseinandersetzungen. Kurz: Sie konfrontieren sich und andere mit Konflikten. Dabei betrachten sie Konflikte nicht per se als schlecht. Konflikte können Probleme aufzeigen, denen man sich zuwenden sollte. Als wenig konfliktscheu werden Deutsche in den folgenden Bereichen erlebt.

Selbstbehauptung

Hinsichtlich ihrer Selbstbehauptung kämpfen sie argumentativ für ihre Position. Offene Meinungsäußerung stellt einen Wert dar; Stellungnahmen und Ablehnungen werden unverblümt und deutlich ausgedrückt. Wenn Deutsche etwas wollen, dann sagen sie das so klar, daß viele andere es als fordernd erleben. Deutsche diskutieren gern und legen dabei logische Fehler, Irrtümer, Unklarheiten und Widersprüche bloß in der Überzeugung, damit der Wahrheitsfindung zu dienen. So ist es etwa eine der schwierigsten Lektionen für

Japaner, um sich in Deutschland eingewöhnen zu können und im Geschäft als Partner akzeptiert zu werden, ihre eigene Meinung laut und deutlich zu sagen und dem eigenen Standpunkt auch immer wieder Nachdruck zu verleihen. Tun sie es nicht, gehen sie schlichtweg unter im Kontakt mit Behörden genauso wie in betrieblichen Besprechungen.

Deutsche sagen es, wenn sie etwas nicht machen wollen oder können; sie benutzen ein klares Nein. Dabei ist ein Nein nicht unhöflich, sondern vermeidet Mißverständnisse.

Ebenso widersprechen Deutsche klar, wenn sie anderer Meinung sind. Manchmal sind sie im Widersprechen schneller als beim gründlichen Zuhören.

Deutsche äußern vielfach auch ihren Chefs gegenüber Beschwerden und Unzufriedenheiten explizit. Sie benennen die Dinge, die ihnen nicht gefallen.

Diskussionen unter Deutschen empfinden viele als deutlich aggressiv. Wenn ein Deutscher von einer Sache nichts hält, Fehler oder Probleme sieht, dann sagt er das. Die Diskussionspunkte werden »ausgefochten«, jeder bezieht Stellung und die jeweiligen Kontrahenten verteidigen ihre Position. Damit werden kontroverse Positionen bezogen, es wird gekämpft, was für Asiaten besonders erschreckend wirkt. Man drückt seine Meinung offen aus und zeigt die Gefühle, die man damit verbindet, klar in Stimme, Gestik und Mimik. Man hinterfragt die Position des anderen und fordert den Widerspruch geradezu heraus. In einer Teamdiskussion, in der um Lösungen gerungen wird, ist es mitunter geradezu unprofessionell und feige, seine Stimme bei wichtigen Themen nicht zu erheben, wenn man anderer Meinung ist.

Diesen Stil betrachten Deutsche als sachdienlich, denn er gewährleistet, daß vermutlich alle wesentlichen Aspekte auf den Tisch kommen und damit eine gute Lösung gefunden werden kann. Grundsätzlich gilt dabei: Jeder kann, darf und soll seine Meinung sagen. Die Frage, inwieweit diese Meinung dann tatsächlich Einfluß hat, bleibt freilich offen. Das hängt vom Kontext, von den Personen und der Stärke der Argumente ab.

Ein in Deutschland lebender Engländer nimmt an einer Besprechung teil, in der über den nächsten Schritt einer technischen Entwicklung entschieden werden soll. Er ist sehr erstaunt über den Umgangston der Deutschen: Der Gruppenleiter hat eine feste Meinung, die er mit Bestimmtheit vertritt und begründet: »So ... muß das gemacht werden, weil ...!« Ein anderer Kollege, ein offensichtlich erfahrener Ingenieur, ist von einem anderen Weg überzeugt und legt diesen mit größtem Nachdruck dar. Beide argumentieren – für das Empfinden des englischen Kollegen – sehr laut und aggressiv. Die anderen Teilnehmer werden zunehmend ruhiger und sagen schließlich gar nichts mehr. – In der Entscheidung wird dann dem Gruppenleiter gefolgt. Dem Engländer ist gar nicht wohl in seiner Haut: Warum sprechen Deutsche in einem solchen Ton miteinander?

Bei Konflikten muß man hart auftreten und etwas verbal wirklich ausfechten. Wenn man sich dann einigt, dann ist die Sache ausgestanden und die gemeinsame Lösung gilt (vgl. *regelorientierte, internalisierte Kontrolle*).

Mary Smith, eine Engländerin, arbeitet in einem Übersetzungsbüro, in dem die Aufträge der Kunden entgegengenommen und an diejenigen weitergeleitet werden, die dann übersetzen. Eines Tages hat ein Kunde eine Urkunde zum Übersetzen in Auftrag gegeben. Am Tag darauf kommt er jedoch wieder und teilt mit, er brauche die Übersetzung jetzt nicht mehr. Frau Smith kann ihm aber die Urkunde nicht mehr zurückgeben, weil sie bereits bei einer Übersetzerin liegt und schon bearbeitet wurde. Als sie das dem Kunden erklärt, wird dieser ärgerlich und schimpft: Er könne nicht begreifen, daß die Urkunde nicht mehr hier wäre. Er werde auf keinen Fall bezahlen! Frau Smith weicht erschrocken hinter ihrem Schalter zurück. Zum Glück kommt ihr eine deutsche Kollegin zu Hilfe, die dem Kunden noch einmal die gleiche Auskunft gibt, aber in einem heftigen Tonfall. Der Kunde schimpft noch eine Zeitlang und die Kollegin kontert, ebenfalls in einem unfreundlichen Ton. Letztlich sieht der Kunde ein, daß die Angelegenheit nicht anders zu regeln ist, und bezahlt.

Die Beziehung zwischen dem aus Großbritannien stammenden Personalchef und einem seiner Mitarbeiter ist seit einiger Zeit beeinträchtigt. Der Personalchef fühlt sich von diesem deutschen Mitarbeiter oft hart angegriffen und massiv provoziert, wenn sich beide in Besprechungen treffen. Der Personalchef beschließt, sich dieses aggressive Verhalten nicht mehr länger gefallen zu lassen. Er sah sich geradezu gedrängt, demnächst hart durchzugreifen. Eines Tages rief jener Mitarbeiter wieder an und beschwerte sich über verschiedene Vorgänge und eine Stellungnahme seines Chefs. Nun schien der Moment zum Gegenangriff gekommen zu sein. Nach einer gewichtigen Kommunikationspause hob der Engländer an: »Ja, das sehe ich heute noch genauso. Jetzt hören Sie mir mal zu ...« und er sagte seinem Mitarbeiter so richtig die Meinung. Wieder trat eine bedeutsame Pause ein. Der Personalchef glaubte, seinen Ohren nicht zu trauen wie der Deutsche reagierte: »Jetzt lerne ich Sie endlich einmal kennen. Jetzt können wir richtig miteinander reden.«

Umgang mit Kritik

Deutsche schrecken vor Kritik nicht zurück, sondern äußern Kritik relativ offen und aufrichtig. Sie sprechen direkt an, was ihnen nicht gefällt und womit sie unzufrieden sind. Ihr Kritikverhalten sehen sie dabei unter sachlichen Aspekten: Sie sind überzeugt, daß sie mit einer »konstruktiven Kritik« lediglich eine Verfehlung kritisieren oder auf einen Mißstand aufmerksam machen, aber nicht die Person treffen wollen, die diesen Fehler begangen hat. Eine Rücksichtnahme auf soziale Faktoren (wie persönliche Empfindsamkeiten, Alter, Geschlecht oder darauf, ob jemand an einer Rückmeldung interessiert ist) erscheint aus dieser Perspektive geradezu als unwichtig. Daher kommt ihnen auch eine betont positive Einleitung zu einem Kritikgespräch eher heuchlerisch als nützlich vor.

Zudem gilt in Deutschland oft der Spruch: Nichts gesagt, ist genug gelobt. Das bedeutet, daß man tendenziell davon ausgeht, daß jeder normalerweise sein Bestes tut (vgl. *regelorientierte, internalisierte Kontrolle*), so daß das auch gar nicht hervorgehoben werden muß, sondern nur die Schwachstellen zu benennen sind, damit sie nachgebessert werden und auf diese Weise für ein nächstes Mal klargestellt ist, wie das Ergebnis perfekt auszusehen hat. Demzufolge ist das, was nicht erwähnt wird, in Ordnung und so gesehen auch ein Feedback.

Natürlich freut sich auch jeder Deutsche über eine ausdrückliche positive Anerkennung und dieser Stil wird auch in Managementseminaren gelehrt. Aber »Lobhudelei« gehört nun mal nicht zum deutschen Kulturgut. Da kann es manchmal helfen, sich selbst ins rechte Licht zu rücken.

Indische Software-Ingenieure entwickeln einen Baustein für ein Produkt, das dann in Deutschland zusammengesetzt und dort aus vertrieben wird. Es gibt einen Zieltermin, an dem das Produkt fertig sein soll. Doch ein wesentlicher Teil der Kundeninformation, die die Inder für die Entwicklung brauchen, hängt scheinbar in Deutschland fest und wird einen Monat später als im Zeitplan vorgesehen nach Indien weitergegeben. Die Inder arbeiten nun auf Hochtouren, um den ursprünglichen Zieltermin so gut wie möglich einzuhalten und scheuen weder Nacht- noch Wochenendarbeit. Doch die Sache ist kompliziert und das Produkt ist daher erst zwei Tage nach dem Zieltermin auf dem Weg nach Deutschland, bis zur Ankunft dort sind zwei Wochen Zeitverzögerung eingetreten. Die Inder erhalten eine nicht gerade freundliche Rückmeldung, dabei werden dann noch ein paar relativ unwichtige Schwachstellen der indischen Arbeit aufgezeigt. Es gibt von deutscher Seite kein Wort des Dankes, kein Wort des Lobs, kein Wort des Verständnisses für die Transportprobleme von Indien nach Deutschland, aber unverhohlene Kritik. Die indische Crew ist enttäuscht und fühlt sich nicht genügend anerkannt.

Etwas kritisch zu sehen, wird sogar oft als Zeichen von Intelligenz und Sachverstand betrachtet. Wer keine skeptischen Anmerkungen oder kritischen Fragen hat, ist sich wohl der Problematik einer Sache nicht ganz bewußt. Denn nichts ist nur positiv, und reine Begeisterung ist einfach nur naiv, und eine solche Person gilt als unreflektiert – so eine weitverbreitete Überzeugung in Deutschland.

In einer Talkshow sprechen ein schwedischer Regisseur und mehrere deutsche Filmfachleute über den neuesten Film des Schweden. Zur Verblüffung des Schweden fragen die deutschen Gesprächsteilnehmer aber nicht nur, sondern greifen ihn für sein Gefühl richtiggehend an: Warum er dies oder das gemacht habe, warum er das so und nicht anders gemacht habe, wie er das meine, warum er das oder jenes nicht berücksichtigt habe und so weiter. Der Schwede, der glaubte, über seinen Film erzählen zu können, fühlt sich zunehmend unwohl und wird immer stiller und stiller. Er empfindet die Deutschen als sehr aggressiv.

Probleme lösen

Wenn es Probleme zu lösen gilt, sind Deutsche davon überzeugt, daß nur durch eine schonungslose Problemanalyse und das gnadenlose Ansprechen von Schwachstellen eine Optimierung von Produkten und Vorgängen möglich ist: Erst wenn die Probleme erkannt sind, kann man an eine Fehlerbehebung gehen.

Der Umgang mit Fehlern erstaunt viele. Im Sinne der *regelorientierten, internalisierten Kontrolle* ist es einerseits wichtig, daß jemand um seinen Fehler weiß und ihn akzeptiert; aber andererseits ist es wichtig, nicht als unorganisiert, unzuverlässig, schlampig dazustehen. Deshalb wird so jemand sich rechtfertigen und seine Gedanken und die Prozesse, wie es zu diesem Fehler geführt haben, darlegen. Das dient natürlich der Gesichtswahrung und der Schuldentlastung, das dient aber auch so und so oft tatsächlich dazu, die ursächlichen Fehlerquellen – bei wem oder woran immer sie liegen – aufzuspüren. Diese gesamte Problemanalyse kann wiederum ein Lehrstück dafür sein, Fehlerquellen für die Zukunft auszuschließen. Sie ist so gesehen keineswegs nur, wie viele das meinen, ein Sichrausreden oder ein

Den-anderen-bloß-stellen-Wollen, obwohl beides natürlich vorkommen kann.

In der Zusammenarbeit zwischen den indischen und deutschen Ingenieuren kommt es wie bei jeder Arbeit auch immer wieder einmal zu Fehlern. Indischen Mitarbeitern fällt dann ganz besonders die Reaktion der Deutschen auf: Sie versuchen herauszubekommen, wo was falsch gemacht wurde und widmen dem viel Zeit und Energie. Es kommt sogar vor, daß eigens eine Sitzung einberufen wird, in der der Fehler und seine Hintergründe den Kollegen illustriert und erläutert wird. Erst dann machen sie sich an die Fehlerkorrektur. Warum ist es nicht vordringlich, den Fehler möglichst schnell zu korrigieren?

Als gutes Vorgehen im Umgang mit Problemen und Fehlern gilt:

1. Dem Auftreten des Problems ist vorzubeugen: Wenn eine Vereinbarung oder ein Termin nicht eingehalten werden kann, dann erwarten Deutsche, daß der dafür Verantwortliche das von sich aus sagt und ankündigt (vgl. *regelorientierte, internalisierte Kontrolle*). Das mag einen Konflikt heraufbeschwören. Doch dieser wird als konstruktiv betrachtet, weil er im Dienst der gemeinsamen Sache steht.

2. Wenn ein Fehler bereits passiert ist, muß dem genau nachgegangen werden: Aufgrund der klaren Kompetenzen und Normen wird zunächst einmal geprüft, woran der Fehler lag und wer ihn verursacht hat. Probleme werden dann in ihren sachlichen Aspekten erfaßt, analysiert und diskutiert. Dazu wird solange nachgefragt, bis das, was zur Klärung nötig ist, auf dem Tisch liegt. Daß das für die Betroffenen unangenehm sein kann, wird zugunsten der Sache in Kauf genommen. Wenn in diesem Prozeß Fehler selbstkritisch eingestanden werden können, dann gilt das als Beitrag zu einer optimalen, schnellen und kostengünstigen Fehlerbeseitigung, weil nicht erst Vertuschtes aufgespürt werden muß. Wer hierbei ohne Ansehen der eigenen Person besonders aktiv ist, gilt als engagiert, weil er/sie zugunsten der Sache auf Gesichtswahrung verzichtet.

3. Weiterhin muß der Fehler so gut wie möglich ausgebessert und schließlich

4. muß durch die Initiierung entsprechender Maßnahmen ein solcher Fehler künftig verhindert werden.

In vielen Teamsitzungen geht es vornehmlich um derartige Analysen und Abhilfemöglichkeiten für größere oder kleinere Probleme. Involvierte Kollegen besprechen bereits auch dann berufliche Probleme, wenn sie sich nicht gut kennen, wenn kaum eine Beziehungsbasis besteht. Das ist ein Zeichen von Professionalität.

Wann Deutsche einen höheren Kontext benutzen

Für Menschen aus beinahe alle anderen Kulturen wirkt der direkte deutsche Kommunikationsstil wenig höflich, oft sehr fordernd und (im Falle eines Chefs) autoritär, immer wieder verletzend bis arrogant, mitunter herzlos und kalt in seiner Gradlinigkeit und auf jeden Fall völlig ohne Charme. Deutsche scheinen sich für nichts anderes zu interessieren als für ihr momentanes sachliches Anliegen. Auch halten viele Deutsche für beschränkt, wenn sie Andeutungen und Anspielungen so gar nicht verstehen. Oder sie unterstellen ihnen, bewußt etwas nicht verstehen zu wollen, womit wir wieder bei der Herzlosigkeit sind.

Wer sich freilich an diesen Stil gewöhnt hat, der gewinnt ihm dann auch positive Seiten ab, wie das Fehlen von Doppelbödigkeiten oder zu wissen, woran man ist.

Aber: Natürlich sagen auch Deutsche manches nicht, sondern setzen es als selbstverständlich voraus. Auch sie benutzen stets ein Mindestmaß an gemeinsamem Wissensbestand. Dieser Tatsache begegnet man beispielsweise in der Form, daß Beziehungen aufgebaut, definiert und interpretiert werden, ohne das zu benennen (vgl. *Sachorientierung*). Dennoch kann generell gesagt werden:

– Der deutsche Kontext ist »geringer« oder »kleiner« als der vieler anderer Kulturen; er ist geradezu ein Zwerg im Kontrast zu einem Kommunikationsstil, wie er in vielen Ländern Ostasiens üblich ist: Die impliziten Signale (z. B. paraverbale) weisen immer eine große Nähe und einen unmittelbaren Bezug zum Gesprochenen auf. Der Grad an indirekten Mitteilungen, der für Menschen aus Ostasien normal ist, wird von Deutschen nie erreicht.

– Der deutsche Kontext, soweit man davon sprechen kann, erstreckt sich mehr auf Indirektes als auf Implizites, das betrifft vor allem verschiedene Formen von Formulierungen (Konjunktive, Frageformulierungen, Höflichkeitsfloskeln).

– Eines der wenigen Beispiele für Implizites, in dem ein höherer deutscher Kontext wirksam wird, ist daran erkennbar, daß Deutsche häufig erwarten, Übereinkünfte nochmals explizit bestätigt und die einzelnen handlungsrelevanten Inhalte sozusagen wiederholt zu bekommen (»Also, wir verbleiben jetzt so . . .«). Fehlt dieses Signal, dann ist für sie womöglich die Übereinkunft nicht erzielt und es geschieht nichts.

- Ein stärkerer Kontext kommt in Deutschland am ehesten in Problemsituationen zum Tragen: Keinesfalls äußern Deutsche immer ihre Meinung: Je nach hierarchischem Gefälle und der Einschätzung des Höherrangigen oder je nach persönlichem Bezug der Gesprächspartner zueinander wird eine Meinung ehrlich gesagt oder hält man sich eher damit zurück. In einem anderen Fall können Meinungsäußerungen auch politisch gefärbt sein. Das heißt manche Aspekte werden etwa besonders betont und deutlich dargestellt, um dadurch zum Beispiel jemanden deutlich zu kritisieren.

- Außerdem gibt es diverse Situationen, in denen Deutsche Konflikte vermeiden: Beispielsweise gibt es bei Mitarbeitern auch betont konformistisches Verhalten, wie übertriebenen oder vorauseilenden Gehorsam, Schleimerei oder das Bemühen, nicht aufzufallen – zumal in Zeiten unsicherer Arbeitsplätze.

- Deutsche teilen zwar Kritik aus, sind aber selbst sehr wohl verletzbar, wenn sie kritisiert werden – trotz ihres Anspruchs an sich selbst, Lebens- und Persönlichkeitsbereiche zu trennen und die Kritik unter sachlichen Aspekten zu sehen. Das gelingt ihnen doch nur bedingt und weniger gut, als sie es sich wünschen.

- Nicht hinter jedem Konflikt steckt das Motiv, der Sache zu dienen: Manche Konflikte werden nicht gelöst, sondern als mehr oder weniger ausgeprägte Grabenkriege permanent gefochten. In derartigen Fällen dient das Thema als Vorwand für einen anderen Konflikt (z. B. dem Kampf auf der Beziehungsebene oder einem Machtkampf).

- Deutsche wissen sehr wohl zwischen konstruktiver und vernichtender Kritik zu unterscheiden. Eine konstruktive Kritik bezieht sich auf die Inhalte und ist bemüht, die Person nicht zu verletzen, vernichtende Kritik will die Person treffen.

Vor- und Nachteile des Kulturstandards

Als *Vorteil* des deutschen Kommunikationsmusters ist zu werten, daß es sich nicht nur an Eingeweihte richtet und gemeinsame Erfahrung voraussetzt, sondern auch Neu- und Seiteneinsteigern den Anschluß ermöglicht, indem sie explizit auf den notwendigen Wissensstand gebracht werden. Dieses Muster ist ein gutes Vehikel zur Überbrückung von Informationsunterschieden und dient somit der Integration der Kommunikationsteilnehmer zum Wohl der jeweils sachbezogenen Zielerreichung.

Dieser Stil erlaubt es anderen außerdem, gut einschätzen zu können, »woran sie sind«. Deutsche legen ihre Konditionen klar, sagen ihre Meinung, äußern sich, wenn ihnen etwas nicht behagt. Sie sind damit relativ berechenbar.

Mit dem Muster der »Konfliktkonfrontation« kann ein Problem angesprochen, analysiert und zielorientiert angegangen werden. Und es kann nach einer Lösung, die die Perspektive der Beteiligten berücksichtigt, gesucht werden.

Als *Nachteil* erscheint die Eigenart alles ausdrücklich auszusprechen, was oft umständlich, zu ausführlich oder redundant wirkt.

Das klar, unverhüllt und undiplomatisch formulierte Aussprechen des Gemeinten kann den anderen ungeschützt treffen – das gilt auch für Deutsche untereinander! Der gewohnte Umgang mit diesem Kommunikationsmuster bedeutet beileibe nicht, daß Deutsche nicht auch gekränkt und beleidigt sein können! Vermutlich ist nur die Toleranzgrenze etwas weiter gesetzt.

Diejenigen, die an diesen schwachen Kontext gewohnt sind, sind unerfahren und ungeübt im Wahrnehmen impliziter Signale und Interpretieren zusätzlicher, nicht gesagter Botschaften.

Humor in seinen Varianten ist kein übliches Kommunikationsmuster für den (Berufs-)Alltag, da er vom Kontext lebt, oft also etwas anders gemeint ist, als es gesagt wird! Auch Deutsche lieben Humor wie alle Völker, aber die Verwendung ist deutlicher für bestimmte Bereiche reserviert (vgl. *Trennung von Lebens- und Persönlichkeitsbereichen*).

Der Nachteil, der für die Konfliktkonfrontation in Kauf genommen wird, besteht darin, daß kaum Rücksicht auf die Gefühle der Beteiligten genommen wird. Fehleranalysen sind natürlich für alle peinlich, die an der Fehlerentstehung beteiligt sind, und bergen zudem die Gefahr einer schlechten Leistungsbeurteilung.

Der Verhandlungsspielraum Deutscher ist in der Regel kleiner als der von Geschäftspartnern aus vielen anderen Kulturen, die Spaß am Feilschen und Handeln haben. Die monetären Vorgaben sind oft ziemlich streng kalkuliert und ohne Puffer.

Empfehlungen

Für Nicht-Deutsche, die mit Deutschen arbeiten:
- Äußern Sie Ihre Bedürfnisse, Wünsche, Anliegen, Meinungen bitte mit Worten! Ein Deutscher hat keine Ahnung, daß es auch andere Wege der Informationsmitteilung gibt. Er wird Sie deshalb nicht verstehen, wenn Sie andere Signale setzen. – Und das, was Sie sagen, formulieren Sie bitte direkt.
- Wenn Sie sich mißverstanden fühlen, vergegenwärtigen Sie sich einmal, was Sie dem Deutschen ausdrücklich und in klaren Worten gesagt haben. Alles andere weiß er nicht, denn er hat es mit großer Wahrscheinlichkeit nicht wahrgenommen, er wird es nicht erraten.
- Suchen Sie nicht eine zusätzliche Interpretation dessen, was die Deutschen sagen. Die Deutschen sagen, was sie mitteilen wollen – nicht mehr und nicht weniger. Antworten Sie bitte deshalb auch auf die Fragen, nicht auf den vermutlichen Hintergrund der Frage.
- Seien Sie auf keinen Fall zurückhaltend, sondern (in Ihren Augen) fast fordernd! Sagen Sie klar, was Sie wollen oder brauchen. Sagen Sie das nicht zurückhaltend oder höflich. Eine gute Idee ist es, einen Termin zu nennen, bis wann Sie etwas benötigen, dann haben Sie die Möglichkeit, zu dem Zeitpunkt nochmals nachzuhaken.
- Sagen Sie klar »nein«, wenn Sie etwas nicht wollen. Und erläutern Sie, was genau Sie warum nicht wollen. Das wirkt dann überzeugend, klar und professionell. Anspielungen, Erwähnungen, Hinweise, Andeutungen werden nicht verstanden. Ein höflich gemeintes »vielleicht« kann sehr viel irreführender sein als ein klares Nein und Ihnen später Probleme bereiten. – Wenn Sie »ja« sagen, wird das immer für ein Ja gehalten. Die Schwierigkeiten sind vorprogrammiert, wenn Sie nicht wirklich »ja« ge-

meint haben. Zusagen sind in der Zusammenarbeit mit Deutschen immer verbindlich!

- Widerspruch ist in deutschen Augen keine Kriegsstrategie, sondern eine Chance zur Diskussion des Problems.
- Wenn Sie etwas sprachlich nicht verstanden haben, fragen Sie bitte nach. Die deutsche Art direkt zu sein läßt das problemlos zu.
- Vereinbaren Sie für Ihre Anliegen Termine. Kommen Sie hier zum Punkt, benennen Sie Ihr Problem. Man wird sich dann gern mit Ihnen auseinandersetzen, denn das gilt als professionelles, verantwortungsbewußtes Handeln.
- Verkneifen Sie sich Ausreden, das wirkt unprofessionell und kann Sie im schlimmsten Fall als Lügner erscheinen lassen.

Umgang mit Konflikten:
- Grundsätzlich helfen bei Streitfällen Sachargumente, Logik, Verträge und Gesetze zur Untermauerung der eigenen Position. Andererseits können sachliche Kompromisse viel retten und die Parteien wieder auf eine gute Beziehungsbasis stellen.
- Für den einzelnen heißt das: Haben Sie Mut! Getrauen Sie sich zu sagen, was Sie meinen. Versuchen Sie einfach, Ihren Standpunkt darzulegen und ihre Position deutlich zu machen – ruhig, aber nachhaltig. Vermeiden Sie dabei Aggressionen, sondern sagen Sie einfach, was Sie denken. Sie werden von der Wirkung überrascht sein: Einer, der für seine Sache und seine Anliegen eintritt, erhält Respekt! Ihn kann man nicht übergehen und überhören, sondern man muß und kann (!) sich mit ihm auseinandersetzen.
- Glauben Sie mir, wenn Deutsche (auf sachliche Art) Kritik äußern und mit Ihnen Probleme besprechen, dann ist das auch (!) ein Zeichen von Wertschätzung und Respekt. Denn sie nehmen Sie als Partner ernst. Sie wollen mit ihren Kommentaren und Ergänzungen konstruktiv sein und mit Ihnen zusammen das Beste in einer Sache erreichen. Versuchen Sie einmal, Kritik und Problemgespräche unter diesem Aspekt zu sehen!
- Es ist besser, über eine schlechte Situation rechtzeitig zu informieren und damit eine mögliche Katastrophe zu verhindern. Überwinden Sie die Peinlichkeit, die Ihnen das verursacht. – Wenn Sie das nicht tun, ist der Konflikt, der folgt, massiv und die Situation noch viel peinlicher.

- Um entschlüsseln zu können, wann eine Diskussion mit Deutschen eine »harte sachliche Auseinandersetzung« ist und wann es um andere Motive wie beispielsweise Selbstdarstellung geht, hier einige Kriterien, die ein sachliches Anliegen erkennen lassen: (a) Die Person hakt nicht dauernd und an jedem Punkt ein, sondern nur dort, wo sie Experte ist. (b) Ihre Einwände äußert sie – zumindest gelegentlich – mit Beschwichtigungs- oder Relativierungsformeln. (c) Sie ist nicht nur kritisch, sondern äußert auch Unterstützung und positive Beiträge.

Für Deutsche, die in internationalen Zusammenhängen arbeiten:

Ausgangspunkt der Zusammenarbeit von Menschen aus verschiedenen kulturellen Zusammenhängen ist die Tatsache verschiedene Kontexte zusammenführen zu müssen. Insofern ist es sinnvoll, sich zu bemühen, einen *gemeinsamen Kontext herzustellen*:
- Viele gemeinsame Gespräche im Laufe der Aktionen und Handlungen stärken den gemeinsamen Kontext auf der Sach- wie auf der Beziehungsebene. Zudem überzeugt das andere von der Aufrichtigkeit um ein partnerschaftliches Bemühen bezüglich gemeinsamer Lösungen in gegenseitiger Unterstützung und Hilfe. Außerdem erfahren Sie auf diese Weise rechtzeitig von Problemen, Barrieren, Änderungen und können reagieren, bevor es zum Konflikt kommt.

So können Sie lernen, das, was andere Ihnen mitteilen wollen, zu entschlüsseln:
- Hören Sie den anderen zu: gut und lange! Nur dann haben Sie die Chance, das, was man Ihnen sagen wollte, näherungsweise zu verstehen.
- Fragen Sie nach Meinungen! Damit erhöht sich die Chance, dies zu erfahren.
- Wenn Sie vom Gefühl her nur die geringsten Zweifel haben, daß die soeben erhaltende Aussage nicht ganz so gemeint war, vertrauen Sie dem Gefühl und gehen Sie der Sache nochmals nach. Ein Ja wird oft lediglich aus Höflichkeit, um den anderen zu beruhigen, aus Angst oder manchmal aus List gesagt. Deutsche sind tendenziell wenig mißtrauische Menschen, das ist hier ein Nachteil.

- Nehmen Sie die Probleme ernst, die angedeutet werden! Ein vermeintlich kleines Problem ist ziemlich sicher ein großes.
- Nur dann werden Sie richtig eingeschätzt und bei Vertrauen in informelle Informationsflüsse einbezogen, wenn Sie viel diskutieren und mit den anderen sprechen: zuhören und fragen, das gilt für Personen auf allen Ebenen.
- Unser »schwacher Kontext« hängt eng mit unserer *Trennung von Lebensbereichen* zusammen: Sie müssen sich Teilinformationen wie ein Puzzle aus allen Begegnungen (welcher Lebensbereiche auch immer) und Kanälen zusammenholen und dann zusammenfügen. Seien Sie immer und überall konzentriert und registrieren Sie, was an Ihr Auge und Ohr dringt.
- Beachten Sie die Regel der acht W: **W**er sagte **w**as **w**ie **w**ann zu **w**em, unter **w**elchen Bedingungen, **w**as ist die Vorgeschichte, **w**as passierte danach?

Seien Sie sich stets des Kontexts bewußt, in dem Sie handeln:
- Wenn Sie Chef sind und eine Meinung – gleichgültig wann und wo – von sich geben, vergessen Sie nie Ihren Status und Ihre Macht. Ihre Worte haben immer eine Wirkung.
- Sie werden von vielen als Mensch permanent beobachtet und beurteilt, auch wenn Sie glauben, Sie wären jetzt nicht im Dienst. Ihre Taten zählen mehr als Ihre Worte, der Eindruck, den man von Ihnen hat, zählt mehr als korrektes Verhalten in Ihrer Rolle. Menschen anderer Kulturen reagieren deutlicher als Deutsche auf die Aura, die um Sie herum zu spüren ist.
- Seien Sie sich (wenn es nicht ausdrücklich um eine Präsentation geht) einer Tatsache bewußt: Wo immer Deutsche mit ihrer relativ detaillierten Vorbereitung auftauchen – sachlich, strukturiert, durchdacht – (mit ausgearbeiteten Konzepten, Folien, Papieren), wird das als autoritäres Überrollen erlebt. Daß diese Art der Vorbereitung ohne machtpolitischen Hintergedanken und die Basis für eine Diskussion sowie ein Kooperations*angebot* sein könnte, auf diese Idee kommt wirklich (fast) niemand. Und auf gar keinen Fall dann, wenn die Deutschen in der mächtigeren Position sind.

Umgang mit Konflikten:
- Seien Sie sich der Tatsache bewußt, daß in vielen Kulturen eine

Problembesprechung überhaupt nur bei gesicherten, intakten Beziehungen funktionieren kann. Ein »Problem« ist in den Augen vieler bereits gleichbedeutend mit »Konflikt«!

- Sprechen Sie einen Konflikt nur an, wenn er wirklich wichtig ist. Der Normalfall in vielen personorientierteren Kulturen heißt nämlich: Störungen glattbügeln, so daß sie die Beziehungsebene nicht mehr beeinträchtigen. Wird ein Konflikt unnötigerweise explizit gemacht, dann kann das zu einer Verschlimmerung der Situation führen.

- Beachten Sie das, was Sie als Feedbackregeln gelernt haben: Ich-Form; eigene Betroffenheit ausdrücken; die Handlung des Partners nicht bewerten.

- Gehen Sie auf der Beziehungsebene mit Kritik behutsamer um, nehmen Sie auf die Gefühle Ihres Gegenübers Rücksicht. Konstruktive Konfliktgespräche sind nur dann zu führen, wenn die Beziehungsebene gesichert ist, eine angstfreie Atmosphäre hergestellt werden kann, die zu Stellungnahmen ermutigt (häufig unter vier Augen, informelle Ebene!), und der Person deutlich Wertschätzung entgegengebracht wird. Eine sozial verträgliche Dosierung (nicht alles auf einmal!) ist das Heftpflaster für den Wunsch nach weitgehendem Wohlbefinden.

- Kritisieren Sie inhaltlich sehr vorsichtig: An der Stelle war etwas gut, an der Stelle könnte man es auch so machen. Und dann erklären Sie, warum, wieso, weshalb. Bemühen Sie sich, ausschließlich die Sachebene anzusprechen, keine Bloßstellung, keinen Vorwurf, keine Schuldzuweisung zu äußern. Optimale Formulierungen gehen in folgende Richtung: »Ich habe noch ein paar Hinweise. Das und das können wir verbessern. Sie bewältigen das sicher.«

Historische Hintergründe

Da der Kommunikationsstil eines »schwachen Kontexts« im Kontrast zu asiatischen Kulturen ein ganz besonderes Phänomen ist, müssen wir zur Erklärung der historischen Verankerung wieder etwas weiter ausholen. Die kulturhistorischen Hintergründe für den Wert von Wahrheit und Wahrhaftigkeit, die generell zentral für einen direkteren Kommunikationsstil in westlichen Ländern sind, reichen weit zurück:

Das Streben nach »der Wahrheit« ist bereits im *hellenistischen* Raum der Antike grundgelegt. »Wahrheit« bedeutet hier: ewige Ideen und rationale Erkenntniswahrheiten. Solche Erkenntnisse werden um ihrer selbst willen angestrebt, aus ihnen leitete man aber auch ethische Grundsätze ab. Dieses Denken ist ein Fundament des europäisch-abendländischen Kulturkreises:

– Dabei ist die europäische Logik eine Entweder-Oder-Logik (Hofstede 1993): Von zwei widersprüchlichen Aussagen ist mindestens eine falsch. Es gilt, herauszufinden wer recht und wer unrecht hat. Während Asiaten immer die andere Seite einzubeziehen versuchen (weil für sie die »Wahrheit« nur ein Teilaspekt ist), wollen Europäer die andere Seite eliminieren. In Deutschland konnte dieses Denken besonders tiefe Wurzeln schlagen, weil im Zuge der Reformation der Einfluß der Universitäten stark anwuchs, »so daß in der Folge die Entwicklung eines für breite Bevölkerungsschichten zugänglichen Schulwesens möglich wurde. Vor allem an den höheren Schulen waren dabei die Sprachen und die Literatur der Antike zentraler Bestandteil der Ausbildung. Mit Latein und Griechisch wurden aber auch das diesen Sprachen und der antiken Philosophie innewohnende logikorientierte Denken vermittelt – wie bis heute noch an deutschen Gymnasien üblich. Vor allem das logische Argumentieren in der Tradition des antiken Meinungskampfes ist den Deutschen auf diese Weise im Lauf der Jahrhunderte in Fleisch und Blut übergegangen« (Markowski 1995, S. 54).

– Außerdem stehen sich nach westlicher Auffassung beim Erkenntnisvorgang »Subjekt und Objekt als Erkennendes und Erkanntes – in dualistischer Weise – gegenüber« (Weggel 1990, S. 189). Ziel des Erkennens ist es, die Gegebenheit zu objektivieren, sie in Begriffe zu fassen. Erkannt ist, was in objektive Begriffe eingegangen und von subjektivem Beiwerk befreit ist. Menschen aus westlichen Kulturen bevorzugen somit abstrakte Begriffe, zergliedern Gedanken, formen Kategorien und bauen Systeme, gar ganze Gedankengebäude sowie höchst brauchbare Wissenschaften allein auf die Interpretation theoretischer Begriffe. Zusammenhänge, die nicht kausaler Natur sind, stellen westliches Denken dagegen vor Schwierigkeiten (Reisach et al.). Das alles läßt Angehörige des westlichen Kulturkreises eine Sache deduktiv angehen, das heißt von Kernaussagen Problemlösestrategien ableiten. Dieses Vorgehen impliziert die als direkt umschriebene Art der Kommunikation, da anderenfalls ja Unklarheit und Irritation entstehen könnte, was eher hinderlich ist, wenn es darum geht, die Äußerungen des Gesprächspartners in ein logisches System einzuordnen. In Asien verläuft der Prozeß gerade umgekehrt: Objektives soll subjektiviert werden, was eine der unterschiedlichen Formen mystischen Einswerdens kennzeichnet. Der Kommunikationsstil ist somit induktiv und synthetisierend. – In Deutschland speziell entwickelte sich auf diesem Boden im 18. und 19. Jahrhundert eine blühende analytische Philosophie. Sie konnte über das Schulsystem in breite Schichten der Bevölkerung ausstrahlen und wohl letztlich die Grundlage für alle möglichen Analyseverfahren, aber auch für eine »systematische Fehlersuche« werden.

Mit der Christianisierung wird nach der Antike das *Christentum* zum neuen System ewiger und unveränderlicher Wahrheiten, die man intellektuell erfassen kann:

– Schließlich knüpfte das aus dem Judentum hervorgegangene Christentum in seinen Ursprüngen an viele hellenistische Denktraditionen an (das Neue Testament wurde nicht umsonst in griechischer Sprache verfaßt). Die Religion wurde im Dogmatischen ausschließlich und gegenüber Andersgläubigen intolerant. Es entwickelte sich die Vorstellung, daß es einen einzigen richtigen Weg gibt, für den überzeugte Christen Martyrium und Verfolgungen auf sich nahmen. – Wahrheit wurde zur Handlungsleitlinie.

– Zudem machten sich die Christen motiviert durch die hellenistische Wahrheitssuche und im Verein mit der biblischen Aufforderung »Macht euch die Erde untertan« auf den Weg des Erkennens um des Erkennens willen. Die Entwicklung trug letztlich dann zu dem großen Stellenwert rationalen Denkens bei. Unglück wurde zunehmend auf natürliche, innerweltliche Ursachen zurückgeführt; der Körper wurde der Erforschung der Anatomie zugänglich gemacht; es entstanden rationale Zeit-, Raum-, Kausalitätsbegriffe. In Deutschland gipfelte diese Entwicklung schließlich in der Philosophie Kants und dem, den Deutschen nachgesagten »faustischen Wissensdrang«, der sich im 18. und 19. Jahrhundert neuartig entwickelter, philosophischer Analysemethoden bedienen konnte, die systematisch waren wie nie zuvor. – Der Raum für »irrationale« Aspekte wurde immer kleiner.

– Außerdem kennt die christliche Religion keinen Einklang mit dem Übersinnlichen. Sie verlor das Numinose (das Ergreifende, Majestätische) und der christliche Gott entwickelte sich immer mehr zu einem rational abgeglichenen Gott der Philosophen. Der Protestantismus förderte diese Entwicklung später noch besonders, so fehlt ein kultisches Anliegen, etwa in der Anbetung und spiritualisierten Opfern, im protestantischen Gottesdienst gänzlich. Der Protestantismus betont statt dessen die intellektuelle Ebene und das Verstehen, die Momente des Emotionalen und Irrationalen verdrängt er mehr und mehr.

Für das Denken und den hier interessierenden Kommunikationsstil heißt das: Die oberste Prämisse liegt auf der Rationalität, auf der aufzuspürenden oder ausgemachten »Wahrheit« und deren Benennen. Doch diese Hinweise genügen nicht, um zu erfassen, warum Deutschland im Vergleich mit anderen westlichen Kulturen die hier relevanten Merkmale ganz besonders ausgeprägt aufweist.

Bedingt durch die politischen Verhältnisse *(Kleinstaaterei)* war der Beziehungsaspekt in der territorialen Familie und in den kleinen lokalen Gemeinschaften durch stabile Bezüge klar geregelt. Beziehungen konnten im übertragenen Sinn also durch einen Kommunikationsstil der auf Doppelbödigkeit verzichtet, der die Sach- und die Beziehungsebene weitgehend trennt und sich in erster Linie auf Sachaspekte konzentriert, nicht gefährdet werden. Somit war der direkte Weg in der Kommunikation auch der am besten zum Ziel führende (Molz 1994).

In Deutschland gab es aufgrund der Vielfalt der Länder immer deutlich verschiedene »Kontexte«, was eine explizite Kommunikation förderte, denn in der Interaktion zwischen Personen mit verschiedenen Erfahrungshintergründen und wenigen gemeinsamen Referenzen müssen bei Grenzüberschreitungen die multiplen Kontexte gerade durch Kommunikation systematisch textualisiert und expliziert werden, um eine Verständigung herbeiführen zu können (Demorgon 1999a). Solche Interaktionen waren im deutschen Kulturraum Normalität, »da die Erbfolge der territorialen Familie den größeren Teil jeder Generation aus dem Elternhaus und häufig über die Grenzen der Kleinstaaten hinaustrieb« (Molz 1994), und es »selbst in der Frühzeit Deutschlands, als der Kaiser des Heiligen Römischen Reiches deutscher Nation herrschte, ... keine glanzvolle Haupt- und Residenzstadt (gab). Der ... Kaiser war Zeit seines Lebens auf Achse – von Pfalz zu Pfalz, wo er jeweils eine Zeitlang regierte und Recht sprach, um dann mitsamt seinem Hofstaat zur nächsten Residenz, dem nächsten Gerichtsstand weiterzuziehen« (Gorski 1996, S. 131). Die deutsche Geschichte war stets eine, in der sich Stämme und ihre Führer und in der jüngsten Zeit Bewegungen und ihre Sprecher miteinander abstimmen und einen Einigungsprozeß herbeiführen mußten, wenn sie erfolgreiche Politik machen wollten. Hinzu kam, daß »in der merkantilistischen Gesellschaftsform ... der Erfolg grenzüberschreitenden Handelns ebenfalls durch explizite Kommunikation befördert wurde« (Molz 1994, S. 117).

Letztlich trug auch hier der *Protestantismus* zum Kommunikationsstil des schwachen Kontexts bei:

– Luthers Kirche ist eine Kirche des Wortes (nicht des Sakramentes und der Liturgie) – des gelesenen, gesprochenen, gepredigten, gesungenen Wortes. Die protestantische Kultur ist eine Kultur des Ohres, der Schrift und des Buches. Worte legen das Leben aus, Reflexion erfolgt durch die Konzentration auf das Wort (Nipperdey 1991). Hier zeigt sich ein wesentliches Merkmal des expliziten Ausdrucks.

– Außerdem hat Luther »das katholische System der Vermittlungen und Kompromisse zwischen Natur und Gnade, Mensch und Gott, Glaube und Welt, das System der Analogien und Synthesen des ›Und‹ und des ›Sowohl-Als-auch‹« beseitigt. Er ist ein »Mann des Entweder-Oder« (Nipperdey 1991, S. 42). Klarheit und Eindeutigkeit ist angesagt.

– Hinzu kommt, daß der Pietismus, eine in Deutschland sehr einflußreiche protestantische Strömung, in der Konsequenz die bedingungslose Suche nach Wahrheit und die bedingungslose Wahrhaftigkeit des Menschen forderte. – Die Aufklärung verschärfte diesen Anspruch noch.

In einem solchen weltanschaulichen System gibt es keinen anderen Weg, als sich explizit mit der Wahrheit auseinanderzusetzen. Zur Begründung des deutschen Kommunikationsstils lassen sich ein paar zusätzliche, rein auf die Kommunikation bezogene Aspekte finden:

– Die Mehrheit der Menschen in Deutschland war stets durch das dörfliche Leben geprägt und nach 1648 waren gar weite Teile Deutschlands zutiefst in Provinzialität und Armut versunken. Im Gegensatz zur höfischen Welt war die dörfliche Kommunikationsform grundsätzlich direkt (Requate 1993; Kindermann) Sogar derbe Beschimpfungen und Verwünschungen gehörten hier zum Repertoire, wenn es um die Ehre ging.

– Die umfangreiche Landflucht ließ den Typ des »Ackerbürgers« entstehen. So kann Hellpach (1954), bezogen auf das städtische Milieu, in dieselbe Kerbe schlagen nach dem Motto: »Vom Knecht erwartet man nichts anderes, als daß er im Dienst arbeitswillig und privatim ein Grobian sei« (1954, S. 211). Diese Form der Kommunikation blieb in Spuren in breiten Schichten der unterprivilegierten Stadtbevölkerung erhalten.

– Kurioserweise wurde mit Knigges Buch 1788, das eine »Epochenschwelle hin zu ›bürgerlichen‹ Umgangs- und Kommunikationsformen markierte« (Requate 1993, S. 394) der direkte Kommunikationsstil noch von einer anderen Seite her gefördert: »Den auf die Komplimentierkunst, also auf Verstellung und Schmeichelei gegründeten Kommunikationsformen des Hofes setzte Knigge Umgangsformen entgegen, die sich ganz im Sinne der Aufklärung an der Selbstverantwortlichkeit des Individuums und an ›bürgerlichen‹ Tugenden wie Nützlichkeit, Wahrhaftigkeit und Redlichkeit orientieren« (Requate 1993, S. 394). Diese Tugenden werden heute noch genannt, wenn man Deutsche nach den Gründen ihrer direkten Kommunikation fragt.

– Die deutsche Besonderheit, alles explizit auszudrücken und zu formulieren steht sicher auch im Dienst der *Wertschätzung von Strukturen und Regeln*: »Alles, was ausdrücklich, präzise, unmißverständlich und womöglich nachprüfbar niedergelegt ist, erhöht das Gefühl, daß alles seine Ordnung hat und gibt die gewünschte Ordnungssicherheit« (Molz 1994, S. 117). Somit wären die Bedingungen, die Deutschen die *Wertschätzung von Strukturen und Regeln* nahelegen, auch unter kommunikativen Aspekten zu ergänzen.

– Aus der zeitgeschichtlichen Perspektive ist eine Neuauflage der Gleichsetzung von direkter Kommunikation mit Ehrlichkeit und Aufrichtigkeit zu ergänzen: Mit der 68er-Bewegung und ihrem Versuch, die schreckliche deutsche Vergangenheit aufzuarbeiten und einen Wertewandel zu begründen, ging, über diverse Kanäle gespeist (von einer breiten Demokratisierungsbewegung bis zu Erkenntnissen der Gruppendynamik), eine neue Welle von Offenheit, Diskussions- und Konfliktbereitschaft ins Land, und es machte sich in weiten Kreisen das Bemühen breit, durch eine andere, unerschrockene, offene, aber auch konfrontative, statt willfährige Art eine Mentalität, wie sie zum Naziregime beigetragen hatte, ein für alle Mal zu verbannen. Jede Art von »Verlogenheit« und »Doppelbödigkeit« wurde speziell gebrandmarkt und zu verhindern versucht. Seitdem lautet ein wichtiges Erziehungsziel: Sei kritisch! Sei skeptisch und lerne zu hinterfragen. Akzeptiere nichts, was dir nicht überzeugend dargelegt werden kann!

■ Individualismus

So sehen andere die Deutschen	
Menschen sind unabhängig und selbständig, haben viel Freiheit zu tun, was sie wollen	Brasilianer, Inder
junge Leute führen schon früh ihr eigenes Leben	Koreaner, Spanier, Türken
Menschen leben als Singles	Inder
Familie ist nicht so wichtig, wenig Kontakt zu Eltern, Großeltern, Verwandten Kluft zwischen Generationen	Brasilianer, China, Inder, Koreaner, Spanier
enger Kontakt zur Familie – auch als Erwachsener	Briten
ausgeprägtes Gemeinschaftsgefühl (Gruppen, Familie, Vereine)	US-Amerikaner
man muß seine Meinung sagen, eigene Meinung ist wichtig	Japaner
eigenwillig: man sagt nein, widerspricht, setzt sich durch	Chinesen
viel »Selbstarbeit« – im Beruf und zu Hause	Inder
individuelle Urlaubsregelung statt »Betriebsurlaub« (irgend jemand ist sicher im Urlaub)	Japaner, Inder, Spanier
viele Schlüssel, weil jeder seine Sachen einschließt	Japaner

Vor allem in Kontrast zu nicht-westlichen Kulturen möchte ich noch einen Kulturstandard beschreiben: den Individualismus. Obwohl er überhaupt für die westlichen Länder charakteristisch ist (für viele sogar noch mehr als für Deutschland), werde ich ihn darstellen, wie er Gästen und Geschäftspartnern als Merkmal Deutscher begegnet. Dabei wird Ihnen, werter Leser, vieles bekannt vorkommen, weil dieser Kulturstandard Parallelen aufweist zu den bereits geschilderten. »Individualismus« ist ein übergreifender Kulturstandard, der in mancherlei Hinsicht eine Art Grundmelodie für andere Kulturstandards liefert.

Definition »Individualismus«

Individualismus fällt in vielerlei Hinsicht auf als die Betonung des Einzelmenschen. Er drückt sich in einer relativen (emotionalen) Unabhängigkeit einer Person von Gruppen, Organisationen oder anderen Kollektiven aus. Persönliche Unabhängigkeit und Selbständigkeit werden hoch bewertet. Die primäre Identität ist die *persönliche* Identität des Individuums, das was eine Person im Unterschied zu anderen Personen auszeichnet und charakterisiert. Als Leitmotive könnten formuliert werden: Ich bin ich. Ich habe meine eigenen Ziele und Pläne, meine eigene Geschichte und meine Erfahrungen. Ich unterscheide mich daher auch von allen anderen Menschen. Ich entscheide über mein Leben weitestgehend selbst. Ich verfolge meine eigenen Ziele und Interessen, aber ich habe auch die Konsequenzen bei Fehlentscheidungen zu tragen. Ich kann das tun, was ich tun will und für richtig halte. Der Dreh- und Angelpunkt meines eigenen Lebens bin ich. Ich habe mit meinem Leben zufrieden zu sein, einer anderen Person steht darüber kein Urteil zu.

Das Recht, ja die Verpflichtung des einzelnen Menschen sein Leben selbst zu verantworten, hat einen hohen Stellenwert. Das geht so weit, daß ein Mindestmaß an Abgrenzung und Eigenständigkeit eines Individuums gegenüber seiner Gruppe als Voraussetzung für »psychische Gesundheit« gesehen wird.

Individualismus heißt nicht Egoismus! Denn die eigenen Interessen sind sehr wohl mit denen, der mich jeweils umgebenden Menschen (z. B. Partner, Kinder, Freunde, Gesellschaft) abzuwägen. Die Grenze zwischen Egoismus und Individualismus verläuft dort, wo eine Person einen anderen (Individuen, Gruppen, Gesellschaft) durch sein Verhalten schädigt. Diese Grenze ist in Deutschland vor allem durch Gesetze, Regelungen, Verträge, Vereinbarungen markiert, sie einzuhalten ist deshalb auch gleichbedeutend mit Fairneß und Rücksichtnahme. Es hat also jeder seine Interessen und Rechte, wie auch die berechtigten Interessen und Rechte der anderen im Auge zu behalten. Und dabei ist natürlich, wie bei Kindern, deren momentane Fähigkeit, die eigenen Interessen zu vertreten und für sich selbst zu sorgen, zu berücksichtigen. Aber Individualismus heißt sehr wohl die Freiheit, die eigenen Interessen nicht aufgeben zu müssen. Und so bedeutet Individualismus auch, daß es Ziel allen pädagogischen und unterstützenden Handelns ist, Menschen so früh, so viel und so lange wie möglich in die Lage zu versetzen, ihre eigenen Angelegenheiten in die eigenen Hände zu nehmen. Eine wesentliche Voraussetzung für das Funktionieren dieser Balance zwischen Individuum und Gesellschaft ist die Einstellung, daß alle Menschen gleich sind und daß jeder für sich selbst und seine Interessen Verantwortung tragen kann und muß.

Ausdrucksformen des Individualismus

Individualismus zeigt sich oft bereits im Äußeren. Jede Person erlebt sich als eigenständiges Wesen, das seinen eigenen Interessen und Bedürfnissen nach handelt und sich dadurch von seinen Mitbürgern in gewissem Maß abgrenzt. Der Wunsch, ein bißchen anders zu sein als die anderen, wird häufig äußerlich betont, etwa durch das Tragen besonders auffälliger und ausgefallener Kleidung, durch spezifische Verhaltensweisen, durch das ostentative Äußern der eigenen Meinung, durch das explizite Zeigen eigener Gefühle und Befindlichkeiten, durch Gespräche über die eigenen Interessen und Vorlieben oder durch die Ausprägung eines besonderen Geschmacks hinsichtlich diverser Konsumgüter.

Die andere Seite derselben Medaille heißt: Durch diese individuelle Note gibt sich jemand auch zu erkennen und wirkt auf andere attraktiv oder nicht. Somit ist die individuelle Abgrenzung gegenüber anderen gleichzeitig Einladung zum Kontaktaufbau für die, denen dieses Sosein gefällt.

Schon recht früh im Kindesalter wird auf Erziehung zu Kritik-

und Urteilsfähigkeit und relative Selbständigkeit Wert gelegt. Ein Kind muß lernen, eine eigene Meinung zu haben, selbst Entscheidungen zu treffen, Dinge allein zu machen. In den letzten Jahren der Schulzeit können die Schüler heute sogar selbständig zwischen einigen Fächern wählen. Auch die Wahl des Studienfachs ist in Deutschland frei. Das Studieren selbst verlangt vom Studenten viel Selbständigkeit und Selbstdisziplin bei der Aneignung seines Wissens. Ein Erwachsener sollte sich selbst seinen Lebensunterhalt verdienen können. Zudem ist es ganz normal, sich selbst in vielen Dingen zu behelfen. Das entwürdigt nicht, sondern zeugt von Eigenständigkeit und ist schlichtweg für Deutsche normal.

Inder spielen ein Rollenspiel mit verschiedenen Szenen, dem sie die Überschrift »Selbstarbeit« geben: Ein Projektleiter kopiert selbst, setzt sich Kaffee auf und holt ihn sich. Nach der Arbeit fährt er tanken (mit Selbstbedienung), zu Hause repariert er noch etwas an seinem Auto und dann mäht er den Rasen. In Indien könnte und dürfte er das alles niemals tun. Er würde sonst viele Menschen übergehen und verletzen, die genau diese Tätigkeiten ausüben, und er würde gegen seinen Status verstoßen.

Im Familienleben zeichnet sich eine Zentrierung auf die Kernfamilie ab und auch unter Familienangehörigen herrscht Respekt vor der Privatsphäre des anderen. Jugendliche werden früh unabhängig vom Elternhaus. Viele verlassen die Eltern relativ bald, um ihr eigenes Leben zu führen und eigene Verantwortung zu übernehmen. Junge Erwachsene entscheiden selbst über ihr Studium, über ihren Beruf, über ihren Wohnort und ob, wen und wann sie heiraten. Eltern und Kinder besuchen sich zwar gegenseitig, doch dies beschränkt sich dann unter Umständen auf ein distanziertes Gastgeber-Gast-Verhältnis ohne allzu starke Bindung. Insofern wurde folgendes Kompliment nicht als positives Feedback aufgefaßt, sondern als eine Andeutung, daß sich hier jemand leicht bevormundend verhalten hat:

Ein frisch vermähltes indisches Ehepaar, das für drei Jahre in Deutschland lebt, ist mit einem ebenfalls jungen deutschen Ehepaar befreundet. Die vier unternehmen gemeinsam Wochenendausflüge, treffen sich gelegentlich zum Essen, und die Deutschen helfen den Indern bei ihren anfänglichen Lebensproblemen in Deutschland: Wohnungseinrichtung, Autokauf, Führerschein, Behördengänge. Die gegenseitige Sympathie ist sehr groß und die Inder sind wirklich dankbar, wenn ihnen die deutschen Freunde immer wieder einfache, aber für sie sehr wertvolle Alltagstips geben. Eines Tages sitzen die vier also wieder beisammen und besprechen Details einer kleinen Autoreparatur, als der Inder voller Begeisterung sagt: »Ihr seid unsere deutschen Eltern!« Sofort merkt er, daß er offensichtlich etwas Falsches gesagt hat, denn die beiden blikken fast ein bißchen erschrocken und sagen: »Oh! Entschuldigung, wir meinten das nicht so.« Die Inder haben den Eindruck, die beiden Deutschen würden sich seitdem etwas distanzierter verhalten.

Ein chinesischer Manager feiert das Weihnachtsfest in Deutschland bei einem deutschen Kollegen. Dort erlebt er, wie die Mutter seines Gastgebers nur an den Feiertagen zu Besuch kommt, einen Tag bleibt und danach wieder nach Hause fährt. Außerdem hat der Chinese das Gefühl, die Mutter würde die ganze Zeit wie ein Gast behandelt. Der vertraute Umgang mit der Mutter fehlt und auch sie benimmt sich distanziert. Für ihn ist dieser förmliche Umgang mit der Mutter unbegreiflich.

Hilfesuche gilt in einer Leistungsgesellschaft gewissermaßen als Schwäche und Unfähigkeit. Die normale Erwartung an einen Erwachsenen ist, sich allein zurechtzufinden und sich entsprechend zu informieren. Deshalb wird Ihnen auch, verehrter nicht-deutscher Leser, in Deutschland meist nur geholfen, wenn Sie ausdrücklich um Hilfe fragen oder bitten. Sie zu bemuttern, könnte bedeuten, Ihnen zu unterstellen, Sie werden offensichtlich nicht für fähig genug gehalten, sich um Ihre eigenen Angelegenheiten zu kümmern und sich zurechtzufinden. Wenn Sie selbst helfend eingreifen wollen, sollten Sie Ihre Hilfe mit der Frage einleiten: »Kann ich Ihnen helfen?« Wenn Hilfe erwünscht ist, wird die Antwort ohne Umschweife etwa lauten: »Ach ja, das wäre nett!« Ist Hilfe unerwünscht und die Antwort lautet: »Nein danke, ist nicht nötig!«, dann dürfen Sie sicher sein, daß man Ihre Hilfe auch tatsächlich nicht erwartet.

Sogar in Geschäften haben Verkäufer die Gratwanderung zu vollziehen, daß sie den Kunden dort beraten, wo er Informationen braucht, aber dort nicht für dumm erachten, wo er sich selbst auf einen bestimmten Wissensstand gebracht hat. Der Wunsch nach Selbstverantwortung und Eigenständigkeit ist in jedem Alter groß. Deshalb leben viele ältere Menschen gern weiterhin in ihren Wohnungen, auch wenn die Kinder inzwischen in eine ganz andere Stadt gezogen sind. Ein Verlust der persönlichen Selbstbestimmung, etwa durch Pflegebedürftigkeit im Alter, wird oft als gravierender Selbstwertverlust erlebt. Es gibt in Deutschland auch keine besondere Achtung gegenüber alten Menschen.

Ein chinesischer Manager, der in Deutschland arbeitet, begegnet auf der Straße einer alten Frau, die mit einem kleinen Handwagen einkaufen geht. Erstaunt fragt er sie, warum ihre Kinder ihr nicht helfen würden, da das in China ganz selbstverständlich sei. Die Frau antwortet überrascht: »Ich kann das doch allein schaffen. Warum soll ich mir helfen lassen? Außerdem wohnen meine Kinder weit weg, und ich kann sie nicht wegen solcher Kleinigkeiten belästigen.«

Man strebt danach, ungleichgewichtige Abhängigkeiten zu vermeiden und Beziehungen ausgewogen zu halten. Unter Deutschen ist ein Ausdruck dieser Haltung, sich etwa nur zu bestimmten Anlässen etwas zu schenken, sich für Gefälligkeiten erkenntlich zu zeigen oder selbst als Freunde Rechnungen getrennt zu bezahlen, wenn es sich nicht um eine eindeutig ausgesprochene Einladung handelt. Andernfalls entsteht das Gefühl, in ungewisse Verpflichtungen zu geraten oder den anderen auszunutzen. Auch verläßt man sich nicht gern gänzlich auf andere, sondern will selbst eine Grundorientierung in seinen Angelegenheiten haben, um mitreden und mitentscheiden zu können.

Eine Inderin, die als begleitende Ehefrau mit nach Deutschland gekommen ist und hier nicht arbeiten darf, betreut zweimal pro Woche die Tochter der Nachbarsfamilie. Natürlich tut sie das kostenlos und es macht ihr Spaß, mit der Kleinen zu spielen. Die beiden mögen sich. Doch dafür erhält sie permanent Geschenke. Das ist in ihren Augen völlig übertrieben.

Einer indischen Ingenieurin fällt nicht nur auf, daß Deutsche sich ausführlich über ihre Krankheiten und die von Bekannten unterhalten, sondern daß sie sich auch genauestens über ihre jeweiligen Leiden informieren. Sie wissen Bescheid über Symptome, Therapien, Risiken, Zusammenhänge und so weiter. Sie erscheinen richtiggehend als belesen und gebildet in Sachen Krankheiten. Die Inderin findet das vollkommen überflüssig: Dafür gibt es doch Ärzte, auf die sollte man sich doch verlassen. Da muß man sich doch nicht selbst fortbilden.

Der selbständige, eigenverantwortlich handelnde Mitarbeiter ist auch für deutsche Unternehmen ein angestrebtes Ideal. Er sollte sich, wie unter *regelorientierte, internalisierte Kontrolle* beschrieben, überlegen, ob er die ihm angetragene Rolle ausfüllen und die Aufgabe übernehmen kann, und diese Entscheidung dann konsequent umsetzen. Klare Arbeitsbeschreibungen und Zuständigkeitsbereiche sind in diesem Sinne als Ausdruck von Eigenständigkeit zu werten, weil innerhalb seines Spielraums jeder für seine Aufgabe die Verantwortung trägt. Wenn er sich über die Erwartungen an ihn nicht im klaren ist, sollte er von sich aus um ein klärendes Gespräch bitten.

Fragen zu stellen wird übrigens allgemein in Deutschland als Interessensbekundung betrachtet. Es gilt das Motto: Jeder intelligente Mensch hat Fragen! Eine Fürsorgepflicht des Chefs für den Mitarbeiter gibt es so gut wie nicht. Weder ist es seine Aufgabe zu sehen, wie gut dem Mitarbeiter die Aufgabe gelingen kann, sondern der Mitarbeiter hat sich zu bemühen (individuelle Verantwortung) und seinerseits den Chef auf Probleme aufmerksam zu machen (Bringschuld, vgl. *regelorientierte, internalisierte Kontrolle*). Noch mischt sich der Chef in die Privatangelegenheiten des Mitarbeiters ein (vgl. *Trennung von Lebensbereichen*).

Die Unterscheidung zwischen Bekannten (also Gruppen, zu denen eine Person gehört) und Nicht-Bekannten (also Gruppen, denen eine Person nicht angehört) ist nicht so ausgeprägt wie beispielsweise in Asien oder auch der russischen Kultur: Weder ist der Zusammenhalt innerhalb bestehender Gruppen so eng, noch ist der Graben zu Unbekannten so tief.

– Zunächst einmal ist die Gruppenmitgliedschaft prinzipiell freiwillig, weshalb die Gruppen auch wieder verlassen werden können, wenn man sich in ihnen nicht wohl fühlt. Da die einzige Ausnahme von dieser Regel die Familie ist, in die man hineingeboren wurde, ist zumindest das Ausmaß der Enge des Kontakts zu dieser Familie im Erwachsenenalter daran gebunden, wie gut man sich versteht. Bei Sympathie können die Beziehungen zu Eltern und Geschwistern eng sein, bei nicht zufriedenstellenden Kontakten können sie distanzierter sein als zu Freunden und Bekannten.

– Es gibt viele Arten von Gruppen, denen das Individuum angehört: Da sind (a) natürlich sehr verbindliche und intime zu nennen, wie die (Kern-) Familie oder der enge Freundeskreis. Ihre Grenzen sind recht fest und in sie aufgenommen zu werden dauert unter Umständen sehr lang. Und es gibt (b) weniger verbindliche Gruppen, die mit Sport, Politik, Kunst, Religion oder anderen Interessen zu tun haben. Die Mitgliedschaft ist hier kurzzeitiger, weniger intensiv und mit weniger Verpflichtungen verbunden. Die gemeinsame Basis in diesen Gruppen stellt das jeweilige Gruppenziel dar. Deshalb ist es sehr einfach, einer derartigen Gruppe beizutreten. Sie sind der Schlüssel, um in Deutschland Kontakte und dann wirkliche Freunde zu finden. Es ist Ihnen, verehrter nicht-deutscher Leser, dringend angeraten, sich in derartige Freizeitzirkel zu begeben. Deutsche selbst suchen ebenfalls solche Vereine, Clubs, Initiativen oder

Organisationen auf, wenn sie umziehen oder neue Kontakte knüpfen möchten. Denn (c) der Kollegenkreis deckt häufig nur die Bereiche »Beruf« und »Rolle« (vgl. *Trennung von Persönlichkeits- und Lebensbereichen*) ab, hat aber kaum sonstige soziale Funktionen. – Übrigens: Das was Sie aus Ihrem Heimatland als »Nachbarschaft« kennen, gibt es in Deutschland in vielen Wohnvierteln, in anonymen Wohnblocks und in größeren Städten eher selten. Hier auf Bekanntschaften zu hoffen, kann bedeuten, vergeblich zu warten. Engere Kontakte (also mehr als sich grüßen) sind nur dann zu erwarten, wenn sich die individuellen Interessen decken, weil man sich als Gartenliebhaber unterhält, weil die Kinder miteinander spielen oder ähnliches.

– Fremde Menschen, die man nicht kennt und die zu fremden Gruppen gehören, werden nicht grundsätzlich anders wahrgenommen als Menschen, die man kennt. Man tritt mit ihnen in einen distanzierten Kontakt, wenn die Situation es nahe legt. Man kann beispielsweise ohne weiteres eine Person, die laut Organigramm für etwas zuständig ist, anrufen oder ansprechen; dazu bedarf es keines Vermittlers, sondern der offizielle, formelle Weg ist sehr oft der Einstieg in Kontakte. Ebenso kann man ohne weiteres zu bestehenden Gruppen (z. B. Sportvereine, Freizeitinitiativen usw.) allein hinzustoßen – die Frage »Kann ich mitmachen?« genügt. Man braucht in der Öffentlichkeit nicht abgeholt oder begleitet zu werden, denn auf Taxifahrer und Angestellte an Informationsschaltern kann man sich verlassen. Man braucht keine Beziehungen innerhalb des Gesundheitssystems, alle Kranken werden behandelt. Auch Informationen sind frei zugänglich und die Infrastruktur steht jedermann offen. Insofern ist der Schutz der Gruppe für die eigenen Aktivitäten nicht nötig. Zudem gilt – moralisch und gesetzlich –, daß alle Menschen gleich behandelt werden sollen. Und das geschieht auch im allgemeinen. Selbst die Arbeitssuche oder die Personalauswahl läuft oft ganz ohne Beziehungen, sondern nur nach sachlichen Gesichtspunkten.

Ein russischer Ingenieur kommt vorübergehend in eine deutsche Firma. Zu seinem Erstaunen entdeckt er dort unter den Kollegen ausgesprochen wenige, die miteinander verwandt sind. Im Lauf eines Jahres lernt er ein einziges Ehepaar kennen, bei dem beide in der Firma arbeiten. Alle Kollegen arbeiten vielmehr als einzelne im Betrieb und ihre Verwandten sind in anderen Firmen beschäftigt. – In seiner Firma in Rußland arbeiten viele, die miteinander verwandt sind.

Es gibt in Deutschland außerdem so etwas wie ein Gefühl für das (abstrakte, anonyme) Gemeinwesen. Hier ein paar Beispiele, in denen einfach die Situation verbindet: Große und kleine Ortschaften werden von Stadtgärtnern mit Blumenrabatten geschmückt und nur Betrunkene kommen auf die Idee, sie zu zerstören oder sich hier mit einem Sträußchen zu bedienen. Es gibt die Bereitschaft, sich im Interesse der Allgemeinheit zu engagieren, etwa im Umweltschutz. Auf Spendenaufrufe zugunsten von Katastrophenopfer irgendwo in der Welt werden in Deutschland zum Teil beachtliche Summen auf Spendenkonten von Hilfsorganisationen gesammelt. Es gibt ein Gesetz, das jemanden bei »unterlassener Hilfeleistung« belangt, wenn er bei einem Unfall (egal wem) nicht sofort Hilfe leistet. Selbst in relativ anonymen Situationen, wie in einem Aufzug oder auf der Wartebank eines Waschsalons, ist häufig zu beobachten, daß Fremde einander zumindest grüßen. Das Medizinsystem ist so organisiert, daß es immer diensthabende Ärzte aller Fachrichtungen gibt und Patienten sicher sein können versorgt zu werden, auch wenn der Arzt, zu dem sie üblicherweise gehen, frei hat. Autofahrer sind Fußgängern gegenüber manchmal Kavaliere am Steuer und halten in vielen Orten zumindest am Zebrastreifen an. Und selbstverständlich gibt es auch in Deutschland viele Personen, die anderen auf Anfrage bei Kleinigkeiten bereitwillig helfen.

Räume werden in Deutschland ebenfalls weithin individuell genutzt. Wichtig ist das, was wir Privatsphäre nennen. Sie bedeutet beispielsweise einen körperlichen Mindestabstand zu anderen Personen zu halten, Räume, die man individuell (nur für sich allein) nutzen kann, oder auch täglich Zeit für sich zu haben, die von Ansprüchen anderer frei ist. Das ist Deutschen für ihre psychisches Wohlbefinden wichtig. Schon die Privatsphäre von Kindern wird geachtet (eigenes Zimmer, Wahrung des Briefgeheimnisses). Selbst am Arbeitsplatz hat man seinen eigenen Tisch, seine eigenen (abschließbaren) Fächer, vielleicht seinen eigenen Raum, den man sogar ein bißchen persönlich ausstatten kann.

Herr Yu, Generalmanager einer chinesischen Firma, besucht einen deutschen Großbetrieb. Von einem deutschen Manager wird er durch die Firma geführt, um die Arbeitsweise kennenzulernen. Beim Rundgang durch die Werkstatt bemerkt Herr Yu, daß fast alle Arbeiter ein kleines Radio am Arbeitsplatz haben, daß bei einigen Blumen auf den Tischen stehen, und sogar ein Glas mit Goldfischen ist zu sehen. Überdies feiert gerade ein Arbeiter seinen Abschied, so daß in der Pause für alle Kaffee und Kuchen verteilt wird. Herr Yu kann nicht verstehen, weshalb die Führung der Firma solche Ablenkungen während der Arbeitszeit toleriert.

Auch Gastfreundschaft besteht in Deutschland nicht aus einer Rundumbetreuung, sondern man geht davon aus, daß auch der Gast froh ist, immer wieder Zeit zur eigenen Verfügung oder für sich und seine Pläne zu haben. Man kombiniert daher die eigenen Termine und zeitlichen Verpflichtungen (vgl. *Zeitplanung*) mit den (vermeintlichen) Planungen des Gastes.

Eine russische Mitarbeiterin in einer deutschen Firma in Deutschland wird in eine andere Stadt versetzt. Da sie an ihrem früheren Arbeitsort Freunde gefunden hat, fährt sie ab und zu übers Wochenende zu diesen Freunden zu Besuch. Sie wird dabei jedoch das Gefühl nicht los, daß sie diesen Freunden lästig ist. Zwar wird sie immer herzlich begrüßt und die Freunde sagen jedes Mal, wie sehr sie sich freuen, sie wieder zu sehen, doch dann überlegen sie sich in ihrer Anwesenheit ungeniert, was jeder am Wochenende machen muß und tun will. Sie stellen daraufhin jeder für sich, teils mit und teils ohne ihren russischen Gast (willst du mitmachen?) das Programm zusammen. Oft haben sie noch etwas zu erledigen, tun das auch und lassen ihre russische Freundin dann allein. Sie kann ja einkaufen gehen oder etwas anderes machen – sie kennt sich ja aus in der Stadt. Ihr Spruch heißt: »Fühl' dich frei!«

Ein junger Inder, der einige Zeit zur Berufsausbildung in Deutschland war, hat während seines Aufenthalts Kontakt zu einer deutschen Familie geknüpft. Diese Familie lädt ihn wiederholt ein, in seinen Ferien zu ihnen zu kommen. Der Inder sagt, er hätte das im Lauf des nächsten Sommers vor, aber die Vorbereitungen einschließlich des Visums verzögern sich. Tatsächlich kommt er in Deutschland erst zur allgemeinen Urlaubszeit an. Als sie wegen des konkreten Termins miteinander telefonieren, sagt ihm die Familie, daß es ihnen leid täte, aber sie hätten ihren Urlaub schon gebucht. Sie würden ihn aber herzlich willkommen heißen und ihm den Wohnungsschlüssel hinterlegen. Er solle sich bei ihnen wie zu Hause fühlen und die Stadt genießen und sich mit seinen anderen Freunden und Bekannten treffen. Nach zwei Wochen kämen sie ja wieder zurück und dann könnte man ja noch weitere zwei Wochen zusammen verbringen. – Der Inder ist sehr verwundert, als er in der Stadt ankommt und alles tatsächlich so wie angekündigt ist! Die Familie ist wirklich verreist, obwohl sie Besuch hat! Der Inder bleibt ein paar Tage in der Wohnung und dann fährt er bitter enttäuscht wieder nach Hause. Nie wieder will er mit dieser Familie zu tun haben!

Deutsche betrachten auch Dinge, die ihnen gehören, als Bestandteil ihrer Privatsphäre und verleihen diese weder großzügig noch teilen sie sich beispielsweise ihrer Snacks und Mahlzeiten mit anderen.

Ein Japaner ist von seinem deutschen Kollegen enttäuscht. Denn oft sitzt dieser da und ißt oder trinkt irgend etwas bei der Arbeit. Aber noch nie hat er ihm davon angeboten! Er selbst macht das schon. Auch wenn er während der Frühstückspause nur einen Apfel ißt, fragt er den Kollegen, ob er ein Stück davon haben möchte. Der sagt dann: »Danke, ich habe mein Frühstück selbst mit.« Das weiß er natürlich auch, daß jeder seine Frühstück selbst hat. Es geht ihm doch um die Atmosphäre!

Beim Betriebsausflug, der übers Wochenende stattfand und zu dem auch die Familien der Mitarbeiter eingeladen waren, ist ein indischer Mitarbeiter völlig erstaunt, daß sich, als es zum Mittagessen ist, alle Familien zurückziehen und getrennt ins Gras setzen: Jede Familie hat ihre Wurst, ihr Brot, ihre Getränke dabei. Niemand scheint mit den anderen teilen zu wollen. Der Mitarbeiter aus Indien hätte erwartet, daß man eine große Tafel eröffnet, auf der alle ihre mitgebrachten Speisen und Getränke ablegen und man dann wirklich miteinander teilt und gemeinsam ißt.

Anhand dieses Individualismus lassen sich viele Eigenarten des Kommunikationsverhaltens Deutscher zusätzlich erklären: Da eine Person nur rudimentär aufgrund ihrer Gruppenzugehörigkeit zu charakterisieren ist, ist das, was sie sagt, für ihre Einschätzung besonders wichtig. Es gilt nämlich ihre Interessen, Einstellungen, Überzeugungen, Prinzipien, Werthaltungen herauszufinden. Das sind die wichtigsten Attribute einer Person! Somit ist das Äußern von Interessen und das Eintreten für Überzeugungen ein für ein Individuum wichtiges Kriterium, sich von anderen abzugrenzen und sich als eigene Person zu fühlen und zu identifizieren; und es ist *die* Möglichkeit, sich als Gesprächspartner ein Bild von dieser Person zu machen. Man kann sagen, Kommunikation dient in Deutschland in hohem Maß der Selbstdarstellung (in dem soeben definierten Sinne), um Kontakte auf der Basis eines gewissen individuellen, seelischen Gleichklangs anzubahnen oder zu bestärken, aber kaum der Schaffung und Aufrechterhaltung der Harmonie einer nicht freiwillig gewählten Gruppe. Für das Berufsleben bedeutet das: Durch Reden und Fragen zeigt man sein Engagement und seine Initiative. Deshalb darf auch die Kommunikation die Gefühle des Sprechers widerspiegeln (Ungeduld, Langeweile, Frustration, Ärger) – eine Person ist derart sichtbar engagiert und beteiligt. Ideen und Meinungen, Argumente und Gegenargumente dienen sowohl der Sache, weil eine sachlich gute Lösung gefunden werden soll, wie auch der Selbstbehauptung im Sinne des Beweises der eigenen Kompetenz als engagierter und leistungswilliger Mitarbeiter.

Da diese Grundhaltung bedingt, daß Interessen stets aufeinander prallen und ein Ausgleich ausgehandelt werden muß, um zur Balance dieser Interessen zu finden, wird auch mit Konflikten ganz anders umgegangen:

– Konflikte können gelöst werden, indem man die objektiven Fakten und die Interessen der Beteiligten berücksichtigt. So sucht man nach den Gründen des Konflikts, hört sich die Parteien an, diskutiert die Informationen und ist um eine akzeptable Lösung bemüht, die den sachlichen Aspekten und den Interessen beider Seiten gerecht wird.

– Auf der emotionalen Ebene glaubt man in Deutschland, daß ein offenes Gespräch über Gefühle die Luft reinigt, denn man ist überzeugt, Gefühle loszuwerden, indem man sie zuläßt (wie man durch Dampfablassen eine Explosion verhindert). Nach einem Streit bemüht man sich im positiven Fall darum zu vergessen und zu vergeben.

– Konflikte sollen im Sinne der Eigenständigkeit die beteiligten Personen nach Möglichkeit selbst lösen. Die Einbeziehung eines Vermittlers ist das Eingeständnis, daß man nicht in der Lage ist, sein Problem selbst zu klären. Auch das Einschalten des Chefs als Schlichter oder Entscheider ist nur dann kein schlechter Stil, wenn die Auseinandersetzung mit dem Kollegen erfolglos war.

– Es ist postuliertes Erziehungsziel für Deutsche, daß eine Person »konfliktfähig« wird. Sie soll in der Lage sein, die verschiedenen Interessen zu klären und abzuwägen, um eine Lösung zu finden.

Hierarchische Beziehungen sind weithin funktionale: Die Gesellschaft oder die Firma muß organisiert werden und dazu sind hierarchische Strukturen erforderlich. Sie bestimmen selbstverständlich das Rollengefüge zur Zielerreichung in Form einer klaren Aufgabenteilung, sind aber durch Bereiche, in denen Gleichheit herrscht, ergänzt. Das kann einmal zugunsten der Sache sein (in Diskussionen beispielsweise oder wenn in der Produktion auch einmal ein Ingenieur unter das Band kriecht), das kann ein anderes Mal aufgrund der entwickelten privaten Beziehung sein, das kann aber auch einfach das Bemühen um einen normalen Umgangston (wie unter Gleichgestellten) sein, weil die Rollenbeziehung mit der Situation im Moment nichts zu tun hat.

Ein Inder beobachtet, wie sein Abteilungsleiter mittags häufiger mit seiner Sekretärin zum Essen geht. Die beiden benutzen die Kantine für alle Mitarbeiter, sitzen an einem Tisch, essen und unterhalten sich. Der indische Mitarbeiter wundert sich sehr: Warum geht ein deutscher Chef mit seiner Sekretärin essen? – In Indien gibt es verschiedene Kantinen und eine Sekretärin bekommt schon gar keinen Zutritt zur Kantine der Manager.

Ein Koreaner reist mit der Betriebssportgruppe seiner deutschen Firma zum Skifahren. Er ist, so stellt sich bei der Einteilung der Skifahrer in Gruppen mit vergleichbarem Niveau heraus, der einzige Anfänger. Jede Gruppe erhält einen Leiter und zur Überraschung des Koreaners übernimmt der Vorsitzende des Skiclubs, ein hervorragender Skifahrer, das ganze Wochenende lang den Unterricht für den Koreaner. Der ist begeistert: Wie konnte der Vorsitzende so freundlich sein und ihm zuliebe ein ganzes Wochenende lang auf den eigenen Skispaß verzichten? Ihm hätte doch das Skivergnügen am meisten zugestanden – oder nicht?

»Individualismus« und die anderen Kulturstandards

»Individualismus« ist ein basaler Kulturstandard des Westens und deshalb möchte ich zusammenfassend auf einige Verbindungen zu anderen deutschen Kulturstandards hinweisen, wie sie für unseren Zusammenhang wichtig sind.

Am augenscheinlichsten bilden Individualismus, Gesetzesmoral und ein direkterer Kommunikationsstil ein in sich konkludentes System, dessen Pfeiler so lauten:

1. Der Individualismus zielt auf die Würde und Integrität des einzelnen (*Individualismus*).
2. Die Grenzen, an denen die Interessen des einzelnen enden, müssen, damit auch andere zu ihrem Recht kommen, durch Gesetze, Regelungen, Verträge (Strukturen) markiert sein. Durch sie wird quasi die Gesellschaft zusammengehalten (*Wertschätzung von Strukturen und Regeln*).
3. Diesen kategorialen, in jeder Situation gültigen Strukturen hat sich *jeder* (auch Ranghöhere) zu fügen. Sie stellen die verbindliche

Basis für das Gemeinwesen dar *(regelorientierte, internalisierte Kontrolle)*.

4. Gegenüber diesen Regeln herrscht für anständige Deutsche ein »Schuldprinzip«, was heißt, daß sich jemand bei einem Regelverstoß persönlich schuldig fühlt und diesen Fehler persönlich ernst nimmt als einen Verstoß gegen das Gemeinschaftsleben *(regelorientierte, internalisierte Kontrolle)*. Sich nicht erwischen zu lassen, gilt nicht als erstrebenswertes, kluges Verhalten, und zu betrügen, wird nicht bewundert als listig und intelligent. (Daß es in Deutschland viele Menschen gibt, die sich nicht oder nur teilweise an die Spielregeln 3 und 4 halten, ist ebenfalls wahr. Doch auch das Aufdecken solcher Verstöße und die Brandmarkung als Unrecht beweist, daß diese Mechanismen sehr wohl wertbehaftete Handlungsleitlinien darstellen.)

5. Ein relativ direkter Kommunikationsstil ist elementar (a) zur Aushandlung von Regelungen, die die Interessen der Beteiligten für die Fälle gegeneinander abwiegen, die durch die vorhandenen Strukturen (noch) nicht abgedeckt sind. Um dazu fähig zu sein, ist es nötig, daß Personen sich eine eigene Meinung bilden, in einen Meinungsaustausch treten und Strategien entwickeln, mit denen eine Regelung erzielt werden kann, die die Interessen beider Seiten fair berücksichtigt. Außerdem müssen (b) Personen konfliktfähig sein, um die eigenen Rechte bei Verstoß eines anderen gegen die Strukturen einzufordern *(schwacher Kontext als Kommunikationsstil)*.

6. Zudem gilt: Zur Sache zu kommen ist leichter möglich, weil die Installation oder Bestätigung eines Gruppengefühls in einer individuumsbezogenen Kultur weithin unnötig ist und die Bedrohung der guten Gruppenatmosphäre durch sachliche Differenzen eine geringere Rolle spielt. Statt dessen hat die Kommunikation rein pragmatischen Charakter, im Sinne eines Treffens von Vereinbarungen zur Interessensverfolgung *(Sachorientierung)*.

Empfehlungen

Für Nicht-Deutsche, die mit Deutschen arbeiten:

- Seien Sie nicht zu bescheiden und zu höflich. Treten Sie für Ihre Interessen ein und verweisen Sie auch auf Ihre Leistungen. Das ist ganz besonders dann wichtig, wenn Sie in Deutschland eine Stelle als Vertreter Ihrer Heimatfirma haben. Zurückhaltung wird nicht als Höflichkeit, sondern als Unfähigkeit interpretiert. Denn man hat Sie ja hierher geholt, damit Sie die Interessen Ihrer Firma repräsentieren. Sagen Sie Ihre Meinung klar, laut, deutlich und selbstsicher! Bereiten Sie sie argumentativ auf. Lassen Sie sich auf die Agenda setzen. – Warten Sie auch nicht auf die Lösung der Deutschen für Ihr Problem. Sie gelten als gleichberechtigter Partner, der gemeinsam mit den Deutschen ein Problem löst. Reden Sie einfach mit! Bringen Sie Ihre Ideen ein!

• Erwarten Sie nicht, stets begleitet oder unterstützt zu werden. Alle haben ihre Verpflichtungen und wahrscheinlich kaum Zeit für Sie. Außerdem ist allein losgeschickt zu werden, ein Zeichen, daß man Sie für kompetent hält und Ihnen viel zutraut. Man wird Sie nicht verstehen in Ihrem Gefühl, daß Sie ein Recht auf mehr Hilfe hätten. – Wo Sie Hilfe brauchen, um voranzukommen, gilt das Motto: fragen, bitten, fragen, bitten.

• Ergreifen Sie überhaupt für alles, was Sie möchten, selbst die Initiative. Sprechen Sie Kollegen oder Bekannte an, bitten Sie um Informationen, sprechen Sie Einladungen aus oder schlagen Sie gemeinsame Unternehmungen vor, machen Sie regelmäßig Termine bei Ihrem Chef, um Ihre beruflichen Anliegen zu besprechen. So können Sie nicht übersehen werden, so erscheinen Sie als engagiert und interessiert, so erscheinen Sie aber auch als Person interessant und energievoll, weil mit Ihnen »etwas los ist«. (Wenn Sie nur warten, bis Sie angesprochen werden, warten Sie höchstwahrscheinlich umsonst.)

• Nehmen Sie bitte Geschriebenes ernst – Verträge, Protokolle, Unterschriften. Sie gelten als verbindlich und informell Vereinbartes hat eher eine geringe Bedeutung.

• Gehen Sie in Freizeitorganisationen. Finden Sie einfach Ort und Zeit des Treffens heraus, gehen Sie hin (ohne Vermittler, allein, auch als Frau) und sagen Sie, daß Sie mitmachen möchten. Kommen Sie ein paar Mal und die Kontakte werden von Mal zu Mal offener und freundlicher.

• Rechnen Sie damit, daß Ihre deutschen Kollegen viel weniger mit ihrer weiteren Familie zu tun haben als Sie mit Ihrer in Ihrem Land. Diesbezügliche Verpflichtungen sind unüblich, und man wird Sie nicht verstehen, wenn Sie Ihrerseits solche Argumente

ins Feld führen. Wenn Sie dennoch derartige, meist recht zeitaufwendige Verpflichtungen haben, dann erklären Sie den
Deutschen bitte genau, was Sie zu tun haben und inwiefern das
in Ihrer Kultur üblich ist.

• Rechnen Sie damit, daß die Menschen häufiger horizontale
(auf gleiche Ebene) als vertikale Beziehungen (auf anderer Ebene) haben. Das meint: Beziehungen zu Partnern, Freunden, Kollegen gibt man gegenüber hierarchischen Beziehungen den
Vorzug und sie sind auch meistens persönlicher, menschlich
wärmer als die Beziehungen über hierarchische Stufen hinweg,
die eher distanzierter und sachlicher sind. Suchen auch Sie sich
hier Ihre Kontakte. – Und seien Sie bitte nicht enttäuscht, wenn
man Ihren Status mitunter mißachtet: Er wird einfach nicht für
so wichtig erachtet – im Beruf kann er hinter die Sache an die
zweite Stelle treten, im Privatleben ist man vorsätzlich um eine
horizontale Beziehung bemüht.

Für Deutsche, die in internationalen Zusammenhängen arbeiten:

• Machen Sie sich einmal klar, daß viele das erste Mal in ihrem
Leben allein waren (überhaupt in einem Zimmer, an einem Wochenende, an vielen Abenden), seit sie in Deutschland leben.
Das läßt Sie ahnen, wie sehr soziale Kontakte vermißt und sehn-
lichst gewünscht werden.

• Versuchen Sie, wo immer Sie können, Ihren nicht-deutschen
Kollegen hier entgegenzukommen: Mit Gesprächen in der
Firma, durch Unterstützung bei den Alltagsproblemen, mit Ein-
ladungen (selbst wenn Sie nichts Sensationelles anbieten).
Es geht um das *Zusammensein*.

• Rechnen Sie damit, daß Beziehungen in nicht individuumsbezogenen Kulturen *der* menschliche und sachliche Schlüssel
überhaupt sind. Eine Beziehungsinvestition lohnt sich also
zweifach. Aber nehmen Sie, wenn das gelungen ist, Ihre Position als Ansprechpartner und Sprachrohr in beide Richtungen
auch langfristig an: Man hat zu Ihnen Vertrauen gefaßt und
spricht Sie auf vieles an (nicht nur für das, wofür Sie zuständig
sind), und Sie können umgekehrt auch wichtige Dinge Ihrer
Firma einspeisen.

• Bemühen Sie sich, den Status Ihres nicht-deutschen Geschäfts-
partners, vor allem bei Besuchen in Deutschland, angemessen

zu würdigen, ihm also auf entsprechender Hierarchieebene zu begegnen, nicht durch »Abgesandte«.

Kulturhistorische Hintergründe

Der kulturhistorische Hintergrund für den im Westen verbreiteten Individualismus ist in bedeutsamem Maße die *jüdisch-christliche Religion*, denn der einzelne Mensch erhält hier generell eine immense Bedeutung. Folgende Elemente gelten dabei als entscheidend:

– Individualismus ist die Kehrseite des jüdischen Monotheismus: Weil der Monotheismus Ausschließlichkeit verlangt (man kann sich nicht aussuchen, zu welchem Gott man beten will, es gibt nur den einen), die Pläne dieses in das konkrete Leben eingreifenden, allmächtigen Schöpfergottes aber nicht abzulesen, sein Verhalten nicht durch Rituale zu kontrollieren sind, ist zur Orientierung für ein gottgefälliges Leben eine Beziehung zwischen Gott und dem konkreten Menschen erforderlich. Nur auf diese Weise kann der Mensch den Willen Gottes für sein Leben erkennen (Cahill 2000).

– Außerdem schwächt der Gedanke der individuellen Verantwortlichkeit – weithin geregelt mit Gesetzen – diesem einen unsichtbaren Gott gegenüber in seiner Universalität die partikulären Bindungen des Menschen an seine familiäre, lokale, ethnische Gruppe erheblich und schränkt sie ein (Nipperdey 1991).

– Das Christentum geht noch einen Schritt weiter: Es betrachtet den historischen (!) Menschen Jesus als Gott (Inkarnation). Das erlaubt eine Aufwertung des »Geschöpfes Mensch« zum »Partner« Gottes: Der einzelne Mensch, ob Kind oder Erwachsener, ob arm oder mächtig, wird bedeutsam und gilt als »Ebenbild Gottes« (Mensching 1966). Das Beispiel Jesus fungiert zukünftig als *das* Vorbild für alle Gläubigen und bringt jeden in ein einzigartiges, persönliches Verhältnis zu Gott, weil er vor der Aufgabe steht, ein Leben zu leben, wie Jesus es an seiner Stelle wohl getan hätte (Anliegen der Urchristen).

– Das Christentum war und blieb auch später, trotz aller kirchlichen Entwicklungen durch die Jahrhunderte hindurch, eine Gewissensreligion des einzelnen: Das Gebot der Gottes- und Nächstenliebe (»Liebe deinen Nächsten wie dich selbst«) ist letztlich die verbindliche Norm und an ihr wird dem christlichen Glauben

nach jeder Mensch nach seinem Tod von Gott gerichtet und beurteilt. Dieser Gedanke erhielt seinen massivsten Schub wieder
durch den Protestantismus. Als die katholische Kirche zur »Heils-
anstalt« geworden war, die eine statische, organisierte und vermit-
telte Kultfrömmigkeit förderte, predigte Martin Luther in seiner
Gegenbewegung wieder die eigentlich urchristliche Haltung: Nur
die Gemeinschaft mit Gott, also das gottgefällige Leben zählt,
nicht die ritualisierte Frömmigkeit. Die resultierende gewissenhafte Introspektion förderte den Individualismus im Sinne der Ei-
genverantwortlichkeit nachhaltig und vollendete den Individualismus religiös: Der Glaube beruht allein auf individueller, persönlicher Gewissenserleuchtung und Gewissensentscheidung
(Kindermann). Zudem machte das christliche Gebot der Nächstenliebe von seinem Anspruch her endgültig Schluß mit der partikulären Bevorzugung von Gruppen: Der Nächste ist jeder
Mensch auf dieser Erde.

Zeitnah mit dem Protestantismus verstärkten die philosophischen
und geistigen Strömungen des *Humanismus* (14./15. Jahrhundert)
und der *Renaissance* (16. Jahrhundert) sowie später der *Aufklärung*
(18. Jahrhundert) den Stellenwert des einzelnen Menschen und
führten zu seiner weiteren Ausarbeitung und Verinnerlichung. – So
kommt auch der Begriff »Individualismus« zustande: die Überzeugung vom Menschen als Individuum, lateinisch »Unteilbares«, also
einzigartiges, unvergleichbares Wesen.

Der *Humanismus* betont in seiner Orientierung an der Antike die
Würde und den Wert des Individuums und bringt das in der Kunst
zum Ausdruck. Die *Renaissance* entdeckt das antike Individuum der
Kunst, der Philosophie und des Rechts neu (Troeltsch 1925) und versucht diese Erkenntnisse zeitgenössisch umzusetzen. Die *Aufklärung*
leitet unter Maßgabe der Vernunft weitreichende philosophische, soziale und politische Veränderungen in Europa ein: Der Mensch sollte
in allen Bereichen der Bildung und des Handelns kompetent sein
und sein Leben selbstbestimmt und rational (»vernünftig«) führen
und verantworten. Die Vernunft wird dabei begriffen als die dem
Menschen von Gott verliehene Fähigkeit des logischen Denkens, und
sein Vernunftdenken soll er im alltäglichen Leben an politisch Mächtige abgeben? Statt dessen wurde Toleranz und Gleichheit aller Menschen vor dem staatlich verfaßten Gesetz gefordert, und umgekehrt

sollte jeder Mensch diesem Gesetz auch Folge leisten. Damit zerfiel auch die Unabänderlichkeit des individuellen Schicksals, das bislang in weiten Bereichen durch Stand, Klasse, Religion bestimmt war, und soziale Mobilität wurde möglich. Psychologisch gesehen wurde mit der Auflösung der bisherigen festen Bindungen plötzlich die Identitätsbildung des Individuums ein wichtiges Thema: Wer bin ich? Was will ich? Wie erhalte ich Anerkennung (Böhm 1995)?

Die Aufklärung führte tatsächlich zu einer sehr nachhaltigen Umgestaltung des Lebens in allen Bereichen (z.. B. Staatsapparat, Bildungswesen) und machte das Individuum zum bewußten Gestalter menschlicher Daseinsformen. – Weil das vor allem für Frankreich und Großbritannien gilt, die Aufklärung sich in Deutschland jedoch aufgrund der politischen Verhältnisse weit weniger auswirken konnte, liegt hier ein wesentlicher Grund, warum es eine Reihe westlicher Länder gibt, für die Individualismus ein viel deutlicheres Merkmal ist als für Deutschland. Da auf der anderen Seite die Entwicklungen des Protestantismus, des Humanismus, der Renaissance und der Aufklärung im orthodoxen Gebiet des Christentums weitgehend wirkungslos blieben, ist der Individualismus dort trotz Christentums nicht besonders ausgeprägt.

Der Individualismus als Lebensform (z. B. Kernfamilien, Single-Dasein, finanzielle Unabhängigkeit) ist in verstärktem Maß erst eine völlig säkularisierte und durch die Marktwirtschaft forcierte Erscheinung des zwanzigsten Jahrhunderts, obwohl er ohne die genannten Hintergründe nicht denkbar wäre. Hofstede sieht dann auch einen Zusammenhang zwischen Individualismus und Wohlstand: Je mehr der Wohlstand eines Landes steigt, desto mehr haben die Menschen die Möglichkeit, »to do their own thing« (Hofstede 2000, S. 94).

Ich habe den Individualismus einen »Basiskulturstandard« genannt. Das ist auch unter der kulturhistorischen Perspektive richtig: Individualismus zieht sich wie ein roter Faden durch die Antike und das Christentum, insbesondere den Protestantismus. Somit sind sämtliche Ausführungen zu diesen beiden kulturgeschichtlichen »Erdschichten« an anderer Stelle in diesem Buch deren Ausfächerungen. Sie sollen hier nicht noch einmal wiederholt werden.

■ Zum Schluß

Was nun, was tun, wird sich so mancher von Ihnen, verehrte Leserinnen oder verehrter Leser, fragen. Vielleicht war es ein bißchen viel, was ich Ihnen nahebringen wollte. Vielleicht erscheinen Ihnen unsere deutschen Kulturstandards aufgrund der historischen Hintergründe wie für die Ewigkeit (zumindest eines Menschenleben) in Stein gemeißelt und unüberwindbar. Glauben Sie mir bitte, meine Absicht bestand nicht darin, Ihnen so viele kulturelle Eigenarten von uns Deutschen aufzuzeigen, daß Sie sich aufgrund der vermeintlichen Probleme handlungsunfähig sehen. Im Gegenteil, ich will Ihnen durch Informationen über uns Deutsche eine Verständnis- und Verständigungsbasis an die Hand geben. Denn in Evaluationen interkultureller Trainings hat sich herausgestellt, daß *Wissen* über eine Kultur eine sehr gute Basis bildet für interkulturelles Lernen und kulturadäquates Handeln: Emotionen, Kognitionen, Verhalten und Handlungsergebnis werden davon beeinflußt (Kinast 1998). Die Muster, die hierbei ablaufen, sind in etwa folgende:

1. Zunächst einmal kann kulturdivergentes Verhalten, also Verhalten, das den eigenen Erwartungen widerspricht, überhaupt als Kulturunterschied *wahrgenommen* und nicht nur als individuelle Marotte oder als komisch, unhöflich, unfähig oder autoritär etikettiert werden. Das ist die Voraussetzung, um weitere Schritte folgen zu lassen.

2. *Emotional* ist man mit diesem Wissen ein Stück distanzierter, weil weniger überwältigt und irritiert. Man ist also weniger überrascht, enttäuscht oder vor den Kopf gestoßen. Manchmal gelingt es sogar, das Verhalten der anderen zu antizipieren und dann wird die Situation nicht als unerwartet erlebt.

3. Das hat zur Folge, daß man souveräner und adäquater *reagiert*: Man kann sich beispielsweise die Ursachen für die Situation erklären. Oder man kann auf eine Art reagieren, die dem fremden

Kulturmuster ein Stück entgegenkommt. Man ist eben orientierter, vorbereiteter und nicht ratlos.

Dadurch ist die Gefahr geringer, daß die Situation eskaliert, weil sich eben nicht beide Seiten lediglich auf das in ihrer Kultur Gelernte versteifen, das ja erwiesenermaßen soeben ineffektiv war, oder weil sie nicht – im Bild gesprochen – die erhaltene Ohrfeige zurückgeben, indem sie es dem anderen erst recht zeigen. Im Gegenteil: Weil nur durch Kooperation das Ziel erreicht werden kann, kann eben durch Auf-den-anderen-Zugehen ein Stück auf dem Weg zum Ziel zurückgelegt werden.

4. Außerdem bewirkt Kulturwissen, daß die *Bewertung* des fremden Verhaltens positiver ausfällt, weil man das fremdartige Verhalten als durchaus sinnvoll, wenn auch andersartig empfinden kann.

Das ist nicht nur für die Bewerteten angenehm, es erleichtert auch den Beurteilern das weitere interkulturelle Lernen: Denn eine positive Einstellung macht offener und neugieriger und erleichtert den Aufbau sozialer Beziehungen zum fremdkulturellen Partner.

Sie, verehrter nicht-deutscher Leser, haben in dem Buch eine Fülle von Informationen über uns Deutsche erhalten, die es Ihnen hoffentlich erlauben, manches an uns besser zu verstehen. Außerdem geben Ihnen die dargestellten Zusammenhänge auch eine Menge Ideen, in welche Richtung Sie, wenn Sie wollen und können, uns Deutschen entgegenkommen können. Sie haben also ein Fundament an Wissenselementen bekommen, auf denen die soeben dargestellten Prozesse ablaufen können.

Ihnen, verehrter deutscher Leser, wurde *nur* komprimiert dargelegt, was Ihnen ohnehin selbstverständlich ist. Sie haben auch lediglich insofern »Richtungsangaben« für Ihr Verhalten erhalten, als ich Ihnen aufgezeigt habe, an welchen Stellen wir Deutsche besonders extrem sind und wo es uns daher gut anstehen würde, uns selbst häufiger zu bremsen. Aber: Sie ahnen nach diesem Feedback nun um so deutlicher, an wie vielen, für uns völlig harmlosen Stellen, Gefahren für interkulturelle Mißverständnisse lauern. Und damit besitzen Sie eine breite Basis für die Stufe 1 kulturadäquaten Handelns: das Bewußtsein von möglichen Kulturdivergenzen. Für die weiteren Stufen des interkulturellen Lernens empfehle ich Ihnen, sich auch Wissen über die Kultur/en derjenigen anzueignen, mit denen Sie zu tun haben.

Damit hat das Buch den von mir intendierten Zweck erfüllt: Es existiert kein anderer Weg interkultureller *Zusammen*arbeit als die Vielfalt auszuhalten und sich in diesem Bewußtsein auf den Weg zu machen. Dabei gibt es nicht *die* Strategie, wie interkulturelle Kooperation gelingt. Das hängt analog dem Wirkdreieck Person–Situation–Kultur (vgl. »Was sind Kulturstandards?«) maßgeblich von der Situation (z. B. der Aufgabe oder dem vorhandenen interkulturellen Spielraum) und den beteiligten Personen ab: konkrete Personen suchen konkrete Lösungen in konkreten Situationen. Der interkulturelle *Dialog* ist also unvermeidbar und, wie ich meine, wünschenswert zugleich. Soll ein solcher Dialog fruchtbar werden, so muß er stets auf gegenseitiger Anerkennung beruhen, auch und gerade dann, wenn der andere den eigenen Maßstäben nicht gerecht wird. Ich wollte Ihnen Deutungshilfen geben, weswegen Deutsche sich so verhalten, wie sie es tun, aber auch wie das von außen wahrgenommen werden kann, wenn die Erwartungen über Normalität von den deutschen abweichen, *so daß Sie den Dialog aufnehmen können*. Die bequemste Variante im Fall von Mißverständnissen wäre es, den Dialog zu vermeiden; die gefährlichste, ihn aufgrund von Macht einseitig dominieren zu wollen; die mühsamste dagegen ist es, sich daran zu wagen, die eigenen und die fremden Maßstäbe zu verstehen. Ich bin für die langsame, mühsame und schwierige, aber dauerhaft tragfähige Variante.

■ Literatur

Althaus, H.-J.; Mog, P. (1992a): Aspekte deutscher Raumerfahrung. In: Mog, P. (Hg.), Die Deutschen in ihrer Welt. Tübinger Modell einer integrativen Landeskunde. Berlin, S. 43–64.

Althaus, H.-J.; Mog, P. (1992b): Aspekte deutscher Zeiterfahrung. In: Mog, P. (Hg.), Die Deutschen in ihrer Welt. Tübinger Modell einer integrativen Landeskunde. Berlin, S. 65–87.

Althaus, H.-J.; Mog, P. (1992c). Zum Verhältnis von Privat und Öffentlich. In: Mog, P. (Hg.), Die Deutschen in ihrer Welt. Tübinger Modell einer integrativen Landeskunde. Berlin, S. 88–110.

Bausinger, H. (2000): Typisch deutsch. Wie deutsch sind die Deutschen? München, 2. Aufl.

Boesch, E. (1980): Kultur und Handlung. Bern.

Böhm, M. (1995): Analyse zentraler deutscher Kulturstandards in ihrer Handlungswirksamkeit in der Begegnung zwischen chinesischen Studenten/Sprachdozenten und Deutschen. Universität Regensburg: Unveröff. Diplomarbeit.

Cahill, T. (2000): Abrahams Welt. Wie das jüdische Volk die westliche Zivilisation erfand. Köln.

Craig, G. (1985): Über die Deutschen. München, 5. Aufl.

Demorgon, J. (1999): Interkulturelle Erkundungen. Möglichkeiten und Grenzen einer internationalen Pädagogik. Frankfurt a. M.

Dinzelbacher, P. (Hg.)(1993): Europäische Mentalitätsgeschichte. Stuttgart.

Elias, N. (1992): Studien über die Deutschen. Machtkämpfe und Habitusentwicklung im 19. und 20. Jahrhundert. Frankfurt a. M.

Engelmann, B. (1977): Wir Untertanen. Ein Deutsches Anti-Geschichtsbuch. München.

Gehlen, A. (1975): Einblicke. Frankfurt a. M.

Gorski, M. (1996): Gebrauchsanweisung für Deutschland. München.

Gross, J. (1971): Die Deutschen. München.

Hellpach, W. (1954): Der deutsche Charakter. Bonn.

Hofstede, G. (1993): Interkulturelle Zusammenarbeit: Kulturen – Organisationen – Management. Wiesbaden.

Kalberg, S. (1988): Aspekte des deutschen Verhältnisses von Privatheit und

Öffentlichkeit. Ein integrativer Versuch in kontrastiver Perspektive. Harvard University, Center for European Studies, Cambridge, MA: unveröff. Manuskript.

Kielinger, T. (1996): Die Kreuzung und der Kreisverkehr. Deutsche und Briten im Zentrum der europäischen Geschichte. Bonn.

Kinast, E.-U. (1998): Evaluation interkultureller Trainings. Lengerich.

Kindermann, H. (Begr.). Handbuch der Kulturgeschichte, Abt.1, Zeitalter deutscher Kultur. Potsdam.

Klages, H. (1987): Wandlungsschicksale der Identität der Deutschen: Ein Szenario der Wertwandlungen seit 1871. In: Weidenfeld, W. (Hg.), Geschichtsbewußtsein der Deutschen. Materialien zur Spurensuche einer Nation (S. 203–223). Köln, S. 203–223.

Krockow, C. v. (1989): Heimat. Erfahrungen mit einem deutschen Thema. Stuttgart.

Kroeber, A.; Kluckhohn, C. (1952): Culture: a critical review of concepts and definitions. Cambridge, MA.

Le Goff, J. (1987): Eine mehrdeutige Geschichte. In: Raulff, U. (Hg.), Mentalitäten-Geschichte. Zur historischen Rekonstruktion geistiger Prozesse. Berlin, S. 18–32.

Markowsky, R.; Thomas, A. (1995): Studienhalber in Deutschland. Interkulturelles Orientierungstraining für amerikanische Studenten, Schüler und Praktikanten. Heidelberg.

Mensching. G. (1966): Soziologie der großen Religionen. Bonn.

Molz, M. (1994): Analyse kultureller Orientierungen im deutsch-französischen Dialog. Regensburg: Unveröff. Diplomarbeit.

Münch, R. (1984): Ordnung, Fleiß und Sparsamkeit. Texte und Dokumente zur Entstehung der »bürgerlichen Tugenden«. München.

Münch, R. (1993): Kultur der Moderne, Bd. 2: Ihre Entwicklung in Frankreich und Deutschland. Frankfurt a. M.

Nipperdey, T. (1991): Nachdenken über die deutsche Geschichte. München, 2. Aufl.

Noelle-Neumann, E. (1987): Do the Germans have a ›national character‹? Encounter 3: 68–72.

Nuss, B. (1992): Das Faust-Syndrom. Ein Versuch über die Mentalität der Deutschen. Bonn.

Pross, H. (1982): Was ist heute deutsch? Reinbek.

Raulff, U. (Hg.)(1987): Mentalitäten-Geschichte. Zur historischen Rekonstruktion geistiger Prozesse. Berlin.

Reisach, U.; Tauber, T.; Yuan, X. (1997): China – Wirtschaftspartner zwischen Wunsch und Wirklichkeit: ein Seminar für Praktiker. Wien.

Requate, J. (1993). Kommunikation: Neuzeit. In: P. Dinzelbacher (Hg.), Europäische Mentalitätsgeschichte (S. 362–399). Stuttgart.

Sana, H. (1986): Verstehen Sie Deutschland? Impressionen eines spanischen Intellektuellen. Frankfurt a. M.

Sana, H. (1994). Unzufrieden und freudlos: Fetisch Perfektionismus. In: A. Nünning; V. Nünning (Hg.), Der Deutsche an sich. Einem Phantom auf der Spur (S. 175–196). München.

Sauzay, B. (1986): Die rätselhaften Deutschen. Die Bundesrepublik von außen gesehen. Stuttgart.

Schroll-Machl, S. (2001): Businesskontakte zwischen Deutschen und Tschechen. Kulturunterschiede in der Wirtschaftszusammenarbeit. Sternenfels.

Thomas, A. (1988): Untersuchungen zur Entwicklung eines interkulturellen Handlungstrainings in der Managerausbildung. Psychologische Beiträge 30: 147–165.

Thomas, A. (Hg.) (1996). Psychologie interkulturellen Handelns. Göttingen.

Thomas, A. (1999): Kultur als Orientierungssystem und Kulturstandards als Bauteile. IMIS-Beiträge H. 10: 91–130.

Thomas, A.; Schenk, E. (1996): Abschlußbericht zum Forschungsprojekt »Handlungswirksamkeit zentraler Kulturstandards in der Interaktion zwischen Deutschen und Chinesen« Regensburg: unveröffentl. Manuskript.

Troeltsch, E. (1925): Aufsätze zur Geistesgeschichte und Religionssoziologie. Tübingen.

Wagner, W. (1996): Kulturschock Deutschland. Hamburg.

Weggel, O. (1990): Die Asiaten. 2. Aufl. München.